MINERALOGISCHE TABELLEN

VON

P. GROTH und K. MIELEITNER

MÜNCHEN UND BERLIN 1921
DRUCK UND VERLAG VON R. OLDENBOURG

Vorwort.

Es war vom Unterzeichneten beabsichtigt, von der „Tabellarischen Übersicht der Mineralien, nach ihren kristallographisch-chemischen Beziehungen geordnet", deren letzte Auflage 1898 erschienen ist, eine neue Ausgabe zu veranstalten, und der Konservator der mineralogischen Staatssammlung in München, Dr. K. Mieleitner, hat bereits seit längerer Zeit eine solche vorbereitet, besonders durch Einfügung der neu entdeckten Mineralien in das System. Bei der Ausarbeitung des Textes stellte sich jedoch heraus, daß dieser, um den jetzigen chemischen Anschauungen zu entsprechen, in eine andere (übrigens wesentlich knappere) Form gebracht werden mußte, wobei aber (da eine Anzahl öffentlicher und privater Sammlungen nach der „Tabellarischen Übersicht" geordnet sind) die frühere Reihenfolge der Mineralien möglichst beibehalten wurde. Diese Neubearbeitung ist nun gemeinsam mit Dr. Mieleitner erfolgt, und außerdem eine Tabelle zur Bestimmung der wichtigeren Mineralien nach äußeren Kennzeichen damit verbunden worden. Da letztere eine kurze Beschreibung der Mineralien (abgesehen von den unwichtigen und ganz seltenen) enthält, so bietet das Ganze gewissermaßen einen kurzen Leitfaden der Mineralogie dar, welcher nicht nur den Sammlern von Nutzen sein, sondern auch für die meisten Studierenden (neben den Vorlesungen, den praktischen Übungen und dem wünschenswerten Studium der Lehrsammlungen) genügen dürfte. Für die Kenntnis der Fundorte und die Art des Vorkommens kann als geeignete Ergänzung die Schrift von K. Mieleitner, „Die technisch wichtigen Mineralstoffe, Übersicht ihres Vorkommens und ihrer Entstehung, mit einem Vorwort von P. Groth, München und Berlin 1919" bezeichnet werden.

München, April 1921.

P. GROTH.

I.

Tabellarische Übersicht der Mineralien
nach ihren
kristallographisch-chemischen Beziehungen

Einleitung.

Die mineralogische Systematik hat die Aufgabe, sämtliche in der Natur vorkommende Stoffe in eine Ordnung zu bringen, aus der sofort die nähere oder entferntere Verwandtschaft der einzelnen Mineralien ersichtlich ist. Dies wird erreicht durch das sog. kristallochemische Mineralsystem, d. h. eine Anordnung der Mineralien nach ihren chemischen und kristallographischen Beziehungen. Die ersteren werden durch die chemische Formel versinnbildlicht, die ein Bild von der quantitativen Zusammensetzung des betreffenden Minerals gibt und in vielen Fällen darüber hinaus auch eines von der Konstitution, die wir für das Mineral annehmen. Derartige Konstitutionsbestimmungen (durch chemischen Auf- und Abbau, Molekulargewichtsbestimmung u. a.) können im allgemeinen nur an gelösten oder schmelzflüssigen Körpern ausgeführt werden, und die so gewonnenen Ergebnisse werden für gewöhnlich einfach auf die festen Körper übertragen, obwohl wir über die Beziehungen zwischen Konstitution im gelösten und im festen Zustand noch sehr wenig wissen. Da insbesondere gänzlich unbekannt ist, in welcher Weise die verschiedenen Modifikationen eines polymorphen Körpers in festem Zustand mit der Molekulargröße in Lösung zusammenhängen, ist im folgenden stets die einfachste Formel gewählt, z. B. für Rutil, Anatas und Brookit TiO_2, für Pyrit und Markasit FeS_2. Entsprechend wird bei den Pyroxenen und Amphibolen diejenige Formel gewählt, die das analytische Ergebnis am einfachsten wiedergibt, und ein doppeltes oder vierfaches Molekül steht nur, wo es eben die chemische Zusammensetzung erfordert; so ist Diopsid $[SiO_3]_2 CaMg$ geschrieben und Tremolit $[SiO_3]_4 Ca Mg_3$, da es sich hier nicht um isomorphe Mischungen von SiO_3Ca und SiO_3Mg handelt, sondern um Doppelverbindungen dieser Salze im Verhältnis 1:1 bzw. 1:3. Ist die Konstitution nicht ohne weiteres aus der Formel abzuleiten, so ist sie entweder hier (s. u.) oder an der betr. Stelle im Text näher erklärt, falls das überhaupt möglich ist. Dabei sind diejenigen Anschauungen zugrunde gelegt, welche die moderne chemische Forschung allgemein annimmt. Im allgemeinen sind die Valenzformeln möglichst beibehalten, schon weil sie für Vorstellung und Gedächtnis große Vorteile bieten gegenüber den oft recht schwierigen Komplexen der Wernerschen Koordinationslehre. Letztere ist gleichwohl überall berücksichtigt, wo sie mit Wahrscheinlichkeit anwendbar ist, und bei den einzelnen Mineralien sind entsprechende Bemerkungen beigefügt. Eine minera-

1*

logische Systematik ganz auf Werners Koordinationslehre zu be-
gründen, ist vorläufig ausgeschlossen, da sie einerseits zum größten Teil
aus Lücken bestehen müßte und anderseits für ganze Mineralklassen
die Stellung im Wernerschen System (etwa wie es in der 3. Auflage
seiner neueren Anschauungen auf dem Gebiete der anorganischen
Chemie, 1913, oder in R. Weinlands Einführung in die Chemie der
Komplex-Verbindungen, 1919, gegeben wird) noch nicht anzugeben ist.
Am meisten Vorteile bringt die Wernersche Theorie für viele basische
und namentlich überbasische Salze, die als Anlagerungs- oder Einlagerungsverbindungen viel ungezwungener zu erklären sind, denn als
Valenzverbindungen. Das gleiche gilt für zahlreiche Hydrate, wie denn
überhaupt die Rolle des Wassers in den Mineralien manche Schwierig-
keiten bietet. Die herkömmliche und in mancherlei Erscheinungen
begründete Unterscheidung von Kristall- und Konstitutionswasser ist
beibehalten, wenn auch der Unterschied im Grunde nur qualitativ ist
und noch dazu in sehr vielen Fällen das entscheidende Verhalten des
Wassers bei unter bzw. über 100^0 nicht festgestellt ist. Die Auffassung
der Natur des Wassers hat daher viel Willkürliches an sich, namentlich
bei der Mehrzahl der schlecht untersuchten Phosphate und Sulfate.
Auch bei den Silikaten liegen die Verhältnisse keineswegs einfach. Wie
neuere Untersuchungen zeigten, ist es durchaus unrichtig, in den Silikaten (auch abgesehen von den Zeolithen) alles Wasser als Konstitutionswasser anzunehmen, es liegt vielmehr sehr oft in fester Lösung gebun-
denes oder sonstwie nicht in der chemischen Formel ausdrückbares
Wasser vor, das weit vor der Zerstörung des Moleküls allmählich entweicht und auf das in den meisten Fällen der stark wechselnde Wassergehalt vieler Silikate zurückzuführen ist. Wo die Verhältnisse einiger-
maßen geklärt erscheinen, ist im Text darauf hingewiesen.

In manchen basischen Salzen, besonders Silikaten und Phosphaten,
ist ein Teil des Hydroxyls durch Halogen (Fluor, seltener Chlor) ersetzt.
Neuerdings wird nun mehrfach angenommen, daß dieses Halogen un-
mittelbar an das Metalloid (Si bzw. P) gebunden ist, und in der Tat
sind derartige Verbindungen (z. B. Fluormolybdate und -niobate)
künstlich dargestellt worden, aber eine Übertragung dieser Verhältnisse
auf alle anderen Salze ist ohne genaue Untersuchung in jedem einzelnen
Fall nicht zulässig (diese Übertragung scheint namentlich auf einige
ältere Arbeiten von R. Weinland und K. Daniel zurückzugehen; nach
persönlicher Mitteilung halten diese Forscher ihre Annahme auf Grund
neuerer Untersuchungen nicht mehr aufrecht); insbesondere ist die
direkte Bindung von Fluor an Silizium in den Fluorsilikaten aus chemischen Gründen sehr unwahrscheinlich. Es ist daher im Text die bisherige
Schreibweise beibehalten, wobei das Halogen ebenso wie das Hydroxyl
an das Metall gebunden ist.

Ziemlich zahlreich sind unter den Mineralien sogenannte amorphe,
d. s. teils nur kristallisierte Körper in feinster Verteilung, teils solche
kolloidale Verbindungen, die zu Gallerten erstarren und erst beim Altern
in Kristalloide übergehen können. Während die ersteren leicht einzu-

ordnen sind, weil sie sich von den gewöhnlich als Kristalle bezeichneten Körpern nur durch die Größenordnung unterscheiden (so der sog. amorphe Kohlenstoff vom Graphit), bieten die amorphen Kolloide mehr Schwierigkeit. Wo das Kristalloid bekannt ist, in das sie beim Altern übergehen, sind sie dazu gestellt, sonst zu dem Mineral, das die entsprechende (kristallisierte) wasserfreie Verbindung darstellt, und zwar stets nur in den Anmerkungen; lediglich die wenigen amorphen Mineralien, die keiner wasserfreien natürlichen Verbindung entsprechen, sind als eigene Gattungen aufgestellt, z. B. Patronit.

Im allgemeinen sind als Arten nur chemisch und kristallographisch sicher selbständige Mineralien aufgeführt; Abarten (Varietäten), die sich nur unwesentlich von der Muttersubstanz unterscheiden, und isomorphe Mischungen, deren beide Endglieder als Mineralien vorkommen, sind im allgemeinen nur in den Anmerkungen erwähnt.

Bezüglich der kristallographischen Begriffe und Bezeichnungen muß auf die Lehrbücher verwiesen werden; in den vorliegenden Tabellen ist die Nomenklatur aus P. Groths Elementen der physikalischen und chemischen Kristallographie, München 1921, übernommen und auch die in dem genannten Werk behandelten, für die mineralogische Systematik sehr wichtigen allgemeinen chemisch-kristallographischen Beziehungen werden hier vorausgesetzt.

Die Grundlage der mineralogischen Systematik bildet also die chemische Verwandtschaft der Mineralien, namentlich für die Einteilung in größere Abteilungen (Klassen usw.); die Kristallform gibt mehr Aufschluß über die relative Verwandtschaft der chemisch analog zusammengesetzten Mineralien und kommt daher in der Regel nur bei der Einteilung in Gruppen und Reihen in Frage. Ganz allgemein durchgeführt ist ferner ein Fortschreiten vom Einfachen zum Komplizierten sowie bei sonst gleichartiger Zusammengesetztheit eine Anordnung in der Art, daß bei den Elementen, Sulfiden und Oxyden die Metalloide zuerst kommen und die basischsten Metalle den Schluß bilden, bei den Sauerstoffsalzen dagegen die der erst hier in Frage kommenden Alkalien zuerst. Nach diesen Grundsätzen ergibt sich folgende Einteilung der Mineralien:

I. Klasse. Diese umfaßt die Elemente nebst den wenigen natürlichen Metalliden, Karbiden, Phosphiden und Nitriden. Den Anfang machen die Metalloide; die Arsengruppe leitet zu den Metallen über, von denen wieder die elektronegativsten zuerst kommen und die basischsten, die der Kupfergruppe, zum Schluß.

II. Klasse. Diese wird von den Sulfiden und Sulfosalzen gebildet. Obwohl letztere ihrer chemischen Konstitution nach als direkte Analoga zu den Sauerstoffsalzen aufgefaßt werden, stellen sie doch nach Eigenschaften, Entstehung und Vorkommen mit den Sulfiden eine so wohlcharakterisierte und scharf umgrenzte Klasse dar, daß sie mit ihnen vereinigt werden; das geht um so leichter, als im Gegensatz zu den zahlreichen künstlich dargestellten Sulfoxosalzen bisher nur ein einziges natürlich beobachtet wurde, das aber nach seinen Eigenschaften zu den

Sauerstoffsalzen zu rechnen ist. Chemisch und physikalisch schließt sich diese Klasse am nächsten an die Elemente an, weshalb sie auf dieselben folgt; mit ihnen zusammen umfaßt sie außerdem die wichtigsten Erze der Schwermetalle (außer Eisen). Mit den **Sulfiden** vereinigt sind **Selenide, Telluride, Arsenide, Antimonide** und **Bismutide.** Bei der Anordnung gelten wieder die gleichen Grundsätze wie bei den Elementen, außerdem ist der steigende Schwefelgehalt. zur Systematik herangezogen; den Schluß bilden Körper mit unbekannter Konstitution. Den Beginn der **Sulfosalze** machen die einfach zusammengesetzten **Sulfoferrite** usw., worauf die zahlreichen **Sulfarsenite, Sulfantimonite** und **Sulfobismutite** folgen, alles Abkömmlinge der Säuren $As[SH]_3$ bzw. $Sb[SH]_3$ und $Bi[SH]_3$ und der davon durch Austritt von SH_2 abgeleiteten Säuren. Sie sind angeordnet nach steigendem Verhältnis $R'_2S : As_2S_3$. Den sauersten Salzen der 1. Gruppe liegen die Säuren $As_3S_5H (= 3 As[SH]_3 — 4 H_2S)$ und Bi_4SH_2 $(= 4 Bi[SH]_3 — 5 H_2S)$ zugrunde.. Die 2. Gruppe bilden die Metasulfarsenite $AsS.SR'$, die 10. Gruppe die Orthosalze $As[SR]_3$; dazwischen liegen Gruppen, deren Säuren sich leicht durch Subtraktion, $m (As[SH]_3) — n (SH_2)$, ableiten lassen. Nach **Weinland** sind die hieher gehörigen Salze Derivate von Sulfosäuren, deren Anionen teils die Koordinationszahl zwei, teils drei besitzen, z. B.

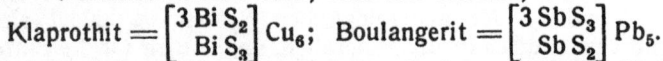

$$\text{Klaprothit} = \begin{bmatrix} 3\,Bi\,S_2 \\ Bi\,S_3 \end{bmatrix} Cu_6 ; \quad \text{Boulangerit} = \begin{bmatrix} 3\,Sb\,S_3 \\ Sb\,S_2 \end{bmatrix} Pb_5.$$

Die übrigen Salze sind entsprechend aufzufassen. Mit der 12. Gruppe beginnen die basischen Salze, für die Valenzformeln zum Teil sehr unwahrscheinlich (z. B. für Jordanit $As\,S_3Pb_2 - S - Pb_2\,S_3As$), zum Teil sogar unmöglich werden. Es liegen hier sicher Komplexsalze im Sinne A. **Werners** vor von der Art $As[SR']_3 + nR'_2S$; der Stephanit z. B. ist demzufolge $\begin{bmatrix} S & & S \\ S & Sb & S \end{bmatrix} Ag_5 = [Sb\,S_4]\,Ag_5.$ Die nächste Abteilung der **Sulfarseniate, Sulfantimoniate** und **Sulfovanadate** besteht nur aus Salzen der Orthosäure $AsS[SH]_3$, die der **Sulfostannate** und **Sulfogermanate** teils aus Salzen der Orthosäure $Sn[SH]_4$ teils aus Anlagerungsverbindungen $[SnS_6]R_8'$. Den Schluß bilden die **Verbindungen von Sulfostannaten mit Sulfantimoniten,** über deren Konstitution im Text das Nötige gesagt ist.

  III. Klasse. Diese enthält die nicht salzartigen **Oxyde** und **Hydroxyde,** die gewissermaßen den Übergang von den Elementen zu den folgenden Salzen bilden. Die **Oxyde** sind wiederum entsprechend den Elementen und Sulfiden angeordnet, ebenso die nicht zahlreichen **Hydroxyde;** den Schluß bildet das einzige **Oxysulfid.**

  IV. Klasse. Mit dieser beginnen die Salze, und zwar kommen zunächst die einfachsten, die **Haloidsalze,** unter diesen wiederum zuerst die **einfachen Halogenide,** geordnet nach den Gruppen des periodischen Systems, erst die wasserfreien, dann die wasserhaltigen. Die Unterabteilung der **Doppelhalogenide** enthält nur Fluoride und Chloride, durch deren ganz verschiedene Eigenschaften die Einteilung gegeben ist; dazu kommt noch der Wassergehalt. Soweit die Konstitution dieser Mineralien bekannt ist, ist sie im Text angeführt; am wenigsten bekannt ist sie bei den wasserhaltigen Doppelsalzen, von denen der Carnallit nach Werner vielleicht als Einlagerungsverbindung $[Mg(OH_2)_6] \begin{smallmatrix} Cl_2 \\ ClK \end{smallmatrix}$ aufzufassen ist. Die letzte Unterabteilung bilden die Oxyhalogenide; die ersten beiden Gruppen derselben stellen wohl Anlagerungsverbindungen von Metalloxyden an Haloidsalze dar, über die 3. Gruppe steht im Text das Nähere.

V. Klasse. Diese umfaßt die Karbonate sowie die mit ihnen und unter sich kristallographisch nah verwandten Nitrate und Jodate. Die wenigen Vertreter der letzteren beiden sind vorausgestellt, dann folgen die wasserfreien sauren und normalen Karbonate, nach der Wertigkeit der Basen geordnet, ebenso wie die basischen und überbasischen wasserfreien Salze, mit denen die halogenhaltigen aus den oben erwähnten Gründen vereinigt sind. Das gleiche Prinzip herrscht bei den wasserhaltigen Karbonaten. Die ganz wenigen Selenite, Tellurite, Manganite und Plumbite sind wegen ihrer analogen Konstitution ebenfalls hierher gestellt, da sie zu unbedeutend für Aufstellung einer eigenen Klasse sind.

VI. Klasse. Diese wird gebildet von den vielfach untereinander isomorphen Sulfaten und Chromaten, den diesen nächstverwandten Molybdaten und Wolframaten und den sich an die letzteren anschließenden Uranaten. Auf die wasserfreien normalen Salze folgen die wasserfreien basischen und überbasischen Salze, Verbindungen mit anderen Salzen und endlich die zahlreichen wasserhaltigen Sulfate, die in drei Abteilungen zerlegt sind: Sulfate je eines Metalls, Sulfate mehrerer Metalle und drittens Verbindungen mit anderen Salzen. Die Einteilung und Anordnung der einzelnen Gruppen ist die gewöhnliche.

VII. Klasse. Hier sind die Salze der dreibasischen Säuren von Bor, Aluminium, Eisen usw. zusammengefaßt. Den Anfang machen die wasserfreien Salze, wozu außer der Spinellgruppe nur wenige Borate gehören; die folgenden wasserhaltigen Salze sind nur Borate. Auch die wenigen arsenigsauren und antimonigsauren Salze sind zu dieser Klasse gestellt und leiten zur nächsten über. Kristallographische Beziehungen zwischen den Aluminaten und Boraten fehlen, ihre Vereinigung in einer Klasse erfolgt nur auf Grund der chemischen Konstitution.

VIII. Klasse. Diese besteht aus den Sauerstoffsalzen der Phosphorsäure und der entsprechenden Säuren von Arsen, Antimon, Vanadin, Niob und Tantal. Letztere beiden und die vier ersteren gehören kristallographisch jeweils enger zusammen, sind aber wegen der geringen Zahl der Niobate und Tantalate vereinigt. Die Einteilung der zahlreichen Phosphate usw. erfolgt nach Wassergehalt, Säure (Ortho-, Pyro-, Metasäure), Anzahl (saure, normale, basische Salze) und Wertigkeit der Metallatome; zunächst kommen die sauren

und normalen wasserfreien Salze, dann die basischen wasserfreien Salze, mit denen wieder die halogenhaltigen vereinigt sind,
zuletzt das basische Salz einer Hexaarsensäure und Verbindungen
von Phosphaten mit anderen Salzen. Entsprechend ist die Anordnung der wasserhaltigen Phosphate, die im wesentlichen als
Orthosalze aufgefaßt werden, obwohl über die Natur ihres Wassergehaltes fast nichts bekannt ist. Endlich ist hier das einzige natürliche
Sulfoxosalz angeführt.

IX. Klasse. In dieser weitaus größten aller Klassen sind mit den
Silikaten die analog zusammengesetzten Titanate, Zirkoniate,
Thorate und Stannate vereinigt. Eine experimentelle Erforschung
der Konstitution der Silikate war bis jetzt nicht möglich; kein einziges
natürliches Silikat ist wasserlöslich, und eine Abscheidung der Kieselsäure mittels Mineralsäuren, wie sie G. Tschermak anwendet, zerstört
das Molekül und gibt je nach den Versuchsbedingungen verschiedene
Ergebnisse, die nicht auf die ursprünglich vorhandene Säure schließen
lassen. Ein natürlicher Abbau durch Zersetzung gibt in manchen Fällen
Anhaltspunkte für die Konstitution, aber nur unvollkommene. Alle
Konstitutionsformeln für die Silikate sind daher stark theoretisch und
haben nur einen beschränkten Wert. Einige der wichtigsten Theorien
sind folgende: Auf Grund des chemischen Verhaltens ist es wahrscheinlich, daß dem Aluminium in den Silikaten eine andere Rolle zukommt
als den übrigen Metallen, vor allem, daß das Aluminium vielfach in
engerer Bindung mit dem Silizium steht und mit diesem Komplexe
bilden kann, die als Säureradikale fungieren. Nach W. Wernadsky
sind die reinen Alumosilikate Verbindungen von der Form $R''Al_2O_4 . nSiO_2$,
wobei $n = 1, 2, 4, 6, 8, 10$ und 12 sein kann; dazu können in »Additionsverbindungen« außer SiO_2 noch andere Radikale treten, so $CaCO_3$,
$NaCl$, $CaSO_4$ usw. Alle Alumosilikate lassen sich wiederum auf zwei
Typen zurückführen, denen je ein bestimmter Kern zugrunde liegt,
nämlich der Chloritkern und der Glimmerkern mit folgender Konstitution:

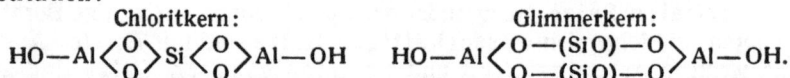

Chloritkern: Glimmerkern:

$$HO-Al\left\langle\begin{matrix}O\\O\end{matrix}\right\rangle Si\left\langle\begin{matrix}O\\O\end{matrix}\right\rangle Al-OH \qquad HO-Al\left\langle\begin{matrix}O-(SiO)-O\\O-(SiO)-O\end{matrix}\right\rangle Al-OH.$$

Der Unterschied liegt besonders in der Stellung der Si-Atome. Zu den
Silikaten mit Chloritkern gehört außer den Chloriten der Melilith, zu
denen mit Glimmerkern die Feldspäte, während Nephelin und Granat
Additionsprodukte darstellen. Entsprechend den Alumosilikaten werden
auch Chromi-, Ferrisilikate u. a. angenommen. Die Stereo-Hexit-
Pentit-Theorie von W. und D. Asch schreibt dem Aluminiumhydroxyd
und der Kieselsäure die Fähigkeit zu, unter Wasserabspaltung zu Ringen
von sechs oder fünf Molekülen zusammenzutreten, die dann untereinander
vereinigt den Kern der Silikate bilden sollen. Von den Eigenschaften der
Silikate spricht keine zugunsten dieser Theorie. Neuerdings versucht
J. Jakob die Wernersche Koordinationslehre auf die Silikate zu übertragen und konstruiert theoretisch eine große Anzahl von Kieselsäuren.

Da bisher eine experimentelle Bestätigung dieser Annahmen fehlt — auch die von Jakob herangezogenen natürlichen Zersetzungsvorgänge lassen sich ebensogut anders deuten —, so kommt dieser Theorie vorläufig eine praktische Bedeutung nicht zu. Werner selbst hat nie den Versuch gemacht, die Silikate vom Standpunkt seiner Koordinationslehre aus zu betrachten, da das mit Erfolg nur auf Grund noch fehlender experimenteller Arbeiten geschehen kann. Ähnlich wie Aluminium hat auch das Bor besondere Eigenschaften, weshalb die Borosilikate chemisch eine eigene Gruppe bilden, die sich aber noch nicht scharf genug abhebt, um eine getrennte Behandlung im System zu rechtfertigen. Schließlich sei erwähnt, daß einzelne Forscher (Simmons, Pukall, Gerber) eine Bindung von Silizium direkt zu Silizium in manchen Silikaten annehmen, was aber nach den Eigenschaften der Siliziumwasserstoffe und der Silikate äußerst unwahrscheinlich ist.

Am einfachsten faßt man die Konstitution der Silikate analog derjenigen der anderen Sauerstoffsalze auf, entsprechend der Vierwertigkeit des Siliziums und den Analysenergebnissen. Eine sehr große Anzahl von Silikaten läßt sich so sehr einfach deuten als Orthosilikate $Si[OR']_4$ oder als Metasilikate $SiO[OR']_2$, teils als saure oder neutrale, teils auch als basische; letztere enthalten besonders oft die Gruppen $-AlO$, $-Al[OH]_2$ oder $\equiv Al_2O$ bzw. $=Al[OH]$. Daß diese Alumosilikate wohl eine besondere Art von Silikaten bilden, wurde schon erwähnt, ebenso, daß sie vorläufig am besten mit den anderen Silikaten vereinigt bleiben, und das gleiche gilt auch für die Borosilikate. Für eine Anzahl prozentual gleich zusammengesetzter Körper kann Isomerie angenommen werden; so läßt sich Andalusit als basisches Orthosilikat $SiO_4Al[AlO]$ deuten, Disthen als basisches Metasilikat $SiO_3[AlO]_2$. Obgleich das chemische Verhalten dieser Mineralien dafür spricht, daß ihre Konstitution verschieden ist, läßt sich dieselbe doch nicht mit Sicherheit feststellen, weshalb im Text nur die empirischen Formeln angegeben werden. Ganz allgemein gilt wie bei allen Salzen auch für die Silikate die Regel, daß bei mehreren möglichen Konstitutionen die einfachste auch die wahrscheinlichste, weil stabilste ist. Wenn sich auch sehr viele Silikate als Salze der Ortho- und Metasäure deuten lassen, so muß man doch für manche noch andere Säuren annehmen, die aus mehreren Molekülen der genannten durch Wasseraustritt entstehen, z. B. die Diorthokieselsäure $[OH]_3 Si\text{-}O\text{-}Si[OH]_3$ und die Dimetakieselsäure $[OH]O Si\text{-}O\text{-}SiO[OH]$, ferner eine Anzahl von Polykieselsäuren. Trikieselsäuren sind z. B. $Si_3O_8H_4 =$ $[OH]O Si\text{-}O\text{-}Si[OH]_2\text{-}O\text{-}SiO[OH]$, dann $Si_3O_{10}H_8$ und $Si_3O_7H_2$, die alle drei vorkommen, erstere im Orthoklas, die zweite im Melinophan, die letzte im Lithidionit. Ebenfalls bekannt sind Salze der Tetrakieselsäuren $Si_4O_{11}H_6$ und $Si_4O_9H_2$, sowie noch höherer Säuren, bis $Si_{24}O_{58}H_{20}$ (Delorenzenit); da die Zusammensetzung der hierher gehörigen Mineralien aber meist unsicher ist, erübrigt es sich auf die mögliche Konstitution weiter einzugehen.

Ferner haben viele Silikate die Fähigkeit, mit chemisch und zum Teil auch kristallographisch fremdartigen Körpern Mischungen zu bilden, deren Deutung oft nicht leicht ist; so enthalten, wie erwähnt, viele Silikate Wasser oder wasserreiche Salze in fester Lösung. Auch die Familien der Pyroxene und Amphibole sind als Mischungen ungleichartiger, zum Teil frei in der entsprechenden Modifikation unbekannter Endglieder zu erklären. Vielleicht sind auch die Glieder der Nephelin- und Sodalithgruppe feste Lösungen, jedoch können sie auch als Valenzverbindungen aufgefaßt werden, z. B. Nosean als

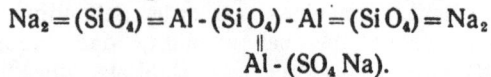

$$Na_2 = (Si\,O_4) = Al\, \text{-} \,(Si\,O_4)\, \text{-} \, Al = (Si\,O_4) = Na_2$$

$$\overset{\|}{Al} \text{-} (SO_4\,Na).$$

Endlich gibt es noch Silikate, die außer der Kieselsäure noch Säuren fünfwertiger Metalloide enthalten, namentlich von Niob und Tantal. Hier liegen zweifellos Salze von Säuren vor, die durch das Zusammentreten von solchen vier- und fünfwertiger Metalloide entstehen, entsprechend den zahlreichen künstlich dargestellten Heteropolysäuren. Während aber letztere durch die Untersuchungen von Werner, Miolati, Rosenheim und Prandtl ihrer Zusammensetzung und Konstruktion nach genau bekannt sind, lassen sich für die Mineralien nur empirische Formeln aufstellen. Durch allmähliche Ersetzung der Sauerstoffatome im ursprünglichen Säureradikal durch die andersartigen Radikale entstehen zahlreiche Körper, die sich zwar durch das Verhältnis der beiden ungleichen Radikale unterscheiden, aber sonst chemisch und physikalisch sehr nahe verwandt sind; so läßt sich z. B. die Euxenit-Polykrasreihe erklären, deren Glieder kristallographisch nicht zu unterscheiden sind, während das Verhältnis $R''''O_2 : R_2''''' O_5 = 1 : n$ ist, wobei n eine ganze Zahl darstellt. In anderen Fällen liegen wahrscheinlich isomorphe Mischungen frei nicht bekannter Endglieder vor.

Eine gewisse praktische Bedeutung kommt schließlich dem sog. Sauerstoffverhältnis zu, d. h. dem Verhältnis der Sauerstoffmengen aller basischen Oxyde zu denen aller sauren Oxyde. Olivin z. B. wird zerlegt in $SiO_2 + 2\,MgO$ und ergibt also $SiO_2 : Mg_2O_2$, d. h. das Verhältnis 1:1. Ein Gehalt an Wasser wird dabei nicht mitgerechnet. Das Sauerstoffverhältnis besitzt keinen wissenschaftlichen Wert, wird aber bei der Anordnung der einzelnen Gruppen zu Hilfe genommen. Im allgemeinen wird nach steigendem Säuregehalt angeordnet; abgewichen von dieser Regel wird bei isomorphen Mischungen ungleicher Glieder (z. B. Albit-Anorthit) und bei offenbarer naher Verwandtschaft einzelner Gruppen (z. B. Glimmer-Chlorit), wie denn überhaupt bei der mangelhaften Kenntnis der chemischen Konstitution vieler Silikate in dieser Klasse mehr auf die sog. »naturhistorische« Verwandtschaft Rücksicht genommen werden muß als in irgendeiner anderen Klasse.

Im einzelnen werden die Silikate nach den entwickelten Grundsätzen folgendermaßen eingeteilt:

A. Den Anfang macht die Abteilung der basischen Silikate, deren Sauerstoffverhältnis größer als 1:1 ist, angeordnet nach steigendem

Säuregehalt. Die meisten hierher gehörigen Verbindungen lassen sich als Ortho- und Metasilikate auffassen; eine ganze Anzahl ist übrigens wegen naher Verwandtschaft mit Mineralien anderer Abteilungen später aufgeführt (z. B. Chlorite, Serpentin, Kaolin u. a.).

B. Die 2. Abteilung besteht aus den wasserfreien Orthosilikaten; zunächst kommen die normalen Salze, dann die als saure Orthosilikate aufgefaßten Glimmer und im Anschluß daran die große Anzahl damit nahe verwandter Mineralien (Sprödglimmer, Chlorite, Talk-, Kaolin-gruppe).

C. Die 3. Abteilung der intermediären Silikate hat ein Sauer-stoffverhältnis zwischen Ortho- und Metasilikaten; sie umfaßt wenige Gruppen, deren Zusammensetzung überdies manchmal nicht ganz sicher ist.

D. Es folgen die normalen Metasilikate; für manche von ihnen ist die chemische Konstitution schwer zu erklären (z. B. für die Pyroxene und Amphibole) und daher diejenige gewählt, die der empirischen Zu-sammensetzung am besten entspricht.

E. Die Abteilung der Polysilikate umfaßt die wasserfreien Salze mit mehr als einem Si-Atom im Säureradikal, soweit sie nicht zu den intermediären Silikaten gehören; die Zahl der Si-Atome im Säure-radikal schwankt zwischen 2 und 24.

F. Diese Abteilung umfaßt die Heteropolysilikate u. s. w. (s. S. 10), für die wir vorläufig nur empirische Formeln geben können.

G. Unter dem Namen Zeolithe wird eine wohlcharakterisierte Abteilung von Silikaten zusammengefaßt, die alle Wasser enthalten, aber zum Teil noch ungenügend bekannt sind, so daß ihre Hierher-gehörigkeit fraglich ist. Die Anordnung der Gruppen erfolgt im wesent-lichen nach steigendem Säuregehalt wie bei den übrigen Silikaten.

H. Hier sind die wenigen kristallwasserhaltigen Verbin-dungen von Silikaten mit Karbonaten, Sulfaten und Ura-naten vereinigt, die meist nicht sicher sind.

I. Zuletzt kommen diejenigen amorphen Silikate, die sich ungezwungen nicht zu irgendeinem Kristalloid stellen lassen, eine kleine und unwichtige Abteilung.

X. Klasse. Diese letzte Klasse wird von den natürlichen orga-nischen Verbindungen gebildet und enthält außer einigen ihrer Konstitution nach bekannten Körpern (Abteilung A) Kohlenwasser-stoffe und Sauerstoffverbindungen von meist unbekannter Konstitution oder Gemenge (Abteilung B).

In einem Anhang endlich sind in alphabetischer Reihenfolge solche Mineralien aufgezählt, die im System nicht untergebracht werden können, teils weil ihre Zusammensetzung nur ganz unvollkommen bekannt ist, teils weil sie Gemenge meist unbekannter Substanzen darstellen.

I. Klasse.

Elemente.
(Metallide, Karbide, Phosphide und Nitride.)

1. Gruppe des Kohlenstoffs.

Diamant $\Big\}$ C $\Big\{$ Kubisch-hexakisoktaëdrisch

Graphit $\Big\}$ $\Big\{$ Ditrigonal-skalenoëdrisch $\quad$ $\overset{\alpha}{39^0\,45'}$ (a : c $= 1 : 4{,}569$)

Anmerk. **Graphitit, Graphitoid** und .der sog. **amorphe Kohlenstoff** sind mit Graphit identisch. **Cliftonit** ist wahrscheinlich Graphit pseudomorph nach Diamant. **Moissanit** ist das natürliche in Meteoriten vorkommende Karborund (Si C).

2. Gruppe des Tantals.

Tantal $\qquad$ Ta $\qquad$ Kubisch.

Anmerk. Das natürliche **Tantal** enthält etwa 1½% Niob isomorph beigemischt. Natürlicher **Phosphor** wurde angeblich in einem Meteoriten beobachtet.

3. Gruppe des Schwefels. $\hfill$ a : b : c

Schwefel (α-Schwefel) S $\quad$ Rhomb.-disphenoidisch $\quad$ $0{,}8108 : 1 : 1{,}9005$

Anmerk. Der monokline **β-Schwefel** bildet sich manchmal in Vulkanen, wandelt sich aber rasch in α-Schwefel um. Der ebenfalls monokline **Muthmannsche (γ-) Schwefel** wurde einmal beobachtet. **Sulfurit** ist amorpher (?) Schwefel, **Selenschwefel** eine isomorphe Mischung von Schwefel mit Selen, einmal auch noch mit ganz wenig Tellur. **Selen** wurde neuerdings beobachtet, wahrscheinlich in der zweiten metalloiden Modifikation (monoklin-prismatisch).

Tellur $\quad$ Te $\quad$ Ditrigonal-skalenoëdrisch $\quad$ $\overset{\alpha}{86^0\,47'}$ (a : c $= 1 : 1{,}3298$)

Anmerk. Dem **Tellur** ist häufig etwas Selen beigemischt, im **Selentellur** bis zu 30%.

4. Gruppe des Arsens. $\hfill$ α

Arsen	As	Ditrigonal-skalenoëdrisch	$85^0\,38'$ (a : c $= 1 : 1{,}4025$)
Antimon	Sb	» »	$86^0\,58'$ (a : c $= 1 : 1{,}3236$)
Wismut	Bi	» »	$87^0\,34'$ (a : c $= 1 : 1{,}3035$)

Anmerk. **Allemontit (Arsenantimon)** ist ein isomorphes Gemisch von Arsen und Antimon, **Arsensulfurit** ein solches von Arsen und Schwefel. **Arsenolamprit (Arsenglanz, Hypotyphit)** ist vielleicht eine Modifikation des Arsens mit geringerer Symmetrie.

5. Gruppe (vierwertige Schwermetalle).

Zinn Sn Dimorph $\begin{cases} \alpha\text{-(graues) Zinn} & \text{Kubisch} \\ \beta\text{-(weißes) } \quad\text{,,} & \text{Tetragonal} \end{cases}$

Anmerk. Zu welcher Modifikation das natürliche Zinn gehört, ist unbekannt.

Blei Pb Kubisch-hexakisoktaëdrisch.

Anmerk. Das Vorkommen von gediegen **Zink** ist fraglich.

6. Gruppe des Eisens.

Eisen Fe Kubisch-hexakisoktaëdrisch

Nickeleisen (Ni, Fe) » »
(Awaruit, Souesit, Josephinit, Oktibbehit.)

Anmerk. Im Eisen sind meist Nickel und Kobalt isomorph beigemischt. Das Meteoreisen besteht aus **Kamazit** (Balkeneisen), **Tänit** (Bandeisen) und **Plessit** (Fülleisen), Legierungen mit verschiedenem Nickelgehalt. In manchen Meteoriten kommen auch Eisenkarbide vor, so **Cohenit**, Fe_3C, der mit dem **Cementit** des Stahles identisch ist, und **Chalypit**, Fe_2C. Häufig in Meteoriten ist auch das einzige natürlich beobachtete Phosphid, der tetragonale **Schreibersit** oder **Rhabdit** (Fe, Ni)$_3$ P. Ein natürliches (tellurisches) Nitrid ist der nur derb bekannte **Silvestrit (Siderazot)**, wahrscheinlich Fe_5N_2.

7. Gruppe der Platinmetalle.

Von dieser isodimorphen Gruppe kommt nur das Palladium natürlich in beiden Modifikationen vor, die anderen Glieder bloß in isomorphen Mischungen.

a) Kubische Reihe.

Palladium Pd Kubisch-hexakisoktaëdrisch

Iridium Ir » »

Platin Pt » »

Anmerk. Die obigen Metalle sind nie rein, sondern stets miteinander isomorph vermischt; eine solche Mischung ist **Platiniridium,** (Pt, Ir, Rh). Platin enthält stets etwas Eisen, am meisten das sog. **Eisenplatin.**

b) Trigonale Reihe.

Palladium Pd Trigonal-skalenoëdrisch
(Allopalladium)

Osmiridium (Os, Ir) » »
(Newjanskit)

Iridosmium (Ir, Os) » »
(Sysserskit)

Anmerk. Auch diese Mineralien enthalten stets die übrigen Platinmetalle in isomorpher Mischung; **Osmit** ist eine Mischung derselben mit 80% Osmium.

8. Gruppe (einwertige Schwermetalle).

Kupfer	Cu	Kubisch-hexakisoktaëdrisch
Silber	Ag	» »
Gold	Au	» »

Anmerk. Das natürliche G o l d enthält meist etwas Silber, besonders das sog. **Elektrum,** außerdem Kupfer. **Rhodit** und **Porpezit** sind Legierungen von Gold mit Rhodium bzw. Palladium.

9. Gruppe des Quecksilbers.

Quecksilber   Hg   Kubisch

Anmerk. Die kubischen **Amalgame** sind **Metallide,** d. h. Verbindungen von Quecksilber und Silber in verschiedenen Verhältnissen; zu ihnen gehören **Arquerit** und **Kongsbergit.**

II. Klasse.

Sulfide und Sulfosalze.

A. Sulfide der Metalloide.

1. Gruppe der Subsulfide.

Dimorphin $As_4 S_3$ Rhombisch (dimorph) $\begin{cases} 0,895 : 1 : 0,776 \\ 0,907 : 1 : 0,603 \end{cases}$

$$a : b : c$$

Anmerk. Die Konstitution dieses Minerals ist unbekannt, vielleicht

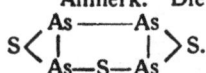

$$S\left\langle \begin{matrix} As \text{——} As \\ | \qquad | \\ As \text{—} S \text{—} As \end{matrix} \right\rangle S.$$

2. Gruppe der Monosulfüre.

Realgar As S Monoklin-prismat. $1,4403 : 1 : 0,9729$ $\quad 113^0 55'$

$$a : b : c \qquad\qquad \beta$$

Anmerk. Die Formel wird auch verdoppelt bei Annahme der Konstitution S=As—As=S.

3. Gruppe der Sesquisulfide.

Von dieser Gruppe sind Antimonit und Bismutit isomorph, vielleicht auch noch Guanajuatit. Dem Auripigment entspricht wahrscheinlich die rote Modifikation von Sb_2S_3; eine metallische Modifikation von As_2S_3 ist nicht bekannt.

Auripigment $As_2 S_3$ Monokl.-prismat. $0,5962 : 1 : 0,6650$ $\quad 90^0 41'$

$$a : b : c \qquad\qquad \beta$$

Anmerk. Ein angebliches Hydrat, **Arsenschwefel**, soll $As_2S_3 . H_2O$ sein und tetragonal kristallisieren.

$$a : b : c$$

Antimonit (Antimonglanz)	$Sb_2 S_3$	Rhomb.-dipyr. $\quad 0,9926 : 1 : 1,0179$
Bismutit (Wismutglanz)	$Bi_2 S_3$	« « $\quad 0,9676 : 1 : 0,9850$
Guanajuatit (Selenwismutglanz, Frenzelit)	$Bi_2 (Se, S)_3$	« « $\quad 1$ ca. $: 1 : \ ?$

Anmerk. **Metastibnit** ist angeblich kolloidales Sb_2S_3. **Sialonit** ist ein Gemenge von Guanajuatit und Wismut, **Bolivit** ein solches von Bismutit und Wismutocker. Einen **Tellurwismutglanz** mit der Formel Bi_2Te_3 gibt es wahrscheinlich nicht; das von Berzelius beschriebene Mineral erwies sich als tellurhaltiger Bismutit. Nur als feste Lösungen oder Gemenge des Doppelsalzes $Bi_4 S_3 Te_3$ mit $Bi_2 S_3$, $Bi_2 Te_3$ und Bi sind folgende trigonale Mineralien aufzufassen, deren Formeln je einen Mittelwert darstellen: **Tetradymit (Schwefeltellurwismut, Tellurwismutglanz** z. T.; $\alpha = 79^0 22'$, a:c = $1 : 1,5871$), Bi_2Te_2S; **Joseit**, Bi_3 STe; **Grünlingit**, $Bi_4 S_3$ Te; **Oruetit**, $Bi_8 S_4$ Te. Als **Wehrlit** wurden zwei Substanzen mit der Formel $Bi_3 Te_2$ bzw. $Bi_7 AgTe_7$ beschrieben.

4. Gruppe der Disulfide.

			a : c
Molybdänit ·	MoS_2	Hexagonal	1 : 1,9077
(Molybdänglanz)			

Anmerk. **Jordisit** ist angeblich kolloidales MoS_2. **Tungstenit** soll WoS_2 und ebenfalls amorph sein.

5. Gruppe der Pentasulfide.

Patronit V_2S_5 Amorph.

Anmerk. Stets ist überschüssiger Schwefel adsorbiert vorhanden bis zum Verhältnis V_2S_9.

B. Sulfide der Metalle.

1. Gruppe des Zinksulfids.

Das wichtigste Glied dieser Gruppe ist das dimorphe Zinksulfid. Zu der kubischen Modifikation desselben, dem Sphalerit, ist der Alabandin gestellt, der aber wegen der abweichenden Spaltbarkeit vielleicht nicht im engeren Sinne damit isomorph ist; die dem Sphalerit entsprechenden und diesem oft isomorph beigemengten Modifikationen von MnS, FeS und CdS wären dann frei unbekannt. Dagegen sind Wurtzit und Greenockit wohl sicher isomorph.

a) Kubische Reihe.

Sphalerit	ZnS	Kubisch-hexakistetraëdrisch
(Zinkblende)		
Alabandin	MnS	» »
(Manganblende)		

Anmerk. **Oldhamit** ist kubisches, nur in Meteoriten beobachtetes CaS.

b) Hexagonale Reihe.

			a : c
Wurtzit	ZnS	Dihexag.-pyramidal	1 : 1,6350
(Spiauterit)			
Greenockit	CdS	» »	1 : 1,6218

Anmerk. **Wurtzit** enthält wie die Zinkblende stets FeS isomorph beigemischt; ob dieses Phyrrhotin ist oder eine frei nicht bekannte Modifikation, ist nicht sicher bekannt. **Schalenblende** ist teils Wurtzit, teils ein Gemenge desselben mit Sphalerit. **Erythrozinkit** ist wohl nur manganhaltiger Wurtzit. Der meiste Greenockit ist anscheinend amorph; diese Modifikation wurde **Xanthochroit** benannt. **Kaneit** soll $MnAs$ sein. **Jaipurit** ist nur derb bekanntes CoS.

2. Gruppe.

Hier sind die Sulfide usw. von Eisen und Nickel vereinigt, die meist trigonal bzw. hexagonal, aber nicht isomorph sind; allerdings lassen sich die Beziehungen der meist schlecht kristallisierenden Mineralien noch nicht völlig überblicken. Kubisch ist mit Sicherheit nur Pentlandit, entweder eine isomorphe Mischung der frei nicht bekannten kubischen Modifikationen von NiS und FeS oder ein Doppelsalz NiS . FeS.

a) Kubische Reihe.

Pentlandit	$(Ni, Fe)S$	Kubisch.
(Eisennickelkies, Folgerit)		

Anmerk. **Gunnarit** und **Heazlewoodit** sind wahrscheinlich mit Pentlandit identisch. **Troilit** ist nur in Meteoriten beobachtetes, vielleicht kubisches FeS. Das kolloidale Eisensulfid $FeS . nH_2O$ wurde **Hydrotroilit** genannt.

b) Hexagonale bzw. trigonale Reihe.

			a : c
Pyrrhotin	Fe S	Hexagonal	1 : 1,7402

(Magnetkies, Magnetopyrit)

Anmerk. Nach dem thermoelektrischen Verhalten ist Pyrrhotin vielleicht nur pseudohexagonal, in Wirklichkeit aber rhombisch. Der stets im Überschuß vorhandene Schwefel ist wahrscheinlich in fester Lösung gebunden. Die Existenz eines **Arseneisens** FeAs ist fraglich.

Millerit Ni S Trigonal $\overset{\alpha}{116^0}\,35'$ (a : c $= 1 : 0,3295$).

(Haarkies)

Anmerk. Diese Kristallform entspricht vielleicht dem **Beyrichit**; in diesem Fall stellt der Millerit eine Paramorphose von unbekannter Struktur nach dem sonst ebenfalls unbekannten Beyrichit dar.

			a : c
Nickelin	Ni As	Hexagonal	1 : 0,8194

(Arsennickel, Rotnickelkies)

Breithauptit	Ni Sb	»	1 : 1,2940

(Antimonnickel)

Anmerk. Der hexagonale **Arit** ist eine isomorphe Mischung von Nickelin und Breithauptit, die wahrscheinlich in näherer Beziehung zueinander stehen als bisher bekannt ist.

3. Gruppe der Sesquisulfide.

Die Mineralien mit der Formel $R_2'''S_3$ sind sämtlich mechanische Gemenge aus Mono- und Disulfiden, nämlich **Horbachit** mit der ziemlich konstanten Zusammensetzung $(Fe, Ni)_2S_3$, **Badenit,** angenähert $(Co, Ni, Fe)_2 (As, Bi)_3$, und **Melonit,** angeblich Ni_2Te_3; alle sind nur derb bekannt.

4. Gruppe des Eisendisulfids.

Diese wichtige isodimorphe Gruppe besteht aus den Verbindungen von Mn, Fe, Co und Ni mit zwei Atomen S oder As. Ihre Konstitution suchte man früher durch komplizierte Molekülgruppen auszudrücken, es kommt aber nur die Formel Fe S_2 in Betracht (beim Eisendisulfid), die als $Fe \ll \overset{S}{\underset{S}{}}$ oder als $Fe \overset{S}{\underset{S}{\big\langle}}$ aufgefaßt werden kann. Erstere Annahme mit vierwertigem Eisen macht A. Werner, jedoch spricht das Verhalten der Eisensulfide beim Auflösen in Kupfersulfatlösung (wobei das meiste Eisen in der Ferroform gelöst wird) sowie die rasche Verwitterung entschieden dagegen und der zweiten Formel mit zweiwertigem Eisen ist der Vorzug zu geben. Nimmt man eine Vertretung des Schwefels durch zweiwertiges As und Sb an, so hat der Arsenopyrit folgende Konstitution: $Fe \overset{S}{\underset{As}{\big\langle}}$

Von den kubischen Mineralien gehören die mit nur zwei verschiedenen Atomen im Molekül der dyakisdodekaëdrischen Klasse an, wogegen die mit drei verschiedenen Atomen teils sicher (Ullmannit), teils wahrscheinlich zur tetraëdrisch-pentagondodekaëdrischen Klasse zu zählen sind. Unter den rhombischen Mineralien wird der Arsenopyrit gewöhnlich für eine isomorphe Mischung aus Markasit und Löllingit gehalten, doch ist er wahrscheinlich eine Verbindung $FeAsS$ mit etwas FeS_2 oder $FeAs_2$ in fester Lösung. Markasit und Löllingit scheinen sich gegenseitig nur in ganz geringem Maße zu mischen und sind daher kaum als isomorph zu betrachten, ebensowenig Safflorit und Rammelsbergit. Glaukodot ist eine isomorphe Mischung von $FeAsS$ mit der nicht frei vorkommenden rhombischen Modifikation von $CoAsS$. Die Zugehörigkeit des Lautits zu dieser Gruppe ist noch zweifelhaft.

a) Kubische Reihe.

Hauerit MnS_2 Kubisch-dyakisdodekaëdrisch
(Mangankies)

Pyrit FeS_2 »   »
(Eisenkies, Schwefelkies z. T.)

Chloanthit   (Ni, Co, Fe) As_2 »   »
(Arsennickelkies z. T.)

Smaltin   (Co, Ni, Fe) As_2 »   »
(Speiskobalt)

Kobaltin $CoAsS$ »   »   (tetraëdr.-
(Kobaltglanz, Glanzkobalt)   pentagondodek. ?)

Gersdorffit $NiAsS$ »   »   (tetraëdr.-penta-
(Antimonnickelglanz)   gondodekaëdrisch ?)

Ullmannit $NiSbS$ Kubisch-tetraëdrisch-pentagondodekaëdrisch.

Anmerk. **Blueit, Whartonit** und **Bravoit** sind nickelhaltige Pyrite. **Melnikowit** ist kolloidales FeS_2. **Arsenoferrit** ist kubisches $FeAs_2$, aber nur in daraus entstandenen Pseudomorphosen bekannt. Kubisch sind ferner **Kobaltnickelpyrit** (Co, Ni, Fe) S_2, **Williamit** (Ni, Co) SbS, **Korynit (Arsenantimonnickelglanz, -kies** Ni (As, Sb) S und **Kallilith (Wismutantimonnickelglanz)** Ni (Sb, Bi) S. Chloanthit und Smaltin enthalten oft mehr oder weniger As als der obigen Formel entspricht, weil selbst gut ausgebildete Kristalle mechanische Gemenge von $CoAs_2$ mit Co- und Ni-Arseniden von anderer Zusammensetzung sind. **Chatamit** ist ein eisenreicher Chloanthit, **Cheleutit (Wismutkobalterz)** ein arsenreicher Smaltin mit beigemengtem Wismut. Vielleicht gehört auch **Villamaninit,** angeblich (Cu, Ni, Co, Fe) (S, Se)$_2$, hierher.

b) Rhombische Reihe.
                                                       a : b : c

Markasit FeS_2 Rhomb.-dipyramidal 0,7623 : 1 : 1,2167
(Schwefelkies z. T., Speerkies, Kammkies)

Arsenopyrit $FeAsS$ »   »   0,6773 : 1 : 1,1882
(Arsenkies, Mißpickel)

Glaukodot   (Fe, Co) AsS »   »   0,6732 : 1 : 1,1871
(Danait, Kobaltarsenkies)   bis 0,6942 : 1 : 1,1925

Löllingit (Arsenikalkies, Arseneisen z. T.)	$Fe As_2$	Rhomb.-dipyramidal		$0{,}6689:1:1{,}2331$
Safflorit (Spathiopyrit)	$(Fe, Co) As_2$	»	»	$0{,}5685:1:1{,}1180$
Rammelsbergit (Weißnickelkies)	$(Ni, Co, Fe) As_2$	»	»	$0{,}537\ :1:\ ?$
Lautit	$Cu As S$	»	»	$0{,}6912:1:1{,}0452$

Anmerk. **Kyrosit, Lonchidit** und **Metalonchidit** sind Markasite mit geringem Arsengehalt. Der Wechsel der Axenwerte beim Glaukodot ist besonders durch das Kobalt bedingt; der zweite Wert entspricht den kobaltreichsten Abarten. **Ferrokobaltit (Stahlkobalt)** gehört wohl zum Glaukodot, ebenso **Alloklas,** der etwas Bi für As enthält. Löllingit enthält oft etwas Schwefel und die sekundär zugeführte Verbindung $Fe_2 As_3$; schwefelhaltige Varietäten sind **Pazit** und **Geierit,** während **Glaukopyrit** etwas S, Co und Sb enthält, zum Teil vielleicht beigemengt. **Arseneisen** und **Leukopyrit,** angeblich arsenreichere Verbindungen als der Formel $Fe As_2$ entspricht, sind wohl mechanische Gemenge. **Wolfachit** ist $Ni (As, S, Sb)_2$ mit geringem Gehalt an Eisen; er ist rhombisch, aber nicht in meßbaren Kristallen beobachtet.

5. Gruppe des Laurits.

Die folgenden Mineralien zeigen mit der Pyritgruppe gewisse Analogien, ohne daß man sie als isomorph damit betrachten darf.

Laurit	$Ru S_2$	Kubisch (dyakisdodekaëdrisch?)	
Sperrylith	$Pt As_2$	»	»

6. Gruppe.

Von den beiden folgenden Mineralien ist keines seiner Konstitution nach bekannt; auch ihre Zusammensetzung ist nicht ganz sicher.

Skutterudit (Tesseralkies)	$Co As_3$	Kubisch (dyakisdodekaëdrisch?)	

Anmerk. Nach Beutell und Lorenz ist Skutterudit ein Gemenge von $Co As_3$ mit niederen Kobaltarseniden und die Kristalle Pseudomorphosen von $Co As_3$ nach $Co As_2$. **Bismutosmaltin** ist ein Skutterudit mit geringem Gehalt an Wismut. **Nickelskutterudit** $(Ni, Co, Fe) As_3$ ist nur derb bekannt.

			$a:c$
Maucherit (Plakodin)	$Ni_4 As_3$	Tetragonal	$1:1{,}0780$

7. Gruppe (Subarsenide usw. der Metalle der Kupfergruppe).

Die folgenden Mineralien sind ihrer Konstitution nach unbekannt und vielleicht zum Teil Gemenge.

Whitneyit	$Cu_9 As$	Kristallform?
Algodonit	$Cu_6 As$	»

Anmerk. **Horsfordit,** nur derb bekannt, ergab Werte zwischen $Cu_6 Sb$ und $Cu_5 Sb$. **Ledouxid** ist $Cu_4 As$ mit geringem Gehalt an Co und Ni.

			a : c
Domeykit	Cu_3As	Dihexagonal-dipyram.	1 : 1,539
(Arsenkupfer)			

Anmerk. **Mohawkit** ist ein Ni und Co enthaltender Domeykit; **Stibiodomeykit** enthält neben As etwas Sb. **Condurrit** ist ein Gemenge, ebenso **Orileyit,** angeblich $4 Fe_2 As + Cu_2 As$ oder $(Fe, Cu_2)_3 As_2$.

			a : b : c
Dyskrasit	Ag_3Sb	Rhomb.-dipyramidal	0,5775 ; 1 : 0,6718
(Antimonsilber)			

Anmerk. Im Dyskrasit sind wahrscheinlich auch andere Silberantimonide vorhanden, namentlich Ag_6 Sb. **Animikit,** angeblich Ag_9 Sb, ist wohl ein Gemenge silberärmerer Antimonide mit Silber. **Arsenargentit, Huntilith** und **Macfarlanit** sind zweifelhafte Mineralien mit der ungefähren Zusammensetzung $Ag_3 As$. **Chilenit (Wismutsilber)** ist vielleicht Ag_{10} Bi. **Maldonit (Wismutgold)** ist Au_2 Bi. **Keweenawit** ist Cu_2 As mit etwas Nickel.

8. Gruppe des Galenits.

Galenit	Pb S	Kubisch-hexakisoktaëdrisch	
(Bleiglanz)			
Klausthalit	Pb Se	»	»
(Selenblei)			
Altait	Pb Te	»	»
(Tellurblei)			

Anmerk. Galenit enthält stets etwas Argentit mechanisch beigemengt. **Steinmannit** ist ein antimonhaltiger Galenit. **Quiroguit, Huascolith, Fournetit** und **Plumbomangit** sind Gemenge von Bleiglanz mit anderen Erzen.

9. Gruppe (Sulfide der einwertigen Schwermetalle).

Das einwertige Kupfer und Silber bilden isodimorphe Sulfide. Cu_2S kommt in der Natur für sich nur rhombisch vor, die aus dem Schmelzfluß entstehende kubische Modifikation tritt in isomorpher Mischung mit Ag_2S als Jalpait auf. Umgekehrt ist das rhombische Ag_2S für sich unsicher, aber in isomorpher Mischung mit Cu_2S als Stromeyerit vorhanden. Von den Seleniden und Telluriden sind nur die kubischen Modifikationen sicher bekannt, ihre Dimorphie aber wahrscheinlich.

a) Kubische Reihe.

Argentit	Ag_2S	Kubisch-hexakisoktaëdrisch	
(Silberglanz, Glaserz)			
Naumannit	Ag_2Se	»	»
(Selensilber)			
Hessit	Ag_2Te	»	»
(Tellursilber, Tellursilberglanz)			
Petzit	$(Ag, Au)_2 Te$	?	
(Tellurgoldsilber)			

Anmerk. Hessit enthält manchmal etwas Au_2Fe in isomorpher Mischung. Kubisch sind auch **Jalpait** $(Ag, Cu)_2 S$, **Aguilarit** $Ag_2 (S, Se)$ und **Eukairit** $(Ag, Cu)_2 S$. **Silberschwärze** ist feinverteiltes, angeblich kolloidales $Ag_2 S$. **Selensilberblei** ist ein Gemenge von Galenit und Naumannit.

b) Rhombische (pseudohexagonale) Reihe.

a : b : c

Chalkosin Cu_2S Rhombisch-dipyramidal   0,5822 : 1 : 0,9701
(Kupferglanz)

Stromeyerit $(Cu, Ag)_2 S$ »   »   0,5822 : 1 : 0,9668
(Silberkupferglanz)

Anmerk. **Harrisit** ist Chalkosin, pseudomorph nach Galenit. Die rhombische Modifikation von $Ag_2 S$ soll der **Akanthit** sein (a : b : c $= 0,6886 : 1 : 0,9945$), doch liegt vielleicht nur verzerrter Argentit vor. **Alisonit** und **Plumbocuprit** sind Gemenge von Chalkosin und Galenit, ebenso **Cuproplumbit** (**Kupferbleiglanz**). Nur derb bekannt sind **Berzelianit** (**Selenkupfer**), $Cu_2 Se$ mit Gehalt an Ag und Tl, sowie **Crookesit** $(Cu, Tl, Ag)_2 Se$. **Zorgit** (**Selenkupferblei**) ist ein Gemenge von $Cu_2 Se$ und Galenit, **Cacheutaït** dasselbe mit etwas Silbergehalt. Die Existenz eines rhombischen **Tellursilbers** $Ag_2 Te$ ist sehr fraglich. **Thalliumsulfür** $Tl_2 S$ wurde angeblich neuerdings beobachtet.

Folgende nur derb bekannte Mineralien sind, wenn ihre Formel richtig ist, Verbindungen von Seleniden bzw. Telluriden einwertiger und zweiwertiger Metalle: **Umangit** $(Cu, Ag)_3 Se_2$, den man als $(Cu, Ag)_2 Se + Cu Se$ auffassen kann, und **Rickardit** mit der Formel $Cu_4 Te_3 = Cu_2 Te + 2 CuTe$.

10. Gruppe.

Hier sind die noch übrigen Sulfide mit der Formel $R''S$ vereinigt, nämlich das hexagonale Kupfersulfid und das dimorphe Quecksilbersulfid, mit dessen kubischer Modifikation das Quecksilberselenid und -tellurid isomorph sind, während das trigonale Quecksilbersulfid keine Beziehungen zum Covellin zeigt.

1. Abteilung des Kupfersulfids.

a : c

Covellin $Cu S$ Dihexag.-dipyramidal   1 : 3,972
(Kupferindig)

Anmerk. **Cantonit** ist Covellin pseudomorph nach Galenit.

2. Abteilung des Quecksilbersulfids.

a) Kubische Reihe.

Metazinnabarit   Hg S   Kubisch-hexakistetraëdrisch

Tiemannit   Hg Se   »   »
(Selenquecksilber)

Coloradoit   Hg Te   »   »
(Tellurquecksilber)

Anmerk. **Guadalcazarit** ist ein Metazinnabarit mit geringem Gehalt an Zn und Se; **Leviglianit**, der kein Se, aber Zn und Fe enthält, ist ein Gemenge. **Onofrit** (**Selenschwefelquecksilber**) $Hg (S, Se)$ ist nur derb bekannt. **Lerbachit** (**Selenquecksilberblei**) und **Selenquecksilberkupferblei** sind jedenfalls Gemenge von Hg Se mit Pb Se bzw. $Cu_2 Se$ und PbS.

b) Trigonale Reihe.

α

Zinnabarit   Hg S   Trigonal-trapezoëdrisch   92° 30′ (a : c $= 1 : 1,1453$)
(Zinnober)

11. Gruppe.

Diese umfaßt Telluride von Gold und Silber, deren Konstitution durch die derzeitigen Anschauungen über Wertigkeit nicht erklärt werden kann; Nagyagit enthält außerdem noch Blei, Schwefel und Antimon.

Muthmannit   (Au, Ag) Te   Kristallform?

Anmerk. **Empressit** ist goldfreier Muthmannit.

                                    $a:b:c$

Krennerit $\Big\}$ (Au, Ag) Te$_2$ $\begin{cases}$ Rhomb.-dipyram.   0,9389 : 1 : 0,5059 β

Sylvanit   Monokl.-prismat.   1,6339 : 1 : 1,1265   90°25'

(Schrifterz)

Anmerk. **Goldschmidtit** ist wahrscheinlich ein silberarmer Sylvanit.

		$a:b:c$	α	β	γ
	a) Triklin	2,0013 : 1 : 1,1713	83°58'	100°39'	96°19'
Calaverit Au Te$_2$	b) »	2,0990 : 1 : 1,2231	72°14'	104°48'	108°37'
	c) Monoklin	1,9868 : 1 : 1,1634		100°5½.	

Anmerk. Will man beim **Calaverit** einfache Indizes erhalten und die Zwillinge erklären, so muß man nach **Smith** mindestens die drei obigen Grundtypen annehmen, die einander innig durchdringen; das ist eine sonst bisher nirgends beobachtete Erscheinung. **Stützit (Tellursilberblende)**, pseudohexagonal, soll Ag$_4$ Te sein. **Kalgoorlit** und **Coolgardit** sind Gemenge von Goldsilbertelluriden mit Coloradoit.

                                            $a:b:c$

Nagyagit   Au$_2$ Pb$_{10}$ Sb$_2$ Te$_6$ S$_{15}$ Rhomb.-dipyram.   0,2810 : 1 : 0,2761

(Blättererz)

Anmerk. Unvollkommen bekannte, ebenfalls Pb und Sb enthaltende Telluride von Ag und Au sind **Weißtellur**, **Gelberz** und **Müllerin**.

C. Sulfosalze.

a) Sulfoferrite und diesen verwandte Sulfosalze.

Diese Mineralien leiten sich· von folgenden Sulfosäuren ab, wobei Fe durch Ni und Co ersetzt sein kann: 1. Normale Säure = Fe(SH)$_3$; 2. Fe(SH)$_3$ — 1 H$_2$S = FeS . SH; 3. Zwei Moleküle der normalen Säure — 1 H$_2$S = (SH)$_2$Fe . S . Fe(SH)$_2$.

1. Gruppe (Salze einwertiger Metalle).

Bornit   Fe S$_3$ Cu$_3$ Kubisch-hexakisoktaëdrisch.

(Buntkupfererz)

Anmerk. Ein sehr oft vorhandener Überschuß von Cu und S ist wahrscheinlich auf eine feste Lösung von Cu$_2$ S in Bornit zurückzuführen, die sich dem Grenzwert 25% Cu$_2$ S (entsprechend der Formel Fe S$_4$ Cu$_5$) nähert. **Castillit** ist silberhaltiger, wahrscheinlich unreiner Bornit.

                                           $a:c$

Chalkopyrit   Fe S$_2$ Cu   Tetrag.-skalenoëdr.   1 : 0,9856.

(Kupferkies, Hmichlin)

Barnhardtit   Fe$_2$ S$_5$ Cu$_4$ Kristallform?

2. Gruppe (Salze ein- und zweiwertiger Metalle).

Cuban		Kubisch-hexakisoktaëdrisch	a : b : c
Chalmersit	} Fe S_3 Fe Cu {	Rhomb.-dipyram.	0,5725 : 1 : 0,9637

Anmerk. Die obige Formel des Cubans entspricht dem Original Breithaupts, während die früher angenommene Formel (Fe S_2)$_2$ Cu dem Barracanit zukommt.

3. Gruppe (Salze zweiwertiger Metalle).

Linneit (Kobaltnickelkies)	[(Co, Ni, Fe) S_2]$_2$ (Co, Ni, Fe)	Kubisch-hexakisoktaëdrisch		
Polydymit	[(Ni, Co, Fe) S_2]$_2$ (Ni, Co, Fe)	»	»
Barracanit	[Fe S_2]$_2$Cu	»	»
Carollit (Sychnodymit)	[Co S_2]$_2$Cu	»	»

Anmerk. Barracanit ist nur derb bekannt. **Daubreelith,** [Co S_2]$_2$Fe, ist wahrscheinlich kubisch und kommt nur in Meteoriten vor. **Saynit** ist ein Gemenge von Polydymit und Bismutit. Diese Gruppe von Sulfosalzen ist genau analog den Spinellen aufgebaut.

Hauchecornit, tetragonal (a:c = 1:20522), hat die Formel (Ni, Co)$_7$ (S, Bi, Sb)$_8$, die nicht recht zu deuten ist. **Chalkopyrrhotin** ist vielleicht das normale Salz [Fe S_3]$_2$ (Fe, Cu)$_3$; nur derb bekannt.

4. Gruppe (Silberkiesgruppe).

Das folgende Mineral ist wohl als Doppelsalz Fe S_2 Ag . Fe S aufzufassen.

			a : b : c
Sternbergit (Silberkies z. T.)	Fe$_2$ S$_3$ Ag	Rhombisch	0,5832 : 1 : 0,8391

Anmerk. Die übrigen Silberkiese **(Argyropyrit, Frieseit, Argentopyrit)** sind wahrscheinlich nur Gemenge oder feste Lösungen von Sternbergit mit (schwefelhaltigem) Magnetkies, dem auch die pseudohexagonale Kristallform gleicht; die Axenverhältnisse weichen nur wenig von den angegebenen ab.

b) Sulfarsenite, -antimonite und -bismutite.

1. Gruppe (Verhältnis As$_2$ S$_3$: R''S > 1:1).

a) Reihe As$_2$ S$_3$: R''S = 3:1.

			a : b : c
Vrbait	As$_2$ Sb S$_5$ Tl	Rhomb.-dipyram.	0,5659 : 1 : 0,4836

Anmerk. Von den drei As-Atomen der Säure As$_3$ S$_5$H ist im Vrbait stets eines durch Sb ersetzt.

b) Reihe As$_2$ S$_3$: R''S = 2:1.

Dognacskait   Bi$_4$ S$_7$ Cu$_2$ Kristallform?

In chemischer und kristallographischer Hinsicht unvollkommen bekannt sind folgende Mineralien: **Bolivian,** angeblich Sb$_{12}$S$_{19}$Ag$_2$, wurde nicht ganz analysiert. **Livingstonit** ist vielleicht Sb$_4$S$_7$Hg (= 2 Sb$_2$S$_3$. HgS) oder Sb$_8$S$_{13}$Hg$_2$ (= 4 Sb$_2$S$_3$. Hg$_2$S). **Chiviatit** ist angeblich Bi$_6$ S$_{11}$Pb$_2$ (=3 Bi$_2$S$_3$.2 PbS). **Cuprobismutit** ist angenähert

$Bi_8 S_{15} (Cu, Ag)_6 (= 4 Bi_2 S_3 . 3 Cu_2 S)$. **Rezbanyit** soll etwa $Bi_{10} S_{19} Pb_4$ $(= 5 Bi_2 S_3 . 4 PbS)$ sein. **Eichbergit** ist nach der einzigen Analyse $Sb_9 Bi_9 S_{15} FeCu_2$, was sich nicht weiter deuten läßt.

2. Gruppe (Verhältnis $As_2 S_3 : R''S = 1:1$).

1. Abteilung: Salze einwertiger Metalle.

Die Glieder dieser Abteilung bilden eine rhombische und eine monokline Reihe; die der ersteren sind wohl sicher isomorph, die kristallographischen Beziehungen der zweiten dagegen noch nicht genügend festgestellt.

a) Rhombische Reihe.

                                              $a : b : c$

Wolfsbergit $Sb S_2 Cu$ Rhomb.-dipyr. $0,5312 : 1 : 0,6396$
(Kupferantimonglanz, Guejarit, Chalkostibit)

Emplektit $Bi S_2 Cu$ Rhomb.-diypr. $0,5430 : 1 : 0,6256$
(Kupferwismutglanz)

b) Monokline Reihe.

                                            $a : b : c$ β

Lorandit $As S_2 Tl$ Monokl.-prismat. $0,8534 : 1 : 0,6650$ $90^0 17'$

Smithit $As S_2 Ag$ »   » $2,2206 : 1 : 1,9570$ $101^0 12'$

Miargyrit $Sb S_2 Ag$ »   » $2,9945 : 1 : 2,9095$ $98^0 37\frac{1}{4}'$
(Silberantimonglanz, Hypargyrit)

Anmerk. **Kenngottit** ist ein Miargyrit mit (wahrscheinlich durch Beimengungen verursachtem) Bleigehalt. **Plenargyrit** soll kristallographisch dem Miargyrit ähnlich sein und die Formel $Bi S_2 Ag$ besitzen; die gleiche Zusammensetzung hat der damit aber nicht identische, nur derb bekannte **Matildit** (Silberwismutglanz, Argentobismutit).

2. Abteilung: Salze ein- und zweiwertiger Metalle.

                                              $a : b : c$

Hutchinsonit $[As S_2]_4 (Tl, Ag)_2 Pb$ Rhomb.-dipyr. $0,8172 : 1 : 0,7549$

Andorit $[Sb S_2]_3 Ag Pb$ »   » $0,6771 : 1 : 0,4458$
(Sundtit, Webnerit)

Anmerk. **Alaskait** soll $Bi_2 S_4 (Pb, Ag_2, Cu_2)$ sein, was wahrscheinlich als $[Bi S_2]_3 (Ag, Cu) Pb$ aufzufassen ist.

3. Abteilung: Salze zweiwertiger Metalle.

a) Rhombische Reihe.

                                              $a : b : c$

Zinckenit $[Sb S_2]_2 Pb$ Rhomb.-dipyr. $0,5693 : 1 : 0,1495$
(Bleiantimonglanz)

Anmerk. Es ist nicht ausgeschlossen, daß Zinckenit monoklin und isomorph mit Skleroklas ist.

b) Monokline Reihe.

                                              $a : b : c$ β

Skleroklas $[As S_2]_2 Pb$ Monokl.-prismat. $1,2755 : 1 : 1,1949$ $102^0 12'$
(Sartorit, Blelarsenglanz)

Anmerk. **Berthierit** ist $[Sb S_2]_2 Fe$, doch ist die Formel des nicht in meßbaren Kristallen bekannten Minerals nicht ganz sicher. Nur derb bekannt sind ferner **Galenobismutit** (Bleiwismutglanz), $[Bi S_2]_2 Pb$ und **Weibullit** (Selenblei-

wismutglanz), [Bi (Se, S)$_2$]$_3$ Pb, wobei das Verhältnis S:Se ziemlich konstant 1:2 ist. **Platynit,** trigonal-rhomboëdrisch ($a = 90^0$ 2′, a:c = 1:1,226), ist Bi$_2$ SSe Pb = Bi$_2$ Se$_2$. PbS; obwohl diese Formel zu wenig Se (oder S) ergibt, gehört er wahrscheinlich doch hierher.

Histrixit ist ein rhombisches Mineral, dessen Zusammensetzung (Bi, Sb)$_{18}$ S$_{37}$ (Cu, Fe)$_{10}$ sein soll; es würde dann eine eigene Gruppe mit dem Verhältnis As$_2$ S$_3$:R″S = 9:10 bilden. Bi:Sb ungefähr wie 7:2.

3. Gruppe (Verhältnis As$_2$S$_3$:R″S = 4:5).

			a:b:c	β
Liveingit	As$_8$ S$_{17}$ Pb$_5$	Monoklin	?	90^0 17′
Plagionit	Sb$_8$ S$_{17}$ Pb$_5$	» -prismat.	1,1331 : 1 : 0,4228	107^0 10′
Bismutoplagionit	Bi$_8$ S$_{17}$ Pb$_5$	Kristallform?		

Anmerk. Nach Zambonini sind Plagionit, Heteromorphit und Semseyit (s. S. 26) Mischungsglieder einer Reihe, deren eines Endglied der Plagionit ist, das andere der Semseyit.

4. Gruppe (Verhältnis As$_2$S$_3$:R″S = 3:4).

			a:b:c	β
Baumhauerit	As$_6$ S$_{13}$ Pb$_4$	Monokl.-prismat.	1,1368 : 1 : 0,9472	97^0 17′

5. Gruppe (Verhältnis As$_2$S$_3$:R″S = 2:3).

			a:b:c
Rathit	As$_4$ S$_9$ Pb$_3$	Rhomb.-dipyram.	0,4782 : 1 : 0,5112

Anmerk. Vielleicht davon verschieden ist **Wilshireit (Rathit α).**

			a:b:c
Klaprothit	Bi$_4$ S$_9$ Cu$_6$	Rhombisch	0,74 : 1 : 1 ca.

Anmerk. **Schirmerit,** nur derb bekannt, ist Bi$_4$ S$_9$ Ag$_4$ Pb.

Fizelyit ist nach Themak und Krenner (unveröffentl. Beobacht.) ein monoklines Salz mit der Formel Sb$_8$ S$_{18}$ Pb$_5$ Ag$_2$.

6. Gruppe (Verhältnis As$_2$S$_3$:R″S = 3:5).

			a:b:c
Jamesonit	Sb$_6$ S$_{14}$ (Pb, Fe)$_5$	Rhombisch (?)	0,8195 : 1 : ?

Anmerk. Das Verhältnis Pb:Fe ist 4:1. Ein gelegentlicher Gehalt an Silber ist vielleicht mechanisch beigemengt. **Warrenit (Domingit)** ist ein Gemenge von Jamesonit und Zinckenit. **Heteromorphit (Zundererz)** ist nach Spencer Sb$_8$ S$_{19}$ Pb$_7$ (= 4 Sb$_2$ S$_3$ · 7 PbS), also eine eigene Gruppe; nach Zambonini ist er ein Glied der Plagionit-Semseyitreihe mit wechselnder Zusammensetzung.

7. Gruppe (Verhältnis As$_2$S$_3$:R″S = 1:2).

			a:b:c	β
Dufrenoysit	As$_2$ S$_5$ Pb$_2$	Monokl.-prismat.	0,6510 : 1 : 0,6126	90^0 33½′
Plumosit	Sb$_2$ S$_5$ Pb$_2$	Rhombisch (?)		

Anmerk. Nach Spencer und Loczka ist Plumosit von Jamesonit verschieden und hat die obige Formel.

			a:b:c
Cosalit	Bi$_2$ S$_5$ Pb$_2$	Rhombisch-dipyr.	0,9187 : 1 : 1,4601

Anmerk. **Schapbachit (Wismutsilbererz),** der nicht in deutlichen Kristallen vorkommt, ist Bi$_2$ S$_5$ Ag$_2$ Pb.

8. Gruppe (Verhältnis $As_2S_3:R''S = 4:9$).

$$a:b:c \qquad \beta$$

Semseyit $Sb_8 S_{21} Pb_9$ Monokl.-prismat. $1,1442:1:1,1051$ $108^0 56'$

Anmerk. Nach Zambonini ist Semseyit das Endglied der Plagionit-Semseyitreihe und nähert sich der Formel $Sb_4 S_{11} Pb_5$.

9. Gruppe (Verhältnis $As_2S_3:R''S = 2:5$). $a:b:c$

Boulangerit $Sb_4 S_{11} Pb_5$ Rhombisch $0,5527:1:0,7478$
(Mullanit)

Anmerk. **Epiboulangerit** ist wahrscheinlich ein Gemenge von Boulangerit und Galenit. $a:b:c$

Diaphorit }   { Rhomb-dipyr. $0,4919:1:0,7345$
Freieslebenit } $Sb_4 S_{11} Ag_4 Pb_3$ dimorph. { Monokl.-prism. $0,5872:1:0,9278$
(Schilfglaserz) $\beta = 92^0 14'$

10. Gruppe (Verhältnis $As_2S_3:R''S = 1:3$).

1. Abteilung: Salze einwertiger Metalle.

Die beiden folgenden Reihen sind isodimorph.

a) Trigonale Reihe. α

Proustit $As S_3 Ag_3$ Ditrig.-pyram. $103^0 32'$ $(a:c = 1:0,8038)$
(Arsensilberblende)

Pyrargyrit $Sb S_3 Ag_3$ »   » $104^0 0'$ $(a:c = 1:0,7892)$
(Antimonsilberblende)

Anmerk. Diese beiden, auch als lichtes und dunkles **Rotgültigerz** bezeichneten Mineralien mischen sich nur in geringem Maße und bilden sonst erkennbare Verwachsungen. **Sanguinit** unterscheidet sich in Habitus und Strich von Proustit.

b) Monokline Reihe. $a:b:c$ β

Xanthokon $As S_3 Ag_3$ Monokl.-prism. $1,9187:1:1,0152$ $91^0 13'$
(Rittingerit)

Pyrostilpnit $Sb S_3 Ag_3$ »   » $1,9465:1:1,0973$ $90^0 0'$ ca.
(Feuerblende)

Stylotyp $(Sb, As) S_3 (Cu, Ag)_3$ »   » $1,9202:1:1,0355$ 90^0 ca.

Anmerk. Im Stylotyp sollen auch die entsprechenden Verbindungen von Zn und Fe'' isomorph beigemischt sein; **Falkenhaynit** ist ein Stylotyp mit geringem Gehalt an Fe''. **Wittichenit** ist vielleicht BiS_3Cu_3, weicht aber in der Kristallform ab. **Tapalpit (Tellurwismutsilber),** nur derb bekannt, ist vielleicht $Bi (S, Te)_3 Ag_3$.

·2. Abteilung: Salze ein- und zweiwertiger Metalle.

a) Reihe $As_2S_3 . 2R'S . R''S$. $a:b:c$ β

Samsonit $[Sb S_3]_2 Ag_5 Mn''$ Monokl. (prismat?) $1,2776:1:0,8180$ $92^0 46'$

b) Reihe $As_2S_3 . R'_2S . 2R''S$ bzw. $As S_3 R''R'$.

Die beiden ersten der folgenden Mineralien sind sicher isomorph, wahrscheinlich auch der Aikinit.

			$a:b:c$
Seligmannit	As S_3 Cu′ Pb	Rhomb.-dipyr.	$0,9233:1:0,8734$
Bournonit	Sb S_3 Cu′ Pb	» »	$0,9380:1:0,8969$
Aikinit	Bi S_3 Cu′ Pb	» »	$0,9719:1:$?

(Nadelerz, Patrinit)

Anmerk. **Dürrfeldtit** gehört angeblich hierher, ist aber wohl kaum homogen.

3. Abteilung: Salze zweiwertiger Metalle.

Kobellit	[(Sb, Bi) S_3]$_2$ Pb$_3$	Kristallform ?	
			$a:b:c$
Lillianit	[Bi S_3]$_2$ Pb$_3$	Rhombisch (?)	$0,8002:1:0,5433$

Anmerk. **Plumbostibit** ist vielleicht [Sb S_3]$_2$ Pb$_3$, ebenso **Embrithit**, der aber Sb$_6$ S$_{19}$Pb$_{10}$ sein soll. **Guitermannit**, ebenfalls nur derb bekannt, ist möglicherweise [As S_3]$_2$ Pb$_3$. Die obige Formel von Lillianit nach Mauzelius für den von Gladhammer; der von Zilijärvi enthält nach Borgström noch Se, Ag, Cu, Zn, Te und Sb.

Lengenbachit (triklin?) soll As$_4$ S$_{13}$ (Ag, Cu)$_2$ Pb$_6$ (= 2 As$_2$ S$_3$. 7 R″S) sein und wäre dann Vertreter einer eigenen Gruppe.

11. Gruppe (der Fahlerze).

Die Fahlerze wurden nach dem Vorschlag von H. Rose lange als Salze mit der Zusammensetzung As$_2$S$_7$R′$_8$ (As$_2$S$_3$:R′$_2$S = 1:4) betrachtet; nach Kretschmer sind sie aber überhaupt nicht einheitlich, sondern Mischungen der Endglieder As S$_3$R′$_3$ und As$_2$S$_9$R″$_6$, wodurch sich die meisten Analysen erklären lassen. Eine befriedigende Erklärung der Fahlerzformel können wir heute noch nicht geben; sicher ist, daß außer einwertigem Cu und Ag auch wechselnde Mengen von Hg, Fe und Zn in die Mischung treten, wohl aber nicht isomorph, wie in der Formel unten angegeben. Da viele der besten Analysen auf Orthosalze As S$_3$ R′$_3$ (entsprechend der vorigen Gruppe) deuten, so ist diese Formel vorläufig hier angenommen, aber die Fahlerze als wohlumgrenzte, eigene Gruppe beibehalten. Von den Endgliedern der Kretschmerschen Mischungsreihe kommt keines in einer kubischen Modifikation frei vor.

Tetraëdrit (Fahlerz)	$\begin{cases} \text{[As } S_3]_2 \text{ (Cu}_2\text{, Fe, Zn)}_3 \\ \text{[Sb } S_3]_2 \text{ (Cu}_2\text{, Ag}_2\text{, Fe, Zn)}_3 \end{cases}$	Kubisch-hexakistetraëdrisch
Schwazit (Quecksilberfahlerz)	[(Sb, As) S_3]$_2$ (Cu$_2$, Hg, Fe, Zn)$_3$ »	»

Anmerk. Das lichte **Arsenfahlerz (Tennantit)** ist frei von Ag und Hg, oft auch von Zn, das Verhältnis Cu$_2$: Fe schwankt innerhalb weiter Grenzen; die eisenärmsten sind fast As S$_3$ Cu$_3$, manche der eisenreichsten nahezu [As S$_3$]$_2$ Cu$_2$Fe. Zum Arsenfahlerz gehören ferner **Julianit, Binnit, Annivit** und **Sandbergerit**. Die dunklen **Antimonfahlerze** enthalten kein Hg, oft aber viel Ag (**Silberfahlerz, dunkles** und **lichtes Weißgiltigerz, Aphthonit, Polytelit, Freibergit**); auch Ni wird als Bestandteil angegeben, ferner etwas Co″ und Bi‴; das Verhältnis Sb:As schwankt sehr. Die Quecksilberfahlerze sind Antimonfahlerze mit einem Gehalt an Hg bis zu 17%; es ist wahrscheinlich zweiwertig vorhanden. **Malinowskit** ist ein kupferarmes Silberbleifahlerz. **Fournetit, Rionit** und **Clayit** sind wahrscheinlich Gemenge von Fahlerz mit anderen Mineralien.

12. Gruppe (Verhältnis $As_2 S_3 : R''S = 1:4$).

Die folgenden Mineralien entsprechen wahrscheinlich verschiedenen Modifikationen.

			$a:b:c$	β
Jordanit	$As_2 S_7 Pb_4$	Monokl.-prismat.	$0,4945 : 1 : 0,2655$	$90^0 33\frac{1}{2}'$
Meneghinit	$Sb_2 S_7 Pb_4$	Rhomb.-dipyram.	$0,5289 : 1 : 0,3632$	

13. Gruppe (Verhältnis $As_2 S_3 : R''S = 1:5$).

Trotz des ähnlichen Axenverhältnisses ist eine Isomorphie der folgenden Mineralien unwahrscheinlich.

			$a:b:c$
Stephanit	$Sb S_4 Ag_5$	Rhomb.-dipyr.	$0,6291 : 1 : 0,6851$
(Melanglanz, Sprödglaserz)			
Geokronit	$Sb_2 S_8 Pb_5$	» »	$0,6147 : 1 : 0,6796$
(Kilbrickenit)			

Anmerk. Im Geokronit ist oft ein Teil des Antimons durch Arsen ersetzt. **Goldfieldit**, nur derb bekannt, ist angeblich $(Sb, Bi, As) (S, Te)_4 Cu_5$, wahrscheinlich aber ein Gemenge von Sulfiden, Telluriden und Sulfosalzen.

14. Gruppe (Verhältnis $As_2 S_3 : R''S = 1:6$).

Das folgende Mineral läßt sich nach **Weinland** als $\begin{bmatrix} Bi''' & S_5 \\ Bi''' & S_4 \end{bmatrix} Pb_6$ auffassen mit je einem Tetrathio- und einem Pentathioanion.

Beegerit $Bi_2 S_9 Pb_6$ Kubisch.

Anmerk. Wie das im **Beegerit** in geringer Menge vorhandene Ag gebunden ist, ist unbekannt. **Richmondit**, nur derb bekannt, soll $Sb_2 S_9 (Pb, Fe, Cu_2)_6$ mit geringem Gehalt an Ag und Zn sein, jedoch ist das unsicher.

15. Gruppe (Verhältnis $As_2 S_3 : R'_2 S = 1:8$). $a:b:c$

Pearcëit	$(As, Sb)_2 S_{11} (Ag, Cu)_{16}$	Monokl.-prismat.	$1,7309 : 1 : 1,6199$
(Arsenpolybasit)			$\beta = 90^0 9'$

                                                        $a:b:c$

Polybasit	$(Sb, As)_2 S_{11} (Ag, Cu)_{16}$	» »	$1,7309 : 1 : 1,5796$
(Eugenglanz)			$\beta = 90^0 0'$

Anmerk. Der geringe Eisengehalt dieser isomorphen und nur wenig voneinander verschiedenen Mineralien ist vielleicht mechanisch beigemengt.

16. Gruppe (Verhältnis $As_2 S_3 : R'_2 S = 1:12$).

Polyargyrit $Sb_2 S_{15} Ag_{24}$ Kubisch.

c) Sulfarseniate, -antimoniate und -vanadate.

1. Gruppe (Orthosulfarseniate $As S \cdot (SR')_3$.

Sulvanit	$V S_4 Cu_3$	Rhombisch?	
			$a:b:c$
Enargit ⎫		⎰ Rhombisch-dipyram.	$0,8694 : 1 : 0,8308$
Luzonit ⎭	$As S_4 Cu_3$	⎱ Monoklin?	
Famatinit	$Sb S_4 Cu_3$	Monoklin?	

Anmerk. **Clarit** ist wahrscheinlich identisch mit Enargit. **Epiboulangerit**, angeblich $[Sb S_4]_2 Pb_3$, ist wohl ein Gemenge von Boulangerit und Galenit.

Epigenit, rhombisch, ist vielleicht $As_2 S_{12} Cu'_8 Fe_3$ $(= As_2 S_5 \cdot 7 R''S)$. Der kubisch-tetraëdrische **Regnolit** ist wesentlich etwa $As_2 S_{12} Cu_5 FeZn$ $(= As_2 S_5 \cdot 7 R''S)$.

d) Sulfostannate und -germanate.

1. Gruppe (Formel $Sn S_4 R'_4$). $\qquad$ a : c

Stannin $Sn S_4 Cu_2 Fe$ $\quad$ Ditetrag.-skalenoëdr. (pseudokub.) $1 : 0,9827$
(Zinnkies)

Anmerk. **Cuprokassiterit** ist zersetzter Zinnkies, d. h. ein Gemenge von Oxyden und Hydroxyden des Zinns, Kupfers und Eisens. **Teallit** (rhombisch, a:b:c = 0,93:1:1,31) ist nach Prior $Sn S_2 Pb$, wofür sich keine befriedigende Formel aufstellen läßt.

2. Gruppe (Formel $Sn S_6 R'_8$).

Argyrodit $\quad$ $Ge S_6 Ag_8$ $\qquad$ Kubisch
(Plusinglanz)

Canfieldit $\quad$ $(Sn, Ge) S_6 Ag_8$ $\qquad$ »

Anmerk. **Brongniartin** ist identisch mit Argyrodit oder Canfieldit.

e) Verbindungen von Sulfostannaten mit Sulfantimoniten.

Von den folgenden Mineralien kann das erste betrachtet werden als Verbindung eines Metasulfostannates mit einem Orthosulfantimonit: $2 Sn S_3 Pb + [Sb S_3]_2 Pb_3$. Das zweite kann zerlegt werden in: $3 Sn_2 S_5 Pb + [Sb S_3]_2 Pb_3$, d. i. das Bleisalz einer Zinnsulfosäure und ein Orthosulfantimonit. Ultrabasit endlich ist eine Verbindung von $3 Ge S_4 Pb_2$ mit $2 [Sb S_3]_2 Pb_3$, $16 PbS$ und $11 Ag_2S$ in unbekannter gegenseitiger Bindung.

Franckëit $\quad$ $Sn_2 Sb_2 S_{12} Pb_5$ $\qquad$ Kristallform?

Anmerk. Nach Prior ist Franckëit vielleicht $Sn_3 Sb_2 S_{14} Pb_5 Fe$.

Kylindrit $\quad$ $Sn_6 Sb_2 S_{21} Pb_6$ $\qquad$ Kristallform?

Anmerk. Nach Prior ist Kylindrit vielleicht $Sn_4 Sb_2 S_{10} Pb_3 Fe_2$. Ein Mineral von zweifelhafter Homogenität ist **Plumbostannit,** angeblich $Sn_2 Sb_2 S_{11} Pb_2 (Fe, Zn)_2$. $\qquad$ a : b : c

Ultrabasit $\quad$ $Ge_3 Sb_4 S_{51} (Pb, Fe)_{28} (Ag, Cu)_{22}$ $\quad$ Rhomb. $0,988 : 1 : 1,462$.

Sauerstoffverbindungen der Elemente.

A. Oxyde.

1. Gruppe (Oxyde einwertiger Metalloide).

			a : c
Eis (Wasser)	H_2O	Dihexag.-pyramidal	1 : 1,617.

2. Gruppe (Oxyde von Metalloiden der 6. Reihe).

			a : b : c
Tellurit	TeO_2	Rhombisch-dipyram.	0,4566 : 1 : 0,4693

Anmerk. **Selenolith** soll natürliches SeO_2 sein.

			a : b : c
Molybdit z. T.	MoO_3	Rhombisch	0,3872 : 1 : 0,4794
(Molybdänocker)			
Tungstit z. T.	WO_3	»	0,6966 : 1 : 0,4026
(Wolframocker)			

Anmerk. Unter diesen Namen werden auch Hydrate begriffen; **Meymacit** ist vielleicht das dem Molybdit entsprechende Kolloid. **Lambertit** soll natürliches UO_3 sein.

3. Gruppe (Sesquioxyde von Metalloiden).

As_2O_3 und Sb_2O_3 sind wahrscheinlich isodimorph; die kubischen Modifikationen beider sind wohl nur pseudokubisch, die rhombische des Sb_2O_3 wahrscheinlich pseudorhombisch und in Wirklichkeit monoklin und isomorph mit der entsprechenden Modifikation von As_2O_3.

a) Kubische Reihe.

Arsenolith	As_2O_3	Kubisch (?)
Senarmontit	Sb_2O_3	» (?)

b) Monokline bzw. pseudorhombische Reihe.

			a : b : c	β
Claudetit	As_2O_3	Monokl.-prismat.	0,4040 : 1 : 0,3445	93° 57'
Valentinit	Sb_2O_3	Rhomb.-dipyram.	0,3914 : 1 : 0,3365	
(Antimonblüte, Weißspießglanzerz)				

Anmerk. **Bismit (Wismutocker)**, Bi_2O_3, wurde bisher nur derb aufgefunden.

4. Gruppe.

Hier sind die nicht zur Rutilgruppe gehörigen Dioxyde von Si, Ti und Zr vereinigt, die unter sich wenige kristallographische Beziehungen zeigen. SiO_2 bildet mehrere Modifikationen (Quarz, Tridymit, Cristobalit), die sich mit denen des TiO_2 (Brookit und Anatas; Rutil gehört zur folgenden Gruppe) ungezwungen nicht vergleichen lassen, ebensowenig wie mit dem natürlichen ZrO_2.

a) Trigonale Reihe.

Quarz SiO_2 Trigonal-trapezoëdrisch $93^0\,56\tfrac{1}{2}'$ $(a:c = 1:1,0999)$.

Anmerk. **Quarzin, Chalzedon** und **Lutezit** sind feinfaseriger Quarz, vielleicht eine trikline Modifikation von SiO_2, deren submikroskopische regelmäßige Verwachsungen den kristallisierten Quarz bilden. **Karneol** ist durch Eisenoxyd gefärbter Chalzedon, **Eisenkiesel** ebensolcher Quarz. **Chrysopras** und **Plasma** sind grüner Chalzedon, **Heliotrop** dasselbe mit roten Flecken; **Prasem** ist durch Beimengung von Amphibol grüner Quarz. **Jaspis** werden unreine, braune oder braunrote Abarten von Chalzedon genannt. **Hornstein** ist unreiner kryptokristalliner Quarz. **Lydit (Probierstein)** ist dichter Quarz, durch kohlige Beimengungen gefärbt **Achat** (einschließlich **Onyx**) heißen lagenförmige Gemenge von Chalzedon und· Quarz mit verschiedenen Beimengungen (im **Kalzitachat** mit Kalzit). **Avanturin** ist kristallinischer Quarz mit eingewachsenen Glimmerblättchen, **Katzenauge** dasselbe mit eingewachsenen Fasern von Asbest, **Falkenauge** mit solchen von Krokydolith, die beim **Tigerauge** in Limonit umgewandelt sind.

Opal (Hyalit) ist kolloidales SiO_2 mit wechselndem Wassergehalt. **Kieselgur, Diatomit, Infusorienerde, Tripel, Randanit** u. a. bestehen im wesentlichen aus amorpher, erdiger Kieselsäure mit Wassergehalt. **Flint (Feuerstein)** ist ebenfalls größtenteils amorphe Kieselsäure. **Bauerit** ist das unreine Kieselsäurehydrat, das als Endprodukt der Verwitterung von Biotit auftritt. **Menilit** ist eine Opalvarietät, **Alumokalzit** ein Opal mit beigemengten Al- und Ca-Verbindungen, **Forcherit** einer mit kolloidalem As_2S_3 in Adsorption, **Fiorit** einer mit einer adsorbierten Fluorsiliziumverbindung. **Melanophlogit** und **Sulfurizinit** sind gealterte Opale mit Schwefelsäure und einer Kohlenstoffverbindung in Adsorption. **Kascholong** ist das erste Zwischenglied der von F. Cornu und H. Leitmeier aufgestellten Dehydrationsreihe: Opal — Kascholong — Chalzedon — Quarz. **Lechatelierit** ist ein natürliches Quarzglas.

b) Rhombische Reihe.

a : b : c

Tridymit SiO_2 Rhombisch-dipyram.   0,5774 : 1 : 0,9544
(Asmanit)

Anmerk. **Lussatit** ist Tridymit, vermengt mit Quarzin und Opal.

a : b : c

Brookit TiO_2 Rhombisch-dipyram.   0,8416 : 1 : 0,9444.
(Arkansit)

c) Tetragonale Reihe.

Cristobalit SiO_2 Tetragonal (pseudokubisch)

a : c

Anatas TiO_2 Ditetragonal-dipyramidal   1 : 1,7771.
(Oktaëdrit)

d) Monokline Reihe.

			a : b : c	β
Baddeleyit (Brazilit)	$Zr\,O_2$	Monoklin-prismat.	0,9871 : 1 : 1,0228	$98^0\,45\tfrac{1}{2}'$

5. Gruppe (Rutilgruppe).

Die folgenden Mineralien bilden eine isomorphe Reihe. Da Zirkon und Thorit aus Doppelmolekülen aufgebaut sind, werden auch die Formeln der übrigen Glieder meist verdoppelt, z. B. $Ti\,TiO_4$: Wir haben aber keine Anzeichen für die Existenz dieser Moleküle im Kristall, weshalb die einfachen Formeln gewählt sind. Neuerdings wird der Zirkon auf Grund von Röntgenuntersuchungen für hemimorph erklärt, doch bedarf diese Annahme noch weiterer Bestätigung.

				a : c
Rutil	$Ti\,O_2$	Ditetragonal-dipyramidal		1 : 0,6439
Zirkon	$Zr\,Si\,O_4$	»	»	1 : 0,6391
Thorit (Orangit)	$Th\,Si\,O_4$	»	»	1 : 0,6402
Kassiterit (Zinnerz, Zinnstein)	$Sn\,O_2$	»	»	1 : 0,6726
Plattnerit (Schwerbleierz)	$Pb\,O_2$	»	»	1 : 0,6764
Polianit	$Mn\,O_2$	»	»	1 : 0,6647.

Anmerk. **Edisonit, Sagenit** und **Nigrin** sind Rutil, letzterer mit einem Gehalt an Eisen. **Paredrit** soll ein 0,6% H_2O enthaltender Rutil sein. **Doelterit** ist kolloidales TiO_2. Zersetzte und dadurch wasserhaltig gewordene Zirkone wurden **Malakon, Oerstedtit, Tachyaphaltit** und **Cyrtolith (Anderbergit)** genannt. **Auerbachit** enthält infolge von Beimengungen mehr SiO_2, **Orvillit** infolge Zersetzung weniger, als normaler Zirkon. Thorit ist meist durch beginnende Zersetzung wasserhaltig; etwas Pb, Sn und Fe sind vielleicht beigemengt. **Uranothorit** enthält bis 10% Uran, vielleicht in isomorpher Mischung als $Ur\,Si\,O_4$. Unreine, zersetzte Thorite sind ferner **Auerlith** (der auch P_2O_5 enthält), **Thorogummit** (angenähert $2\,Th\,Si\,O_4 . UO_3 . H_2O$) und der ähnlich zusammengesetzte **Mackintoshit**. Amorphe Zersetzungsprodukte von Thorit sind **Calciothorit** (mit einem Gehalt an CaO), **Eukrasit, Freyalith** und wahrscheinlich **Pilbarit**; letzterer enthält auch Pb und Ur. Der kubische **Thorianit** ist im wesentlichen eine isomorphe Mischung der beiden (künstlich in kubischen Kristallen hergestellten) Oxyde ThO_2 (bis 79%) und UO_2, wozu noch etwas Ce, La, Dd, Pb und Fe kommen. **Oliveirait**, angeblich $3\,ZrO_2 . 2\,TiO_2 . H_2O$, ist wahrscheinlich Zersetzungsprodukt eines hierher gehörigen Minerals. Das sog. **Stromzinn** soll zum Teil amorphes $Sn\,O_2$ sein.

Zahlreiche Mineralien bestehen aus kolloidalem $Mn\,O_2$, das außer Wasser noch die verschiedenartigsten Verbindungen adsorbiert, nach denen man die Mineralien abgrenzte. Hierher gehören **Pyrolusit (Braunstein, Weichmanganerz)**, der fast nur H_2O enthält, ebenso **Varvicit** und **Wad (Manganschaum, Grorolith)**. **Lepidophält** hat außerdem Mangano- und Kupfersalze adsorbiert, **Lithiophorit (Kakochlor)**, Verbindungen von Al, Fe, Co, Cu, Li, K und SiO_2; **Asbolan (Kobaltmanganerz, schwarzer Erdkobalt)** enthält viel H_2O, dann Co, Fe und Cu. Im **Rabdionit** wurde Fe, Mn'', Cu und Co nachgewiesen, im **Kupfermanganerz (Lampadit)** Cu und Mn''; **Kupferschwärze** und **Pelokonit** sind Gemenge von Eisen-, Kupfer- und Manganhydroxyden, **Hetärit** soll eine Verbindung von MnO_2 und ZnO sein. **Beldongrit** enthält viel Fe_2O_3, **Romanechit** besonders Barium und **Ebelmenit** Kalium. **Manganocker,** angeblich Mn_3O_4 $4H_2O$, gehört wohl auch hierher, ebenso **Crednerit (Mangankupfererz),** der als kristallinische Verbindung $2 Mn_2O_3 . 3 CuO$ beschrieben wurde, endlich auch **Psilomelan (Hartmanganerz),** der außer MnO_2 und H_2O noch MnO, BaO, CaO, MgO, CoO, CuO, Al_2O_3, Fe_2O_3 und Alkalien enthält, sowie **Cesarolith,** angeblich $Mn_3O_5 PbH_2$, wohl nur ein Adsorptionsprodukt von MnO_2 mit H_2O und Verbindungen von Pb, Sb, As, Cu, Zn und Ca.

6. Gruppe.

Die folgenden Oxyde sind wahrscheinlich Glieder einer isodimorphen Reihe.

a) Kubische Reihe.

Periklas	MgO	Kubisch-hexakisoktaëdrisch	
Cadmiumoxyd	CdO	»	»
Manganosit	MnO	»	»
Bunsenit	NiO	»	»

Anmerk. Auch **Kalziumoxyd** CaO kommt natürlich vor.

b) Hexagonale Reihe.

a : c

Zinkit ZnO Dihexagonal-pyramidal   1 : 1,6077.
(Rotzinkerz)

Anmerk. Dem Zinkit ist etwas MnO isomorph beigemischt, doch ist die entsprechende Modifikation von MnO frei nicht bekannt.

7. Gruppe (Sesquioxyde).

Die folgenden Mineralien sind isomorph. Hämatit enthält oft Titan, und zwar wahrscheinlich nur z. T. in isomorpher Mischung mit dem ebenfalls hierher gehörigen Ti_2O_3, z. T. in Mischung mit Ilmenit, $Ti''''O_3 Fe''$, der bis auf die Symmetrie kristallographisch völlig mit dem Hämatit übereinstimmt; eine ganz sichere Entscheidung ist nicht möglich, jedoch wurde Ti_2O_3 frei bisher in der Natur noch nicht sicher beobachtet.

Korund Al_2O_3 Ditrigonal-skalenoëdrisch $\overset{\alpha}{85^0 43'}$ (a : c $= 1 : 1,3652$)
Hämatit Fe_2O_3 »   » $85^0 42'$ (a : c $= 1 : 1,3654$)
(Eisenglanz, Spekularit)

Anmerk. **Rubin, Saphir** usw. werden die gefärbten, als Edelsteine verwendeten Abarten des Korunds genannt, **Schmirgel** dasselbe Mineral in körnigen Aggregaten und mit reichlich Magnetit u. a. gemengt. Kolloidales Al_2O_3 mit wechselndem Wassergehalt bildet den Hauptbestandteil von **Laterit** und **Beauxit;** nach F. Cornu besteht letzterer namentlich aus den Kolloiden α- **Kliachit** ($Al_2O_3 . H_2O$) und β- **Kliachit** ($Al_2O_3 . 3H_2O$), wozu die kristallisierten Hydroxyde des Aluminiums und Eisens kommen. Pauls nennt den Hauptbestandteil des Beauxits **Alumogel.** Als Eisenglanz, Spekularit und **Eisenrose** bezeichnet man besonders den kristallisierten Hämatit, als **Eisenglimmer** dünnblättrige Aggregate und als **Roteisenerz,** roter **Glaskopf, Rötel** und **Roteisenocker** das wasserfreie, derbe oder erdige Eisenoxyd. Zahlreiche Kolloide gehören hierher, besonders **Limonit (Brauneisenerz),** der ge-

altert, d. h, kristallinisch geworden, manchmal der Formel $Fe_4O_3[OH]_6$ oder
FeO.OH entspricht; zu ihm gehören **brauner Glaskopf, Hydrohämatit, Hydro-
goethit, Stilpnosiderit (Eisenpecherz), Turit (Turjit), Crucilith (Crucit), Es-
meraldait, Xanthosiderit (Gelbeisenerz), Ehrenwerthit** und **Hämatogelit,** von
denen wahrscheinlich mehrere identisch sind. Nach Cornu ist auch **Glockerit**
ein kolloidales Eisenoxyd mit adsorbierter Schwefelsäure.

8. Gruppe (Oxyde einwertiger Schwermetalle).

Cuprit　　Cu_2O　　　　Kubisch-pentagonikositetraëdrisch.
(Rotkupfererz, Chalkotrichit)

Anmerk. **Ziegelerz** ist ein Gemenge von Cuprit und Limonit, **Kupfer-
pecherz** das gleiche mit Gehalt an kolloidalem SiO_2. **Cuprocalcit** ist wahrscheinlich ein unreines Gemenge von Cuprit mit Kalzit; **Hydrocuprit** ist vielleicht amorphes, wasserhaltiges Cu_2O.

9. Gruppe.

Diese umfaßt die nicht kubischen Oxyde zweiwertiger Schwermetalle; kristallographische Beziehungen zwischen den einzelnen
Mineralien sind nicht nachweisbar.

			a : b : c	α	β	γ
Melaconit	CuO	Triklin (pseudomonokl.)	1,4902 : 1 : 1,3604	90⁰	90⁰32′	90⁰

(Tenorit, Schwarzkupfererz)

Anmerk. **Paramelaconit** ist wahrscheinlich eine tetragonale Modifikation
von CuO (a:c = 1:1,6534).

				a : b : c
Montroydit	HgO	Rhombisch-dipyramidal		0,6375 : 1 : 1,1977
Bleioxyd	PbO	»	»	0,6706 : 1 : 0,9764.

(Bleiocker, Bleiglätte, Massicot)

Anmerk. Die tetragonale Modifikation des Bleioxyds wurde unter
dem Namen **Lithargit** beschrieben.

B. Hydroxyde.

1. Gruppe (Hydroxyde dreiwertiger Elemente).

Die dreiwertigen Elemente Bor, Aluminium, Mangan und Eisen
bilden außer den unter A erwähnten amorphen Mineralien zwei Reihen
von kristallisierten Hydroxyden, nämlich normale mit der Formel
$R'''[OH]_3$ und wasserärmere mit der Formel $R'''O . OH$.

a) Reihe $R'''[OH]_3$.

Die folgenden Mineralien zeigen in Ausbildung und Spaltbarkeit
gewisse Ähnlichkeiten, sind aber nicht isomorph.

			a : b : c	α	β	γ
Sassolin	B[OH]₃	Triklin-pinak.	1,7329 : 1 : 1,9228	92⁰30′	104⁰25′	89⁰49′

(Borsäure)

Anmerk. **Lagonit** ist ein Gemenge aus vorwiegend Sassolin und Limonit.

			a : b : c	β
Hydrargillit	Al[OH]₃	Monoklin-prismat.	1,7089 : 1 : 1,9184	94⁰31′

(fälschlich Gibbsit)

b) Reihe R'''O . OH.

Trotz mancher Übereinstimmung ist es fraglich, ob die folgenden Mineralien isomorph sind.

				$a : b : c$
Diaspor	Al O . OH	Rhombisch-dipyramidal		$0,9372 : 1 : 0,6039$
Manganit (Neukirchit)	Mn O . OH	»	»	$0,8441 : 1 : 0,5448$
Goethit (Nadeleisenerz)		»	»	$0,9185 : 1 : 0,6068$
Lepidokrokit	Fe O . OH	»	»	$0,431\ \ : 1 : 0,64$

Anmerk. Folgende Mineralien enthalten als Hauptbestandteil Hydroxyde des dreiwertigen Kobalts; sie sind zum Teil sicher Gemenge oder Kolloide: **Winklerit,** der außerdem reich an Nickel ist; **Heubachit,** mit Gehalt an Ni, Fe, Mn; **Transvaalit,** mit etwa As_2O_5, SiO_2, Al_2O_3, Fe_2O_3 und CoO; **Heterogenit** und **Schulzenit,** der auch CoO und CuO enthält.

2. Gruppe (Hydroxyde zweiwertiger Metalle).

			$\overset{\alpha}{}$
Brucit	Mg [OH]₂	Ditrigonal-skalenoëdr.	$81^0 12'$ $(a : c = 1 : 1,5208)$
Pyrochroit	Mn [OH]₂	»	$84^0 26'$ $(a : c = 1 : 1,3999)$

Anmerk. Diese beiden Mineralien sind wahrscheinlich isomorph und **Manganbrucit** (Mg, Mn) [OH]₂ ihre isomorphe Mischung. **Eisenbrucit** ist entsprechend wohl (Mg, Fe) [OH]₂. **Nemalith** ist faseriger Brucit mit geringem Eisengehalt. **Bäckströmit** ist nach Aminoff eine rhombische Modifikation von Mn [OH]₂ $(a : b : c = 0,7393 : 1 : 0,6918)$. **Hydroplumbit** ist angeblich ein vielleicht rhombisches Mineral mit der Zusammensetzung $3 PbO . H_2O$, aber ganz unsicher.

Tungstit ist nach Walker zum Teil $WO_2 [OH]_2$, d. h. Orthowolframsäure in optisch zweiaxigen Kristallen.

3. Gruppe (Verbindungen mehrerer Hydroxyde).

			$a : c$
Pyroaurit	Fe [OH]₃ . 3 Mg [OH]₂ . 3 H₂O	Hexag.-pyramidal	$1 : 1,6557$

Anmerk. **Namaqualith** ist vielleicht Al [OH]₃ . 2 Cu [OH]₂ . 2 H₂O. **Hydrotalcit (Völknerit),** angeblich die dem Pyroaurit entsprechende Aluminiumverbindung Al [OH]₃ . 3 Mg [OH]₂ . 3 H₂O, ist wahrscheinlich ein Gemenge von Brucit und Hydrargillit. Der amorphe **Ilsemannit** ist vielleicht $Mo_2O_8 . n H_2O$, entweder als $2 MoO_3 . MoO_2$ oder als Molybdänmolybdat aufzufassen; die in ihm enthaltene Schwefelsäure ist wohl in Adsorption vorhanden.

C. Oxysulfide.

			$a : b : c$	β
Pyrostibit	Sb₂ S₂ O	Monoklin-prismat.	$3,9650 : 1 : 0,8535$	$90^0 0'$.
(Antimonblende, Rotspießglanzerz, Kermesit)				

Anmerk. Nur derb bekannt sind die zweifelhaften Mineralien **Karelinit,** angeblich Bi_4SO_3, und **Voltzit,** Zn_5S_4O, wahrscheinlich ein Gemenge von Wurtzit und Zinkoxyd.

IV. Klasse.

Haloidsalze.

A. Einfache Halogenide.

1. Gruppe (Halogenide der Alkalimetalle).

Die folgenden Mineralien sind bei gewöhnlicher Temperatur trotz der übereinstimmenden Symmetrie nicht isomorph.

Steinsalz   NaCl   Kubisch-pentagonikositetraëdrisch
(Halit, Chlornatrium)
Sylvin   KCl   »   »
(Chlorkalium)
Salmiak NH_4Cl »   »
(Chlorammonium)

Anmerk. Auch **Bromammonium** und **Jodammonium** kommen natürlich vor. **Villiaumit** ist angeblich eine tetragonale (pseudokubische) Modifikation von NaF.

2. Gruppe (Halogenide der Kupfergruppe).

Von den folgenden Mineralien sind nur die Kupfer- und Silbersalze jeweils unter sich streng isomorph.

a) Kubische Reihe.

Nantockit   CuCl   Kubisch-hexakistetraëdrisch
(Kupferchlorür)
Marshit   CuJ   »   »
(Kupferjodür)
Kerargyrit   AgCl   Kubisch-hexakisoktaëdrisch
(Chlorsilber)
Bromargyrit AgBr   »   »
(Bromsilber)

Anmerk. **Miersit**, 4 AgJ . CuJ, kubisch, ist wahrscheinlich eine feste Lösung der Komponenten; **Cuprojodargyrit** ist mit ihm wohl identisch. **Huanta-jayit** ist (Na, Ag) Cl, doch liegt nach künstlichen Versuchen keine eigentliche isomorphe Mischung vor. **Embolit (Chlorbromsilber)** ist eine isomorphe Mischung von Ag Cl und Ag Br, **Jodobromit** (**Jodbromchlorsilber**) enthält außerdem noch AgJ isomorph beigemischt. **Ostwaldit (Buttermilchsilber)** ist kolloidales AgCl.

b) Hexagonale Reihe.

                                                          a : c
Jodyrit   AgJ   Dihexagonal-pyramidal   1 : 0,8196.
(Jodsilber)

3. Gruppe (Quecksilberhalogenide).   a : c

Kalomel   HgCl   Ditetragonal-dipyramidal   1 : 1,7356.
(Quecksilberhornerz)

4. Gruppe (Halogenide zweiwertiger Metalle).   a : c

Sellait MgF_2 Ditetragonal-dipyramidal   1 : 0,6596
(Belonesit)

Anmerk. **Chloromagnesit** soll $MgCl_2$ sein und auch Wasser enthalten.

Fluorit CaF_2 Kubisch-hexakisoktaëdrisch
(Flußspat)

Anmerk. **Pseudonocerit** ist wahrscheinlich mit Fluorit identisch. **Hydrophilit** soll $CaCl_2$ sein; die Existenz dieses Minerals sowie die von **Scacchit** ($MnCl_2$), **Lawrencit** (($Fe, Ni)Cl_2$) und **Coccinit** (HgJ_2) ist aber unsicher.

a : b : c

Cotunnit $PbCl_2$ Rhombisch-dipyramidal   0,5952 : 1 : 1,1872
(Bleichlorid)

5. Gruppe (Halogenide dreiwertiger Metalle).   a : c

Fluocerit $(Ce, La, Dy)F_3$ Hexagonal   1 : 1,3736
(Tysonit)

Anmerk. **Hydrofluocerit** ist ein wasserhaltiges Zersetzungsprodukt von Fluocerit. Die Existenz von **Molysit** ($FeCl_3$) und **Aluminiumchlorid** ($AlCl_3$) als Mineralien ist unsicher.

6. Gruppe (Wasserhaltige einfache Halogenide).

a) Reihe mit zweiwertigen Metallen.   a : b : c β

Bischofit $MgCl_2 . 6H_2O$ Monokl.-prismat.   1,3872 : 1 : 0,8543   93° 42'

Anmerk. Der (monokline?) **Eriochalcit** soll $CuCl_2 . 2H_2O$ sein.

b) Reihe mit dreiwertigen Metallen.   a : b : c

Fluellit $AlF_3 . H_2O$ Rhomb.-dipyr.   0,770 : 1 : 1,874

Chloraluminit $AlCl_3 . 6H_2O$ Trigonal $111° 40'$ ($a : c = 1 : 0,5356$).

B. Doppelhalogenide.

1. Gruppe (Wasserfreie Doppelfluoride).

a) Reihe mit dreiwertigen Elementen.

Kryolith und Kryolithionit sind ein Salz bzw. Doppelsalz der Aluminiumfluorwasserstoffsäure $[AlF_6]H_3$; die Konstitution der übrigen Mineralien dieser Reihe ist unbekannt.

a : b : c β

Kryolith AlF_6Na_3 Monokl.-prismat.   0,9662 : 1 : 1,3883   90° 11'

Kryolithionit $[AlF_6]_2Na_3Li_3$ Kubisch

Anmerk. Der kubische **Elpasolith** ist vielleicht $[AlF_6]_2 Na_3 K_3$.

a : c

Chiolith $3AlF_3 . 5NaF$ Tetragonal   1 : 1,0418

Anmerk. **Chodnewit, Nipholith** und **Arksutit** sind unreiner Chiolith.

$$a:b:c$$

Prosopit $2 Al (F, OH)_3 . Ca (F, OH)_2$ Monokl.-prismat. $1,3188 : 1 : 0,5950$

$$\beta = 94^0\,20'$$

Anmerk. Der hexagonale **Yttrokalzit** soll $2 (Y, Ce) F_3 . 5 Ca F_2$ sein. Ein **Yttriumkalziumfluorid** hat angeblich die Formel $(Y, Er) F_3 . Ca F_2$; dieses Mineral ist wahrscheinlich eine feste Lösung der Komponenten, ebenso wie der (kubische) **Yttrofluorit**, dessen Analyse $3 YF_3 . 20 CaF_2$ ergab. **Yttrocerit** ist angeblich $(Y, Er, Ce) F_3 . 5 CaF_2 . H_2O$, aber wohl nur ebenfalls eine feste Lösung der Fluoride und der Wassergehalt sekundär.

b) Reihe mit vierwertigen Elementen.

Die folgenden Mineralien sind Salze der Kieselfluorwasserstoffsäure $[Si F_6] H_2$.

Hieratit $Si F_6 K_2$ Kubisch

Kryptohalit $Si F_6 [NH_4]_2$ »

Anmerk. Vielleicht kommt auch das **Kaliumfluostannat** $Sn F_6 K_2$ in der Natur vor.

2. Gruppe (Wasserhaltige Doppelfluoride).

Die Konstitution der folgenden Mineralien ist mit Ausnahme der ersten beiden unbekannt.

$$a:b:c$$

Pachnolith $\left.\begin{array}{}\\ \\ \end{array}\right\}$ $[Al F_6] Ca Na . H_2O$ $\left\{\begin{array}{}\\ \\ \end{array}\right.$ Monokl.-prismat. $1,1626 : 1 : 1,5320$

$$\beta = 90^0\,20'$$

Thomsenolith $\left.\begin{array}{}\\ \\ \end{array}\right\}$ Monokl.-Prismat. $0,9973 : 1 : 1,0333$

$$\beta = 93^0\,12'$$

Anmerk. **Hagemannit** ist unreiner Thomsenolith.

Gearksutit $Al (F, OH)_3 . Ca F_2 . H_2O$ Kristallform?
(**Evigtokit**)

Ralstonit $5 Al (F, OH)_3 . Mg F_2 . Na F . 3 H_2O$ Kubisch?

3. Gruppe (Wasserfreie Doppelchloride).

Von den folgenden Mineralien sind Chlormanganokalit und Rinneit zweifellos isomorph.

Bäumlerit $Ca Cl_2 . K Cl$ Pseudokubisch (rhombisch?)
(**Chlorokalzit**)

Chlormanganokalit $Mn Cl_2 . 4 K Cl$ Ditrig.-skalen. $\overset{\alpha}{110^0\,25'}$ $(a:c = 1:0,580)$

Rinneit $Fe Cl_2 . 3 K Cl . Na Cl$ »   » $110^0\,32'$ $(a:c = 1:0,5706)$

Pseudocotunnit $Pb Cl_2 . 2 K Cl$ Rhombisch

4. Gruppe (Wasserhaltige Doppelchloride).

$$a:b:c$$

Carnallit $Mg Cl_2 . K Cl \cdot 6 H_2O$ Rhombisch-dipyramidal $0,5891 : 1 : 1,3759$

$$a:b:c \qquad \beta$$

Douglasit $Fe Cl_2 . 2 K Cl . 2 H_2O$ Monokl.-prismat. $0,7367 : 1 : 0,5036 \; 104^0\,46'$

$$\overset{\alpha}{}$$

Tachyhydrit $2 Mg Cl_2 Ca . Cl_2 . 12 H_2O$ Ditrig.-skal. $\overset{\alpha}{93^0\,40'}$ $(a : c = 1 : 1,90)$

a : b : c

Erythrosiderit $FeCl_3 . 2 KCl . H_2O$ Rhomb.-dipyram. 0,6911 : 1 : 0,7178

Anmerk. **Kremersit** ist eine ismorphe Mischung von Erythrosiderit und dem künstlich dargestellten Salz $FeCl_3 . 2 NH_4Cl . H_2O$.

C. Oxyhalogenide.

1. Gruppe (Oxyfluoride).

Nocerin $Mg_3 O F_4 . Ca_3 OF_4$ Hexagonal

Anmerk. Etwas Mg ist durch Fe'' und Mn'', ein wenig Ca durch Alkalien ersetzt. **Metanocerin** ist ein ähnliches aber nicht näher bekanntes Mineral.

2. Gruppe (Oxychloride).

a : c

Matlockit $Pb_2 O Cl_2$ Pseudotetragonal 1 : 1,7627

a : b : c

Mendipit $Pb_3 O_2 Cl_2$ Rhombisch 0,8005 : 1 : ?

a : c

Penfieldit $Pb_3 O Cl_4$ Hexagonal 1 : 0,8967

Anmerk. **Daviesit**, rhombisch (a : b : c = 0,7940 : 1 : 0,4777) steht dem Mendipit nahe, ist aber nur qualitativ untersucht. **Lorettoit (Chubutit)**, vielleicht tetragonal, ist etwa $Pb_7 O_5 Cl_2$. **Petterdit** soll ein hexagonales Bleioxychlorid sein. **Terlinguait** (monoklin, a : b : c = 0,5338 : 1 : 2,0245, β = 105°37′ ist angeblich Hg_2OCl; der kubische **Eglestonit** soll Hg_4OCl_2 sein. **Daubreit** ist ein unreines Wismutoxychlorid, **Sarawakit** wahrscheinlich ein Antimonoxychlorid.

3. Gruppe (Hydroxyl enthaltende basische und überbasische Salze).

Laurionit ist ein normales basisches Salz, d. h. eine Anlagerungsverbindung von $PbCl_2$ und $Pb[OH]_2$ mit der Konstitution $Cl_2 Pb ::: [HO]_2 Pb$. **Fiedlerit** ist ein Doppelsalz dieser Verbindung mit $PbCl_2$, **Percylith** ein solches mit der Kupferverbindung $CuCl_2 . Cu[OH]_2$. **Atacamit** ist ein Hexolsalz im Sinne A. Werners, d. h. eine Einlagerungsverbindung mit der Konstitution $\left[Cu \left(\substack{HO \\ HO} Cu\right)_3\right] Cl_2$. Im Text sind jedoch die einfacheren Valenzformeln gewählt.

a) Reihe der Verbindungen basischer mit normalen Salzen.

a : b : c $\qquad$ β

Fiedlerit $Pb_3 [OH]_2 Cl_4$ Monokl.-prismat. 0,8299 : 1 : 0,7253 102° 29′

b) Reihe der normalen basischen Salze.

a : b : c

Laurionit $\Big\}$ $Pb[OH]Cl$ $\Big\{$ Rhomb.-dipyram. 0,7366 : 1 : 0,8327

Paralaurionit $\Big|$ $\qquad$ $\Big\{$ Monokl.-prismat. 2,7036 : 1 : 1,8019 117° 13′ β
(Rafaelit)

Percylith $Pb[OH]Cl \cdot Cu[OH]Cl$ Tetragonal ?

Anmerk. **Melanothallit**, nur derb bekannt, ist angeblich $Cu[OH]Cl$.

c) Reihe der überbasischen Salze.

			a : b : c
Atacamit	} Cu [OH] Cl . Cu [OH]$_2$ {	Rhomb.-dipyram.	0,6613 : 1 : 0,7529
Paratacamit		Pseudotrig. 96° 22′ (a : c = 1 : 1,0248) $\overset{\alpha}{}$	

d) Reihe Wasser und Hydroxyl enthaltender Salze.

Die Formeln der folgenden Mineralien sind nicht ganz sicher.

a : c

Cumengeït   Pb [OH] Cl . Cu [OH] Cl . $\frac{1}{4}$ H$_2$O   Tetragonal   1 : 1,625

Anmerk. Es ist nicht ausgeschlossen, daß Cumengeit mit Percylith identisch ist.

a : c

Boleït 8 Pb [OH] Cl . 8 Cu [OH] Cl . Pb Cl$_2$. 3 Ag Cl . H$_2$O Tetragon. 1 : 1,3996

Pseudoboleït 4 Pb [OH] Cl . 4 Cu [OH] Cl . Pb Cl$_2$. 2 H$_2$O   »   1 : 2,023

Koenenit   2 Al [OH]$_3$. 4 Mg [OH] Cl . Mg [OH]$_2$. 2 H$_2$O (?) Trigonal ?
(Justit)

Anmerk. Nur derb bekannt sind **Hydromelanothallit**, wahrscheinlich Cu [OH] Cl . ½ H$_2$O; **Atelit**, angeblich Cu$_3$ [OH]$_4$ Cl$_2$. H$_2$O; **Tallingit**, etwa Cu$_5$ [OH]$_8$ Cl$_2$. 4 H$_2$O und **Footeït**, vielleicht Cu$_9$ [OH]$_{16}$ Cl$_2^*$. 4 H$_2$O; letzterer soll monoklin kristallisieren.

V. Klasse.

Nitrate, Jodate, Karbonate, Selenite, Manganite, Plumbate.

A. Nitrate und Jodate.

1. Gruppe (Normale Nitrate).

Natriumnitrat NO_3 Na Ditrigonal-skalenoëdr. $102^0\,42\frac{1}{2}'$ ($a:c = 1:0,8297$)
(Natronsalpeter, Chilesalpeter)

Kaliumnitrat NO_3 K Rhombisch-pyramidal $0,5910:1:0,7011$
(Kalisalpeter)

Anmerk. Auch **Bariumnitrat (Barytsalpeter)**, $[NO_3]_2$ Ba, **Kalksalpeter (Nitrokalzit)**, $[NO_3]_2$ Ca, und **Magnesiasalpeter (Nitromagnesit)**, $[NO_3]_2$ Mg, kommen in der Natur vor.

2. Gruppe (Normale Jodate).

Lautarit $[JO_3]_2$ Ca Monoklin-prismat. $0,6331:0,6462\ 106^0\,22'$

3. Gruppe (Überbasische Nitrate).

Gerhardtit NO_3 [Cu . OH] . Cu [OH]$_2$ Rhomb.-dipyr. $0,9218:1:1,1562$

Anmerk. Dieser Körper, der nach seinem Verhalten beim Erhitzen kein Kristallwasser enthält, kann nach Werner als Einlagerungsverbindung mit der Konstitution $\left[Cu\left(^{HO}_{HO}Cu\right)_3\right]$ $(NO_3)_2$ aufgefaßt werden; Valenzformel läßt sich keine geben.

4. Gruppe (Verbindungen von Jodaten mit Oxychloriden).

Schwartzembergit $J_2O_6Pb.3$ $[Pb_3O_2Cl_2]$ Pseudotetrag. (Rhomb.) $1:0,430$

B. Karbonate.

a) Wasserfreie, saure und normale Karbonate.

1. Gruppe (Saure Karbonate).

Teschemacherit CO_3 $[NH_4]$ H Rhombisch $0,6726:1:0,3998$

Anmerk. **Kalicinit** ist die entsprechende Kaliumverbindung.

2. Gruppe (Normale Karbonate zweiwertiger Metalle).

Diese Gruppe zerfällt in zwei isomorphe Reihen, von denen die trigonale eine Modifikation von CO_3 Ca, dann die damit isomorphen Karbonate von Mg, Mn, Fe und Zn umfaßt sowie den Dolomit, der mit den übrigen Salzen wohl nicht isomorph im engeren Sinne ist; jedenfalls sind die sog. dolomitischen Kalke Verwachsungen von Kalzit und Dolomit, der rein stets genau der Formel CO_3 Ca . CO_3 Mg entspricht. Die entsprechenden Modifikationen von CO_3Cd und CO_3Co finden sich wesentlich nur als Beimischungen im Zinkspat bzw. in manchen Kalziten. Die rhombische Reihe enthält außer der entsprechenden Modifikation von CO_3 Ca die Karbonate von Sr, Ba und Pb, die unter sich isomorph sind. Der Barytokalzit endlich läßt sich mit keiner der beiden Reihen vergleichen und ist daher als selbständige dritte angeschlossen.

a) Trigonale (Kalzit) Reihe.

Kalzit CO_3 Ca   Ditrigonal-skalenoëdr.
(Kalkspat) $\alpha = 101^0\,55'$ (a : c = 1 : 0,8543)

Magnesit CO_3 Mg   Ditrigonal-skalenoëdr.
     $\alpha = 103^0\,21\frac{1}{2}'$ (a :.c = 1 : 0,8095)

Dolomit $[CO_3]_2$ Ca Mg   Trigonal-rhomboëdr.
(Bitterspat, Miemit) $\alpha = 102^0\,53'$ (a : c = 1 : 0,8322)

Ankerit $[CO_3]_2$ Ca (Mg, Fe) Trigonal-rhomboëdr.
(Braunspat) $\alpha = 103^0\,21'$ bis $102^0\,30'$
     (a : c = 1 : 0,8104 bis 1 : 0,8129)

Rhodochrosit CO_3 Mn   Ditrigonal-skalenoëdr.
(Manganspat, Dialogit) $\alpha = 102^0\,50'$ (a : c = 1 : 0,8259)

Siderit CO_3 Fe   Ditrigonal-skalenoëdr.
(Eisenspat, Sphärosiderit z. T.) $\alpha = 103^0\,4\frac{1}{2}'$ (a : c = 1 : 0,8191)

Smithsonit CO_3 Zn   Ditrigonal-skalenoëdr.
(Zinkspat, Galmel z. T.) $\alpha = 103^0\,28'$ (a : c = 1 : 0,8062)

Anmerk. **Plumbokalzit** ist ein Kalzit mit etwas CO_3 Pb in isomorpher Mischung; entsprechend sind **Manganokalzit, Zinkokalzit** und **Kobaltokalzit**. **Anthrakonit** ist durch Kohle schwarz gefärbter Kalzit. **Lublinit**, angeblich eine neue Modifikation von CO_3 Ca, ist wohl nur Kalzit. **Konit** ist wahrscheinlich ein Gemenge von Dolomit und Magnesit. Der Co-Gehalt mancher Ankerite ist wahrscheinlich auf Verwachsung mit kobalthaltigem Kalzit zuückzuführen. **Breunerit (Mesitinspat)** ist CO_3 (Mg, Fe), meist mit vorherrschendem CO_3 Mg; ob **Pistomesit** das Doppelsalz $[CO_3]_2$ Mg Fe oder eine isomorphe Mischung von CO_3 Mg und CO_3 Fe im ungefähren Verhältnis 1:1 ist, ist noch unentschieden. **Globertit** ist kolloidaler Magnesit, **Kieselmagnesit** ein dichtes Gemenge von Magnesit und Quarz, **Gurhofian** ein solches von amorphem Magnesit, Kalzit, Serpentin und vielleicht Brucit. **Manganokalzit** ist CO_3 (Mn, Ca) mit etwas Fe und Mg. Viele **Rhodochrosite** enthalten CO_3 Fe in wechselnder Menge, z. B. **Ponit**; **Kuttenbergit** ist eine Mischung der Karbonate von Ca, Mn, Fe und Mg, **Zinkrhodochrosit** enthält viel CO_3 Zn. **Oligonit** **(Oligonspat, Sphärosiderit)** ist manganhaltiger Siderit; **Siderodot** ist ein kalkhaltiger Eisenspat, **Taraspit** ein Dolomit mit geringem Gehalt an CO_3 Ni. **Sphärokobaltit (Kobaltspat)** ist CO_3 Co und unzweifelhaft isomorph mit der Kalzitreihe. **Monheimit (Eisenzinkspat)** ist $[CO]_3$ Fe, Zn).

b) Rhombische (Aragonit-) Reihe.

				a : b : c
Aragonit	CO_3 Ca	Rhombisch-pyramidal		0,6228 : 1 : 0,7204
Strontianit	CO_3 Sr	»	»	0,6090 : 1 : 0,7237
Witherit	CO_3 Ba	»	»	0,5949 : 1 : 0,7413
Cerussit	CO_3 Pb	»	»	0,6102 : 1 : 0,7232
(Weißbleierz)				

Anmerk. Manche Aragonite enthalten etwas Zink, **Nicholsonit** bis 10%. **Ktypeit** und **Conchit** sind faserige Aragonitarten. **Alstonit (Bromlit)** ist eine isomorphe Mischung von Aragonit und Witherit im Verhältnis 1:1 bis 2:1. Strontianit enthält oft etwas CO_3 Ca, eine größere Menge der **Calciostrontianit (Emmonit)**. **Tarnowitzit** ist CO_3 (Ca, Pb), **Iglesiasit** ein zinkhaltiger Cerussit.

c) Reihe des Barytokalzits.

			a : b : c	β
Barytokalzit	$[CO_3]_2$ Ca Ba	Monokl.-prismat.	0,7717 : 1 : 0,6255	$106^0 8'$

Anmerk. Barytokalzit ist ein wirkliches Doppelsalz mit ganz anderen physikalischen Eigenschaften als der Alstonit.

b) Wasserfreie, basische und überbasische Karbonate.

1. Gruppe (mit zweiwertigen Metallen).

Die folgenden Mineralien lassen sich nur zum Teil als Valenzverbindungen erklären, so Malachit und Azurit; wahrscheinlich sind sie alle Additionsverbindungen im Sinne Werners, der Malachit z. B. $CO_3 Cu ::::[HO]_2 Cu$, Azurit $CO_3 Cu \cdots HO . Cu . OH \cdots CO_3 Cu$, jedoch ist das Salz $CO_3 Cu$ frei nicht bekannt.

Hydrozinkit z. T. $CO_3 [Zn . OH]_2$ Kristallform?

			a : b : c	
Malachit $CO_3 [Cu . OH]_2$	Monokl.-prismat.		0,8809 : 1 : 0,4012	$\beta = 118^0 10'$

Anmerk. Malachit und Hydrozinkit bilden anscheinend Mischungen; so enthält Malachit von Chessy nach Perrier $0,4^0/_0$ Zn O; Malachite mit höherem Zinkgehalt sind wahrscheinlich die **Aurichalzit (Messingblüte, Buratit)** und **Cuproplumbit** genannten Mineralien, während der ebenso zusammengesetzte **Rosasit** vielleicht rhombisch kristallisiert. **Paraurichalzit** ist entweder mit einem dieser Mineralien identisch oder eine amorphe Verbindung mit der gleichen Zusammensetzung. **Bleimalachit** (rhombisch?) soll $[CO_3]_3$ Cu Pb $[Cu . OH]_2$ sein.

			a : b : c	
Azurit $[CO_3]_2$ Cu $[Cu . OH]$	Monokl.-prismat.		0,8501 : 1 : 1,7611	$\beta = 92^0 24'$
(Kupferlasur, Chessylith)				

			a : c
Hydrocerussit	$[CO_3]_2$ Pb $[Pb . OH]_2$	Hexagonal	1 : 1,4187

Hydrozinkit z. T. $[CO_3]_2$ Zn $[Zn . OH]_2 . 2 Zn [OH]_2$ Kristallform?

Anmerk. **Plumbonacrit** scheint ein Gemenge von basischem Bleikarbonat und Bleioxyd zu sein.

2. Gruppe (mit dreiwertigen Metallen).

a : b : c

Dawsonit $CO_3 . Al [OH]_2 Na$ Rhombisch-dipyram.   0,6475 : 1 : 0 5339

Anmerk. Dieses Salz kann auch betrachtet werden als $Al [OH]_3$, in dem ein Hydroxyl durch die einwertige Gruppe $CO_3 Na$ vertreten ist.

Bismutosphärit $CO_3 [Bi O]_2$ Kristallform?

Anmerk. Als **Wismutspat (Bismutit** z. T.) werden wasserhaltige basische Wismutkarbonate von wechselnder Zusammensetzung bezeichnet, die zum Teil sicher Kolloide, zum Teil mechanische Gemenge sind. Als **Waltherit** wurden zwei Wismutkarbonate beschrieben, von denen das eine rhombisch, das andere monoklin oder triklin ist. **Basobismutit** wurde ein erdiges Mineral genannt, dessen Formel $CO_3 Bi_4 O_4 [OH]_2$ sein soll. **Ambatoarinit** ist angeblich $[CO_3]_{17} Ce_7 [CeO]_3 Sr_5$ und kristallisiert vielleicht rhombisch.

3. Gruppe (mit sechswertigen Metallen).

Rutherfordin $CO_3 [UO_2]$ Rhombisch?

c) Fluoro- und Chlorokarbonate.

1. Gruppe (Fluorokarbonate).

Bastnäsit $CO_3 [(Ce, La, Dy) F]$ Kristallform?
(Hamartit)

Anmerk. Die angegebene hexagonale Kristallform gehört dem Tysonit, nach dem das Mineral Pseudomorphosen bildet.

a : c

Parisit $[CO_3]_3 [(Ce, Dy, La) F]_2 Ca$ Dihexagon.-dipyram.   1 : 1,9368

Anmerk. **Synchisit,** der die Formel $[CO_3]_3 [CeF] Ca$ hat, ist ein Zersetzungsprodukt des Parisits, ebenso wohl **Kischtimit,** der mehr La und etwas H_2O, aber kein Ca enthält.

a : c

Kordylit $[CO_3]_3 [(Ce, La, Dy) F]_2 Ba$ Dihexag.-dipyram.   1 : 5,4186

Anmerk. **P**arisit und **K**ordylit sind wahrscheinlich isomorph, was allerdings aus den bisher bekannten Formen nicht ersichtlich ist. **Weibyeit** ist ein Karbonat von Cererden, Kalzium und Strontium mit Fluor und vielleicht etwas Wasser.

2. Gruppe (Chlorokarbonate).

a : c

Phosgenit $CO_3 [Pb Cl]_2$ Tetragonal   1 : 1,0876
(Bleihornerz)

Anmerk. Das entsprechende Kalziumsalz $CO_3 [Ca Cl]_2$ soll den in $CO_3 Ca$ umgewandelten **Thinolith** gebildet haben, jedoch ist diese Annahme sehr unsicher.

d) Verbindungen von Karbonaten und Chloriden.

1. Gruppe.

Northupit $[CO_3]_2 Na_2 Mg . Na Cl$ Kubisch.

e) Wasserhaltige Karbonate.

1. Gruppe (Salze einwertiger Metalle). $a:b:c$ β

Thermonatrit $CO_3 Na_2 . H_2O$ Rhomb.-dipyram. 0,8268 : 1 : 1,2254

Natrit $CO_3 Na_2 . 10 H_2O$ Monokl.-prismat. 1,4186 : 1 : 1,4828 122° 20′
(Soda)

Trona $CO_3 Na_2 . CO_3 NaH . 2 H_2O$ » » 2,8426 : 1 : 2,9494 102° 29′
(Urao)

2. Gruppe (Salze mit zweiwertigen Metallen).

$a:b:c$

Pirssonit $[CO_3]_2 Na_2 Ca . 2 H_2O$ Rhombisch-pyram. 0,5662 : 1 : 0,9019

Gaylussit $[CO_3]_2 Na_2 Ca . 5 H_2O$ Monokl.-prismat. 1,4897 : 1 : 1,4442
(Natrokalzit) $\beta = 101° 33′$

$a:b:c$

Nesquehonit $CO_3 Mg . 3 H_2O$ Rhomb.-dipyram. 0,6450 : 1 : 0,4568

3. Gruppe (Salze dreiwertiger Metalle).
$a:b:c$

Lanthanit $[CO_3]_3 (La, Dy, Ce)_2 . 8 H_2O$ Rhomb.-dipyr. 0,9396 : 1 : 0,8924

Anmerk. **Tengerit** soll ein wasserhaltiges Yttriumkarbonat sein.

4. Gruppe (Salze mit vierwertigen Metallen).
$a:b:c$

Uranothallit $[CO_3]_4 Ur Ca_2 . 10 H_2O$ Rhombisch 0,9539 : 1 : 0,7826

Anmerk. **Urankalkkarbonat** ist mit Uranathollit identisch, ebenso
wenigstens zum Teil das **Liebigit** genannte Mineral. Nahe verwandt ist **Voglit,**
der neben Ca noch Cu enthält.

5. Gruppe (Basische und überbasische Karbonate).

Von diesen teilweise nicht ganz sicheren Mineralien sind wohl
wenigstens die überbasischen als Einlagerungsverbindungen zu betrachten.

Artinit $CO_3 [Mg . OH]_2 . 3 H_2O$ Monoklin (?)

Hydromagnesit $[CO_3]_3 Mg_2 [Mg . OH]_2 . 3 H_2O$ Monokl.-prism.

$a:b:c$ β
1,0379 : 1 : 0,4652 90° ca.

Lansfordit $[CO_3]_3 Mg_2 [Mg OH]_2 . 21 H_2O$ Trikl.-pin.

$a:b:c$ α β γ
0,5493 : 1 : 0,5655 95° 22′ 100° 15′ 92° 28′

Brugnatellit $CO_3 [Mg . OH]_2 . 4 Mg [OH]_2 . Fe [OH]_3 . 4 H_2O$ Hexagonal

Zaratit $CO_3 [Ni . OH]_2 . Ni [OH]_2 . 4 H_2O$ Kristallform?
(Nickelsmaragd)

Anmerk. **Baudisserit** ist wahrscheinlich ein Gemenge von Hydromagnesit
mit Kieselsäure oder von Magnesit und Opal, **Hydromagnokalzit (Hydro-
dolomit)** ein solches von Hydromagnesit und Kalzit; **Lancasterit** ist zum Teil
Hydromagnesit (zuweilen mit Brucit gemengt), zum Teil Aragonit. **Predazzit**
und **Pencatit** sind kristalinische Kalke mit beigemengtem Brucit, Hydromagnesit

und Periklas; **Hydrogiobertit** ist ebenfalls ein Gemenge. Der amorphe **Giorgiosit** soll $[CO_3]_4 Mg_3 [MgOH]_4 . 2 H_2O$ sein oder dem Hydromagnesit nahestehen. **Stichtit** ist $[CO_3]_2 [MgOH]_4 . 3 Mg[OH]_2 \cdot 2 Cr [OH]_3 \cdot 4 H_2O$. **Dundasit** ist vielleicht $[CO_3]_2 [Al 2 OH]_2 Pb . 2 H_2O$. **Ankylit** ist $[CO_3]_2 [CeOH] Sr \cdot H_2O$ $[CO_3]_7 [(Ce, La, Dy) OH]_4 Sr_3 \cdot 3 H_2O$, oder rhombisch, a:b:c = 0,916:1:0,9174. **Remingtonit** ist ein nur qualitativ untersuchtes Kobaltkarbonat. **Schröckingerit** ist ein rhombisch kristallisierendes, wasserhaltiges Urankarbonat. **Randit** ist nach einer approximativen Analyse ungefähr $[CO_3]_6 U[OH]_4 Ca_5 . H_2O$. **Liebigit** (s. o. b. Uranothallit) ist ein wasserhaltiges, basisch kohlensaures Urankalksalz.

C. Selenite und Tellurite.

1. Gruppe (Selenite).

a:b:c $\qquad$ β

Chalkomenit $Se O_3 Cu . 2 H_2O$ Monokl.-prismat. 0,7222:1:0,2460 90°51′

Anmerk. Angeblich ebenfalls Selenite sind **Molybdomenit** mit Blei als Base und **Kobaltomenit** mit Kobalt. **Kerstenit (Selenbleispat)** soll ebenfalls Bleiselenit sein, aber auch Kupfer enthalten.

2. Gruppe (Tellurite).

Die folgenden Mineralien sind nur unvollkommen untersucht: **Durdenit,** wahrscheinlich $[Te O_3]_3 Fe_2 . 4 H_2O$; **Emmonsit,** vielleicht monoklin, ebenfalls wesentlich ein Ferritellurit.

D. Manganite und Plumbate.

1. Gruppe (Formel: R″″′O_3R″).

Die folgenden Mineralien zeigen dadurch zueinander Beziehungen, daß der Braunit tetragonal pseudokubisch kristallisiert; ferner sind Beziehungen zu den analog aufgebauten Metatitanaten und Metasilikaten insofern erkennbar, als im Bixbyit ein kleiner Teil des vierwertigen Mangans durch Titan vertreten ist und der Braunit stets Beimischungen von $SiO_3 Mn$ enthält.

a:c

Braunit $Mn O_3 Mn$ Ditetragonal-dipyram. 1:0,9922
(Marcellin)
Bixbyit $Mn O_3 Fe$ Kub.-hexakisoktaëdrisch

2. Gruppe (Formel: R″″′O_4R″$_2$).

a:c

Hausmannit $Mn O_4 Mn_2$ Ditetragonal-dipyram. 1:1,1573

Anmerk. Manchmal ist ein Teil des zweiwertigen Mangans durch Zink ersetzt.

Mennige $Pb O_4 Pb_2$ Kristallform?

3. Gruppe (Formel R$_2$″″′O_5 R″).

α

Chalkophanit $Mn_2 O_5 (Zn, Mn) . 2 H_2O$ Ditrigonal-skalen. 44°55′

(a:c = 1:3,527)

Anmerk. **Hydrofranklinit** ist ein Fe''-reicher Chalkophanit, **Brostenit** vielleicht ein Mn''-freier, Fe'' und Ca enthaltender Chalkophanit. Das **Zinkmanganerz** von Bleiberg ist wahrscheinlich mit Chalkophanit identisch. **Zinkdibraunit** ist angeblich eine amorphe Verbindung $Mn_2O_5Zn . 2H_2O$. **Hetärolith,** tetragonal, ist vielleicht $Mn_2''''O_7 Mn''_3 [Zn OH]_2$.

4. Gruppe.

Zu den manganigsauren Salzen gehören vielleicht folgende unvollkommen und nur derb bekannte Mineralien: **Vredenburgit,** angeblich $3 Mn_3 O_4 . 2 Fe_2 O_3$; **Sitaparit,** vielleicht $9 Mn_2 O_3 . 4 Fe_2 O_3 . MnO . 3CaO$; **Hollandit,** der $MnO_5 (Mn, Ba, K_2, H_2) + n [Mn O_5]_3 (Mn''', Fe''', Al)_4$ sein soll, und **Coronadit,** angeblich $Mn'''_3 O_7 (Mn, Pb, Fe, Zn, Cu)_2$.

Sulfate, Chromate, Molybdate, Wolframate, Uranate.

A. Wasserfreie normale Sulfate usw.

1. Gruppe (Alkalisulfate).

a) Einfache Salze.

a : b : c

Mascagnin $SO_4[NH_4]_2$ Rhombisch-dipyram. 0,5635 : 1 : 0,7319

Anmerk. Vielleicht kommen auch **Kaliumsulfat** ($SO_4 K_2$) und Kalium-chromat (**Tarapacait**, $CrO_4 K_2$) natürlich vor; sie sind mit Mascagnin isomorph.

a : b : c

Thenardit $SO_4 Na_2$ Rhombisch-dipyram. 0,4731 : 1 : 0,7996

Anmerk. **Misenit** ist wahrscheinlich $SO_4 KH$.

b) Doppelsulfate.

Glaserit $[SO_4]_2 Na K_3$ Pseudotrigonal

Anmerk. **Arcanit** ist unreiner Glaserit. **Aphthalose (Aphthitalit)** ist Glaserit mit $SO_4 Na_2$ in fester Lösung.

2. Gruppe (Doppelsalze ein- und zweiwertiger Metalle).

Vanthoffit $[SO_4]_4 Na_6 Mg$ Kristallform? a : b : c β

Glauberit $[SO_4]_2 Na_2 Ca$ Monokl.-prismat. 1,2209 : 1 : 1,0270 112° 10½'

Langbeinit $[SO_4]_2 K_2 Mg$ Kub.-tetraëdr.-pentagondodekaëdr.

Palmierit $[SO_4]_2 K_2 Pb$ Trigonal $\overset{\alpha}{42° 28'}$ (a : c = 1 : 3,761)

Anmerk. Etwas K ist durch Na ersetzt; die Zusammensetzung dieses Minerals ist durch die Synthese Zamboninis sichergestellt.

3. Gruppe (Sulfate zweiwertiger Metalle).

Diese Gruppe besteht aus zwei Reihen, der des Anhydrits und der des Baryts, mit dem Cölestin und Anglesit isomorph sind.

a) Reihe des Anhydrits.

a : b : c

Anhydrit $SO_4 Ca$ Rhombisch-dipyram. 0,8932 : 1 : 1,0008
(Murlacit)

Anmerk. **Bassanit** ist eine vielleicht hexagonale Modifikation von $SO_4 Ca$.

b) Reihe des Baryts.

			a : b : c
Cölestin	SO_4 Sr	Rhombisch-dipyram.	0,7790 : 1 : 1,2800
Baryt	SO_4 Ba	» »	0,8152 : 1 : 1,3136
(Schwerspat, Wolnyn, Michel-Levyt, Allomorphit)			
Anglesit	SO_4 Pb	Rhombisch-dipyram.	0,7852 : 1 : 1,2894
(Vitriolbleierz)			

Anmerk. **Kalkbaryt** und **Dreelit** enthalten untergeordnet SO_4Ca beigemischt, ebenso manche Cölestine. **Hokutolith** ist SO_4 (Ba, Pb) und enthält vielleicht SO_4 Ra in isomorpher Mischung. **Barytocölestin** ist SO_4 (St, Ba). **Hydrocyanit** ist SO_4 Cu, rhombisch (a:b:c = 0,7971:1:1,1300) und möglicherweise mit Baryt isomorph. **Zinkosit** soll SO_4 Zn sein. **Sardinian** ist vielleicht eine rhombische Modifikation von SO_4 Pb. **Selenbleispat** ist Se O_4 Pb, nur derb bekannt; künstliche Kristalle sind mit Anglesit isomorph.

4. Gruppe (Chromate zweiwertiger Metalle).

Da Cr O_4 Ba (künstlich dargestellt) vollkommen isomorph mit S O_4 Ba ist, ist auch von Cr O_4 Pb eine mit S O_4 Pb isomorphe Modifikation zu erwarten; der Krokoit ist demnach wohl eine dimorphe Modifikation von Cr O_4 Pb.

			a : b : c	β
Krokoit	Cr O_4 Pb	Monokl.-prismat.	0,9603 : 1 : 0,9159	102° 27′
(Rotbleierz)				

Anmerk. **Jossait** soll aus Zink- und Bleichromat bestehen.

5. Gruppe (Wulfenitgruppe).

Die folgenden Mineralien bilden eine tetragonale und eine monokline Reihe; obwohl nur das Bleiwolframat in beiden Modifikationen bekannt ist, sind doch wahrscheinlich auch die übrigen Glieder dimorph.

a) Tetragonale Reihe.

			a : c
Powellit	Mo O_4 Ca	Tetragonal-dipyram.	1 : 1,5457
Wulfenit	Mo O_4 Pb	» -pyramidal	1 : 1,5777
(Molybdänbleispat, Gelbbleierz)			
Scheelit	WO_4 Ca	» -dipyram.	1 : 1,5268
Stolzit	WO_4 Pb	»	1 : 1,5606
(Scheelbleispat)			

Anmerk. **Powellit** enthält oft etwas WO_3, **Scheelit** ein wenig MoO_3, **Wulfenit** etwas Ca. **Cuproscheelit**, nur derb bekannt, ist WO_4 (Ca, Cu). **Chillagit** ist (W, Mo) O_4 Pb. Der tetragonale **Eosit** (a:c = 1:1,376) besteht aus molybdänsaurem und vanadinsaurem Blei.

b) Monokline Reihe.

			a : b : c	β
Raspit	WO_4 Pb	Monoklin-prismat.	1,3440 : 1 : 1,1136	107° 33′

6. Gruppe (Wolframitgruppe).

Die Wolframate von Mn und Fe sind isomorph und bilden in Mischung das wichtige Mineral Wolframit; zum Raspit zeigen sie keine Beziehungen.

			a : b : c	β
Hübnerit	$WO_4 Mn$	Monoklin-prismat	0,8351 : 1 : 0,8651	90° 22'
Wolframit	$WO_4 (Mn, Fe)$	» »	0,8300 : 1 : 0,8678	90° 22'
Ferberit	$WO_4 Fe$	» »	0,8229 : 1 : 0,8463	90° 22'

Anmerk. **Reinit** ist eine Pseudomorphose von Wolframit nach Scheelit.
Paterait soll im wesentlichen $MoO_4 Co$ sein, ist aber nur sehr unrein bekannt.

7. Gruppe (Uranate).

Für die folgenden Mineralien ist die Aufstellung einer Formel unmöglich; einige scheinen kubisch zu kristallieren.

Uranpecherz (Uraninit, Pechblende) ist vielleicht ein Salz der Säure $U[OH]_6$ mit der Formel $[UO_6]_2 U_3$, oder eines der Säure $UO_4 H_2$, nämlich $[UO_4]_2 U$ mit sechswertigem und vierwertigem Uran. Während das stets vorhandene Blei als Endprodukt der radioaktiven Umwandlung zu betrachten ist, enthalten **Bröggerit, Cleveit** und **Nivenit** als Vertreter von Uran etwas Thorium, Cer, seltene Erden und Wasser (letzteres infolge Zersetzung). Hierher gehört vielleicht auch der **Brannerit**, der außer Uran noch TiO_2 und CaO enthält.

B. Basische und überbasische wasserfreie Sulfate usw.

1. Gruppe (Alunitgruppe).

Die folgenden Mineralien bilden zweifellos eine isomorphe Reihe; dabei tritt beim Plumbojarosit der einzige bekannte Fall ein, daß sich Pb und zwei Alkaliatome anscheinend isomorph vertreten. Es sind typische Hexolsalze im Sinne Werners, d. h. Einlagerungsverbindungen von Metallhydroxyden mit zusammen sechs OH-Gruppen in normale Sulfate mit der Konstitution: $(R'''[(HO)_3 R''']_2) \dfrac{SO_4 R'}{SO_4}$. Im Text ist die Valenzformel gewählt.

Alunit (Alaunstein)	$[SO_4]_2 [Al . 2OH]_3 K$	Ditrig.-skalenoëdr.	89° 9' (a:c = 1:1,252)
Natroalunit	$[SO_4]_2 [Al . 2OH]_3 Na$	» »	?
Jarosit	$[SO_4]_2 [Fe . 2OH]_2 K$	» »	89° 14' (a:c = 1:1,245)
Natrojarosit	$[SO_4]_2 [\dot{F}e . 2OH]_3 Na$	» »	93° 50' (a:c = 1:1,104)
Plumbojarosit (Vegasit)	$[SO_4]_4 [Fe . 2OH]_6 Pb$	» »	90° 18' (a:c = 1:1,216)

Anmerk. **Ignatiewit** ist wohl unreiner Alunit. **Galafatit (Calafatit)**, angeblich $S_8 O_{47} Al_{14} K_4 . 17 H_2O$, ist wahrscheinlich ebenfalls nur Alunit. Der trigonale **Karphosiderit** gehört wahrscheinlich auch hierher und wäre dann als $[SO_4]_2 [Fe . 2OH]_2 H$ aufzufassen.

2. Gruppe.

			a : b : c	β
Dolerophanit	$SO_4 [Cu_2 O]$	Monoklin-prismat.	1,3215 : 1 : 1,2089	108° 20'
Lanarkit	$SO_4 [Pb_2 O]$	» »	0,8681 : 1 : 1,3836	91° 49'
Phönicit (Melanochroit)	$[CrO_4]_2 Pb [Pb_2 O]$	Kristallform?		

Anmerk. **Vauquelinit** ist zum Teil kupferhaltiger Phönicit, zum Teil eine Verbindung von Chromat und Phosphat. **Euchlorin,** rhombisch (a:b:c = 0,7616:1:1,8755) ist wahrscheinlich $[SO_4]_3 (K, Na)_2 Cu_2 . CuO$.

Montanit ist vielleicht $TeO_4 [Bi . 2OH]_2$. **Ferrotellurit** soll TeO_4 Fe sein, **Magnolit** $TeO_4 Hg_2$.

3. Gruppe.

Von den hier zusammengefaßten Mineralien ist der Linarit ein einfaches basisches Salz, der Brochantit eine Einlagerungsverbindung mit der Konstitutionsformel: $[Cu ((HO)_2 Cu)_3] SO_4$, also ein Hexolsalz, während der Stelznerit wohl auch als einfache Anlagerungsverbindung zu betrachten ist.

			a : b : c
Linarit	$SO_4 [Pb . OH] [Cu . OH]$	Monoklin-prismat.	1,7161 : 1 : 0,8296
(Bleilasur)			$\beta = 102^0 37'$

			a : b : c
Stelznerit	$SO_4 Cu . 2 Cu [OH]_2$	Rhombisch-dipyr.	0,5037 : 1 : 0,7058
(Antlerit)			
Brochantit	$SO_4 Cu . 3 Cu [OH]_2$	»	»	0,7739 : 1 : 0,4871

4. Gruppe (Basische Molybdate).

			a : b : c
Koechlinit	$Mo O_4 [Bi O]_2$	Rhombisch	0,9774 : 1 : 1,0026

C. Wasserfreie Verbindungen von Sulfaten mit Haloidsalzen.

1. Gruppe.

Sulfohalit $2 SO_4 Na_2 . Na F . Na Cl$ Kubisch.

2. Gruppe.

			a : b : c
Caracolit	$SO_4 Na_2 . Pb [OH] Cl$	Rhombisch-dipyram.	0,5843 : 1 : 0,4217

Anmerk. **Chlorothionit** ist $SO_4 K_2 . Cu Cl_2$ oder $SO_4 Cu . 2 KCl$ und nach Messungen an künstlichen Kristallen rhombisch, a:b:c = 0,555:1:0,488.

D. Wasserfreie Verbindungen von Chromaten und Jodaten.

1. Gruppe.

			a : b : c	β
Dietzeit	$8 Cr O_4 Ca . 7 J_2 O_6 Ca$	Monokl.-prismat.	1,3826 : 1 : 0,9515	$109^0 32'$

E. Wasserfreie Verbindungen von Sulfaten und Chromaten mit Karbonaten.

1. Gruppe.

			~a : c
Hanksit	$4 SO_4 Na_2 . CO_3 Na_2$	Hexagonal	1 : 1,0056

Anmerk. Diese Formel entspricht den künstlich dargestellten Kristallen. Ein bei dem natürlichen Hanksit beobachteter Gehalt an Kaliumchlorid ist entweder mechanisch beigemengt oder in fester Lösung vorhanden.

2. Gruppe.

Tychit $SO_4 Na_2 . [CO_3]_4 Na_4 Mg_2$ Kubisch

Anmerk. Dieses Mineral, dessen Formel an künstlich dargestelltem Material bestimmt wurde, ist nahe verwandt mit dem Northupit (S. 44.) Verdoppelt man dessen Formel, so unterscheidet sich der Tychit nur dadurch von ihm, daß die Gruppe Cl_2 durch SO_4 ersetzt ist.

3. Gruppe.

Caledonit $5 [SO_4]_4 Pb [Pb . OH]_6 . 2 [CO_3]_4 Cu [Cu . OH]_6$
                           $a : b : c$
           Rhombisch-dipyr. 0,9187 : 1 : 1,4041

Leadhillit $SO_4 Pb . [CO_3]_2 Pb [Pb . OH]_2$ Monokl.-prism. 1,7515 : 1 : 2,2261
                                   $\beta = 90^0 28'$

Anmerk. Der angeblich trigonale **Susannit** ist wahrscheinlich nur aus monoklinen Lamellen von Leadhillit zusammengesetzt. **Beresovit** ist vielleicht $[Cr O_4]_3 Pb [Pb_2 O]_2 . CO_3 Pb$.

F. Wasserhaltige Sulfate und Uranate je eines Metalles.

1. Gruppe (Alkalisulfate).

Guanovulit $3 [SO_4]_2 (K, NH_4)_3 H . 4 H_2 O$ Kristallform?
                                      $a : b : c$

Lecontit $SO_4 [NH_4] Na . 2 H_2 O$ Rhomb.-dipyram. 0,4859 : 1 : 0,6330

Mirabilit $SO_4 Na_2 . 10 H_2 O$ Monoklin-prismat. 1,1158 : 1 : 1,2380
(Glaubersalz, Exanthalit) $\beta = 107^0 45'$

Anmerk. Unter dem Namen **Exanthalit** wurde auch der **Dihydrothenardit**, das Dihydrat des Natriumsulfats, beschrieben.

2. Gruppe (Sulfate der Ca-Reihe). $a : b : c$ β

Gips $SO_4 Ca . 2 H_2 O$ Monoklin-prismat.   0,6895 : 1 : 0,4132 $98^0 58'$

3. Gruppe (Sulfate der Mg-Reihe mit 1 $H_2 O$).

                                  $a : b : c$ β

Kieserit $SO_4 Mg . H_2 O$ Monokl.-prismat.   0,9147 : 1 : 1,7445 $91^0 7'$

Ferropallidit $SO_4 Fe . H_2 O$ »   »
(Schmöllnitzit, Szomolnokit)

Anmerk. **Szmikit** ist angeblich amorphes $SO_4 Mn . H_2 O$. **Serpierit** (rhombisch, $a:b:c = 0,8586 : 1 : 1,3637$) soll $SO_4 (Cu, Zn, Ca) . 3 H_2 O$ sein.

4. Gruppe (Sulfate der Mg-Reihe mit 5 $H_2 O$).

Das folgende Salz ist nach Werner und Weinland eine Einlagerungsverbindung folgender Art: $[[R'' (OH_2)_4] OH_2] SO_4$, wobei ein Mol. $H_2 O$ in seinem chemischen Verhalten von den übrigen abweicht.

                                 $a : b : c$

Chalkanthit $SO_4 Cu . 5 H_2 O$ Trikl.-pin.   0,5721 : 1 : 0,5554
(Kupfervitriol)

                             α β γ
                          $82^0 5'$ $107^0 8'$ $102^0 41'$

Anmerk. **Siderotil** ist SO_4 Fe . 5 H_2O, wahrscheinlich mit Chalkanthit isomorph, ebenso vielleicht ursprünglich **Ilesit,** der aber infolge von Verwitterung nur SO_4 (Mn, Zn, Fe) . 4 H_2O ergab.

5. Gruppe (Sulfate der Mg-Reihe mit 6 H_2O).

Folgendes Salz ist eine normale Einlagerungsverbindung [Mg $(OH_2)_6$] SO_4.

		a : b : c	β
Hexahydrit	SO_4 Mg . 6 H_2O Monokl.-prismat.	1,4039 : 1 : 1,6683	98° 34'

6. Gruppe (Salze der Mg-Reihe mit 7 H_2O).

Die hierher gehörigen Sulfate bilden eine isodimorphe Reihe. In freiem Zustand ist nur das Mg SO_4 . 7 H_2O in beiden Modifikationen bekannt, doch kann die Isodimorphie durch künstliche Mischkristalle leicht bewiesen werden.

Im Sinne Werners handelt es sich wahrscheinlich um Einlagerungsverbindungen vom Typus [[R''$(OH_2)_6$] OH_2] SO_4, wobei sich ein Mol. H_2O von den anderen unterscheidet.

a) Rhombische Reihe.

				a : b : c
Epsomit	SO_4 Mg . 7 H_2O	Rhombisch-disphen.		0,9901 : 1 : 0,5709
(Bittersalz, Reichardtit)				
Goslarit	SO_4 Zn . 7 H_2O	»	»	0,9804 : 1 : 0,5631
(Zinkvitriol)				
Morenosit	SO_4 Ni . 7 H_2O	»	»	0,9815 : 1 : 0,5656
(Nickelvitriol)				

Anmerk. **Fauserit** ist eine isomorphe Mischung von Epsomit mit dem entsprechenden Mangansalz. **Ferrogoslarit** ist eisenhaltiger Goslarit, **Cuprogoslarit** enthält Kupfersulfat beigemischt. **Tauriscit** soll rhombisches Fe SO_4 . 7 H_2O sein. **Pyromelin** ist Mg-haltiger Morenosit.

b) Monokline Reihe.

				a : b : c	β
Mallardit	SO_4 Mn . 7 H_2O Monoklin-prismat.			?	?
Melanterit	SO_4 Fe . 7 H_2O	»	»	1,1828 : 1 : 1,5427	104° 15½'
(Eisenvitriol)					
Bieberit	SO_4 Co . 7 H_2O	»	»	1,1815 : 1 : 1.5325	104° 40'
Boothit	SO_4 Cu . 7 H_2O	»	»	1,1622 : 1 : 1,5000	105° 36'
(Kobaltvitriol)					

Anmerk. **Luckit** ist SO_4 (Fe, Mn) . 7 H_2O. **Sommairit** ist ein Zn-haltiger Melanterit. **Pisanit** ist SO_4 (Fe, Cu) . 7 H_2O, während der in Winkeln, Spaltbarkeit und optischem Verhalten abweichende **Salvadorit** vielleicht ein Doppelsalz SO_4 Fe . 7 H_2O . 2 [SO_4 Cu . 7 H_2O] ist. **Cupromagnesit** ist SO_4 (Cu, Mg). 7 H_2O.

7. Gruppe (Überbasische Salze zweiwertiger Metalle).

Von den folgenden Mineralien ist der Langit ein typisches Hexolsalz im Sinne Werners, von Brochantit nur durch den Wassergehalt verschieden. Herrengrundit ist anscheinend ein Doppelsalz aus Langit und Gips, Arnimit ein ebensolches aus Langit und Cu SO_4 . 2 H_2O.

a : b : c

Langit $SO_4 Cu . 3 Cu [OH]_2 . H_2O$ Rhomb.-dipyr. 0,5347 : 1 : 0,6346
Herrengrundit $SO_4 Cu . 3 Cu [OH]_2 . SO_4 Ca . 3 H_2O$
   (Urvólgyit)¦   a : b : c β
                           Monokl.-prism. 1,8161 : 1 : 2,8004 91⁰ 10'
Arnimit $2 SO_4 Cu . 3 Cu [OH]_2 . 3 H_2O$¦   ?

Anmerk. Im Herrengrundit scheint die Kalziummenge zu variieren
und dadurch Übergänge zu Arnimit zustande zu kommen. **Devillin** ist ein Gemenge von Langit und Gips. **Kamarezit** ist vielleicht $SO_4 Cu . 2 Cu [OH]_2 . 6 H_2O$
und wahrscheinlich rhombisch. **Connellit** hat die Formel $SO_{43} Cl_4 Cu_{22} H_{40}$,
vielleicht: $[SO_4 Cu . 3 Cu [OH]_2 . H_2O . 2 [Cu Cl_2 . Cu [OH]_2] . 14 Cu [OH]_2$,
also eine Verbindung von Langit mit Kupferoxychlorid und -hydroxyd;
hexagonal, a:c = 1 : 1,185.

8. Gruppe (Neutrale Salze dreiwertiger Metalle).

                                                   α
Coquimbit $[SO_4]_3 Fe_2 . 9 H_2O$ Ditrigon.-skalen. 80⁰ 6' (a : c = 1 : 1,5613)
                                                a : b : c β
Quenstedtit $[SO_4]_3 Fe_2 . 10 H_2O$ Monokl.-prismat. 0,3942 : 1 : 0,4060 102⁰ 2'
Alunogen $[SO_4]_3 Al_2 . 16 H_2O$ Monoklin?
   (Keramohalit, Haarsalz)
Anmerk. **Tekticit (Braunsalz, Graulit),** ist eisenhaltiger Alunogen.
Ihleit soll $[SO_4]_3 Fe_2 . 12 H_2O$ sein.
Molybdit z. T. $[Mo O_4]_3 Fe_2 . 7 H_2O$.

Anmerk. Diese Formel gilt für den Molybdit von Arizona, mit dem
jedoch andere Vorkommen, z. B. das uralische, nicht identisch sind; vielleicht
liegt nur kolloidales $Mo O_3$ vor mit adsorbiertem $Fe_2 O_3$ und H_2O.

9. Gruppe (Basische und überbasische Salze drei-wertiger Metalle).

Die Konstitution der folgenden Mineralien ist meist nicht völlig
gesichert und die wahrscheinlichste angenommen.   a : b : c
Amarantit $SO_4 Fe [OH] . 3 H_2O$ Trikl.-pin.   0,7692 : 1 : 0,5738
                                $\alpha = 95⁰ 38'$ $\beta = 90⁰ 24'$ $\gamma = 97⁰ 13'$

Anmerk. **Hohmannit** und **Paposit,** letzterer angeblich $[SO_4]_3 Fe_4 [OH]_6 .$
$7 H_2O$, sind wahrscheinlich mit Amarantit identisch, **Castanit** (monoklin?)
soll ½ H_2O besitzen.

Fibroferrit $SO_4 Fe [OH] . 4\frac{1}{2} H_2O$ Monoklin?
   (Stypticit)
Anmerk. Manasse schließt aus der Entwässerungskurve auf die
Formel $[SO_4]_2 [Fe_2O] . 10 H_2O$.

Aluminit $SO_4 Al_2 [OH]_4 . 7 H_2O$ Monoklin (?)
Anmerk. **Werthemannit** unterscheidet sich vom Aluminit durch geringeren Wassergehalt. **Pianoferrit,** vielleicht rhombisch, ist nach der einzigen
Analyse $SO_4 Fe_2 [OH]_4 . 13 H_2O$. **Karphosiderit** wurde als $[SO_4]_4 Fe_6 [OH]_{10} .$
$4 H_2O$ aufgefaßt und demzufolge hierher gestellt; er ist jedoch wahrscheinlich
ein Glied der Alunitgruppe (S. 50). **Apatelit, Cyprusit, Pastreit, Raimondit**
und **Utahit** sind wohl mit ihm identisch.

a : b : c

Copiapit $[SO_4]_3[SO_4H]_2$. [Fe. OH]$_4$ 15 H$_2$O Monokl.-prism. 0,4791 : 1 : 0,9759

(Misy) $\beta = 108^0 4'$

Anmerk. Die obige Formel entspricht nach Scharizer dem von zweiwertigen Metallen freien Copiapit, der demnach ein basisch-saures Sulfat
darstellt. Andere Copiapite enthalten noch wechselnde Mengen von Mg, Fe'',
Zn und Mn'', können aber kristallographisch nicht von dem R'''-freien Copiapit
unterschieden werden. Bei ihnen ist nach Scharizer die Atomgruppe
[SO$_4$ R'']. n H$_2$O an die obige Formel angelagert, und zwar mindestens auf
drei verschiedene Arten, entsprechend der wechselnden Zusammensetzung
der Copiapite.

Rhomboklas [SO$_4$H]$_4$ [Fe . 2 OH]$_2$. 6 H$_2$O   Rhombisch

Anmerk. **Glockerit (Vitriolocker)**, angeblich SO$_4$ Fe$_2$ [OH]$_4$. 2 Fe [OH]$_3$.
H$_2$O, ist nach Cornu kolloidales Eisenhydroxyd, das Schwefelsäure adsorbiert hat.

a : b : c

Felsöbanyit SO$_4$ Al$_2$ [OH]$_4$. 2 Al [OH]$_3$. 5 H$_2$O Rhombisch 0,675 : 1 : ?

Anmerk. **Paraluminit** soll sich nur durch höheren Wassergehalt von
Felsöbanyit unterscheiden, ebenso **Daughtyit, Winebergit** durch etwas geringeren. Verwandte, gleichfalls unvollständig bekannte und vielleicht nicht
homogene Mineralien sind **Alumian** und **Pissophan. Ferritungstit** ist wahrscheinlich WO$_4$ [Fe 2 OH]$_2$. 4 H$_2$O; Kristallform unbekannt.

10. Gruppe (Basisch-saure Salze fünfwertiger Metalle).
Minasragrit [SO$_4$]$_3$ [VO]$_2$ H$_2$. 15 H$_2$O Monoklin?

11. Gruppe (Wasserhaltige Uranverbindungen).
Uranosphärit U$_2$ O$_7$ [Bi O]$_2$. 3 H$_2$O Kristallform?

Anmerk. Während der Uranosphärit sicher kristallinisch ist, sind
unter den folgenden Mineralien wenigstens einige, z. B. Voglianit und Uranocker, amorph; für die meisten wird jedoch Zusammensetzung aus feinen,
nadeligen Kristallen angegeben. Die Analysenergebnisse sind so schwankend,
daß keine bestimmte Formel angegeben werden kann. Hierher gehören
**Uranvitriol, Johannit, Uranocker (Uraconit), Uranblüte, Urangrün, Medjidit,
Zippeit** und **Voglianit**, die alle wahrscheinlich Verbindungen von Uranoxydul-
sulfaten mit Uranaten von Kupfer, Kalzium usw. darstellen. **Uranopilit** soll
S$_2$ U$_8$ O$_{31}$ Ca . 25 H$_2$O sein, **Gilpinit** SUO$_7$ (Cu, Fe) . 4 H$_2$O.

G. Wasserhaltige Sulfate mehrerer Metalle.

1. Gruppe (Neutrale Salze zwei- und einwertiger Metalle).

Von den zahlreichen bekannten wasserhaltigen Doppel- und Tripel-
sulfaten kommen nur wenige natürlich vor. Der Wassergehalt ist sehr
oft 6 oder 12 und diese Salze sind Einlagerungsverbindungen (Hexaquo-
salze), z. B. Pikromerit = [Mg (OH$_2$)$_6$] (SO$_4$)$_2$K$_2$ und Kalialaun =
[Al (O$_2$H$_4$)$_6$] (SO$_4$)$_2$ K.

a : b : c $\qquad$ β

Syngenit [SO$_4$]$_2$ Ca K$_2$. H$_2$O Monokl.-prism. 1,3699 : 1 : 0,8738 104^0 0'

(Kaluszit)

Kröhnkit [SO$_4$]$_2$ Cu Na$_2$. 2 H$_2$O   »   »   0,4463 : 1 : 0,4353 107^0 19'

Löweit $[SO_4]_2\,Mg\,Na_2 \cdot 2\tfrac{1}{2}\,H_2O$ Tetragonal

Blödit $[SO_4]_2\,Mg\,Na_2 \cdot 4\,H_2O$ Monokl.-prism. 1,3492 : 1 : 0,6717 $100^0 48\tfrac{1}{2}'$
(Astrakanit, Simonyit)

Leonit $[SO_4]_2\,Mg\,K_2 \cdot 4\,H_2O$ »   »   1,0382 : 1 : 1,2335 $95^0 10'$
(Kalium-Astrakanit)

    Anmerk. **Wattevillit** soll die Zusammensetzung $[SO_4]_2\,(Ca,Mg)(Na,K)_2 \cdot 4\,H_2O$ besitzen, doch ist das sehr unwahrscheinlich.

		a : b : c	β
Pikromerit (Schoenit)	$[SO_4]_2\,Mg\,K_2 \cdot 6\,H_2O$	0,7413 : 1 : 0,4994	$104^0 48'$

		a : b : c	β
Boussingaultit	$[SO_4]_2\,Mg\,[NH_4]_2 \cdot 6\,H_2O$	0,7400 : 1 : 0,4918	$107^0 6'$

		a : b : c	β
Cyanochroit	$[SO_4]_2\,Cu\,K_2 \cdot 6\,H_2O$	0,7490 : 1 : 0,5088	$104^0 28'$

    Anmerk. Die vorstehenden drei Salze gehören der bekannten isomorphen Reihe monoklin-prismatischer Doppelsalze an.

			a : b : c
Polyhalit	$[SO_4]_4\,Ca_2\,Mg\,K_2 \cdot 2\,H_2O$	Triklin	0,9314 : 1 : 0,8562

$$\alpha = 92^0 29' \quad \beta = 123^0 4' \quad \gamma = 88^0 21'$$

Krugit $[SO_4]_6\,Ca_4\,Mg\,K_2 \cdot 2\,H_2O$ Kristallform?

2. Gruppe (Neutrale Doppelsalze mit dreiwertigen Metallen).

Kalinit $[SO_4]_2\,Al\,K \cdot 12\,H_2O$ Kubisch-dyakisdodekaëdrisch
(Kalialaun)

Tschermigit $[SO_4]_2\,Al\,[NH_4] \cdot 12\,H_2O$ »   »
(Ammoniakalaun)

    Anmerk. Folgende Doppelsulfate des Aluminiums mit zweiwertigen Metallen werden gewöhnlich zu den Alaunen gerechnet, obwohl sie zum Teil einen anderen Wassergehalt besitzen und nur in faserigen Massen vorkommen. Die Aufzählung beginnt mit den sog. Natronalaunen: **Tamarugit** $[SO_4]_2\,Al\,Na \cdot 6\,H_2O$; **Mendozit (Natronalaun)** $[SO_4]_2\,Al\,Na \cdot 11\,H_2O$; **Stüvenit**, vielleicht eine Mischung von $[SO_4]_2\,Al\,Na \cdot 12\,H_2O$ und $[SO_4]_4 \cdot Al_2\,Mg \cdot 24H_2O$; **Sesqui-Magnesiaalaun** und **Pikroalumogen** sind wohl Gemenge; **Pickeringit (Magnesiaalaun)** $[SO_4]_4\,Al_2\,Mg \cdot 22H_2O$; **Seelandit** $[SO_4]_4\,Al_2\,Mg \cdot 27\,H_2O$; **Bosjemanit** und **Apjohnit (Manganalaun)**, die teilweise Mn an Stelle von Mg enthalten; der Wassergehalt wird zwischen 20 und 26 Molekülen angegeben; **Halotrichit (Eisenalaun, Hversalt, Haarsalz z. T.)** $[SO_4]_4\,Al_2\,Fe \cdot 24\,H_2O$; **Dietrichit** $[SO_4]_4\,Al_2\,(Zn,Fe) \cdot 22\,H_2O$; **Masrit** ist eine analoge Al-Verbindung mit wenig Eisenoxyd, Fe, Mn und Co als zweiwertigen Metallen und $2OH_2O$; **Redingtonit** $[SO_4]_4\,(Cr,Al,Fe)_2\,(Fe,Mg,Ni) \cdot 21\,H_2O$. Triklin (?); **Sonomait** $[SO_4]_6\,Al_2\,Mg_3 \cdot 33\,H_2O$; **Dumreicherit** $[SO_4]_7\,Al_2\,Mg_4 \cdot 36\,H_2O$; **Aromit** $[SO_4]_9\,Al_2\,Mg_6 \cdot 54\,H_2O$. Bei allen diesen Mineralien ist der Wassergehalt zweifelhaft und auch sonst die Formeln vielfach schwankend: manche sind wohl Verwitterungsprodukte, die sekundär Wasser aufgenommen haben oder welches verloren. Auch ist es wahrscheinlich, daß mehrere dieser Körper miteinander identisch sind, doch liegen keine diesbezüglichen Untersuchungen vor.

Ferronatrit $[SO_4]_3$ Fe $Na_3 . 3 H_2O$ Trigonal $11\overset{\alpha}{1}{}^0 9'$ (a : c $= 1 : 0,5528$)
(Gordait)

Anmerk. **Gelbeisenerz,** angeblich $[SO_4]_{13}$ Fe $_8$ Na $_2$. 9 H $_2$O oder $[SO_4]_{13}$ Fe $_8$ K $_2$ 9 H $_2$O und hexagonal, ist vielleicht mit Ferronatrit identisch. **Bartholomit** soll sich durch geringeren Wassergehalt vom Ferronatrit unterscheiden, ist aber jedenfalls nicht homogen.

a : c

Voltait $[SO_4]_6$ Fe $_2'''$ Fe $_3''$. 9 H $_2$O   Tetragonal (?)   1 : 1 ca.

Anmerk. Außer geringen Mengen von Al, Zn, Cu'', Mg und Ni'' enthält der **Voltait** ziemlich viel Alkalien, besonders K, die angeblich Teile des Fe'' vertreten. **Phillipit** soll $[SO_4]_4$ Fe $_2$ Cu . 12 H $_2$O sein, ist aber vielleicht ein Gemenge eines Ferrosulfates mit Kupfervitriol. **Rubrit** ist $[SO_4]_4$ Fe $'''_2$ Mg . 18 H $_2$O, rhombisch oder monoklin. **Bilinit** ist $[SO_4]_4$ Fe $'''_2$ Fe'' . 24 H $_2$O.

3. Gruppe (Basische Doppelsalze).

Natrochalzit $[SO_4]_4$ Cu $_2$ [Cu . OH] $_2$ Na $_2$. 2 H $_2$O   Monoklin-prismatisch

a : b : c β
1,423 : 1 : 1,214 118^0 43'

Anmerk. **Wernadskyit** ist $[SO_4]_3$ Cu [Cu . OH] $_4$. 3 H $_2$O; Kristallsystem unbekannt.

Sideronatrit $[SO_4]_2$]Fe . OH] Na $_2$. 3 H $_2$O   Rhombisch?

Anmerk. **Urusit** ist vielleicht mit Sideronatrit identisch. **Löwigit** ist $[SO_4]_2$ [Al . 2 OH] $_3$ K . 1½ H $_2$O; Kristallsystem unbekannt.

Botryogen $[SO_4]_4$ [Fe . OH] $_2$ [Mg . OH] $_2$ H $_2$. 12 H $_2$O   Monokl.-prismat.

a : b : c β
1,2245 : 1 : 0,8263 99^0 35'

Römerit $[SO_4]_4$ [Fe . OH] $_2$ (Fe, Zn) H $_2$. 12 H $_2$O   Trikl.-pinak.

a : b : c α β γ
1,2992 : 1 : 0,8302 94^0 44' 99^0 16' 87^0 22'

Anmerk. Diese beiden Verbindungen, deren Formeln nach Scharizer gegeben sind, sind basisch-saure Salze. **Quetenit** ist $[SO_4]_3$ [Fe OH] $_2$ Mg . 12 H $_2$O, monoklin oder triklin; damit verwandt ist der **Idrizit**, wahrscheinlich $[SO_4]_3$ [Fe . OH] $_2$ Mg . 15 H $_2$O, mit etwas Al und Fe''. Hierher gehört noch eine Anzahl von Mineralien, die einer Nachprüfung bedürfen; ebenso ist vorläufig nicht zu entscheiden, zu welchen Metallen die OH-Gruppen gehören. Es sind folgende: **Beaverit,** angeblich $[SO_4]_2$ [Fe 2 OH] $_2$ [Pb OH] [Cu OH] , H $_2$O, hexagonal, mit etwa dem vierten Teil Al für Fe'''. **Ettringit** soll $[SO_4]_3$ Al $_2$ Ca $_6$ [OH] $_{12}$. 2 H $_2$O oder $[SO_4]_5$ Al $_4$ Ca $_{10}$ [OH] $_{12}$. 42 H $_2$O sein; hexagonal, a : c $= 1 : 0,9435$. **Knoxvillit,** etwa $[SO_4]_8$ [(Fe, Cr, Al) OH] $_7$ (Fe, Mg, Ni $_2$) . 5 H $_2$O; rhombisch (?). **Plagiocitrit** $[SO_4]_3$ (Al, Fe) $_3$ (Fe, Mg, Ni, Co) [OH] $_6$ (K, Na) . 8 H $_2$O; Kristallform?. **Klinophäit** $[SO_4]_5$ (Al, Fe) $_2$ (Fe, Mg, Ni, Co) [OH] $_6$ (K, Na) $_8$. 6 H $_2$O; monoklin (?). **Metavoltin** $[SO_4]_{12}$ Fe $_6$ [OH] $_4$ (K $_2$, Na $_2$, Fe) $_5$. 16 H $_2$O; hexagonal. **Klinocrocit,** ein wasserhaltiges Sulfat von Al, Fe, K, Na. **Kaualt,** ein wasserhaltiges basisches Aluminium-Alkalisulfat, aber sicher nicht homogen.

4. Gruppe (Überbasische, Hydroxyl bzw. Chlor enthaltende Doppelsalze).

Die folgenden Mineralien sind meist hinsichtlich ihrer Zusammensetzung nicht ganz sicher bekannt und daher nur die empirischen Formeln gegeben.

			a : b :c
Arzrunit	$SO_6 Cl_6 Cu_4 Pb_2 . 4 H_2O$	Rhombisch	0,5773 : 1 : 0,4163

Anmerk. Diese Formel läßt sich in folgender Weise zerlegen in: $SO_4 [Cu.OH]_2 . 2 Pb Cl_2 . Cu Cl_2 . Cu [OH]_2 . 2 H_2O.$

Spangolith $SO_{10} Cl Al Cu_6 . 9 H_2O$ Ditrig.-pyram. $68^0 50'$ $(a : c = 1 : 2,0108)$

Anmerk. Dieses Salz ist wohl als $SO_4 [Al Cl] . 6 Cu [OH]_2 . 3 H_2O$ aufzufassen.

Lettsomit $SO_{11} Al_2 Cu_4 . 8 H_2O$ Rhombisch
   (Cyanotrichit)

Zinkaluminit $S_2 O_{25} Al_6 Zn_6 . 18 H_2O$ Hexagonal

Anmerk. Die folgenden Salze sind nur derb bekannt: **Woodwardit** $S_3 O_{12} Al_6 Cu_8 . 21 H_2O$; **Almeriit** $S_8 O_{47} Al_{14} Na_4 . 17 H_2O$; **Lamprophan** soll ein wasserhaltiges, überbasisches Sulfat von Ca, Pb, Mn, Mg, Na und K sein.

H. Wasserhaltige Verbindungen von Sulfaten mit Haloïden und Nitraten.

1. Gruppe (Molekularverbindungen von Sulfaten und Halogeniden).

			a : b :c
Kainit	$SO_4 Mg . K Cl . 3 H_2O$	Monokl.-prismat.	1,2186 : 1 : 0,5863
			$\beta = 94^0 54\frac{1}{2}'$

Anmerk. **Creedit** soll $SO_4 Ca . 2 Ca F_2 . 2 Al (F, OH)_3 . 2 H_2O$ sein und monoklin (?) kristallisieren.

2. Gruppe (Molekularverbindungen von Sulfaten und Nitraten).

			a : b :c
Darapskit	$SO_4 Na_2 . NO_3 Na . H_2O$	Monokl.-prism.	1,5258 : 1 : 0,7514
			$\beta = 102^0 55'$

Anmerk. **Nitroglauberit** ist wahrscheinlich ein Gemenge von Darapskit mit Natronsalpeter.

Borate, Aluminate, Ferrite usw., Arsenite, Antimonite.

A. Wasserfreie Aluminate, Borate usw.

1. Gruppe (Salze der Säuren AlO.OH usw. mit zwei-wertigen Metallen).

Diese Gruppe umfaßt die große isomorphe Reihe der kubisch kristallisierenden Salze vom Typus des Spinells: $O = Al - O - Mg - O - Al = O$. An die Stelle von Al können treten Fe''', Cr''', Mn''' und Ti''', an die Stelle von Magnesium Fe'', Zn und Mn''. Die meisten Spinelle kommen nicht rein, sondern in isomorphen Mischungen vor.

Das Berylliumaluminat kristallisiert rhombisch und steht ganz isoliert.

a) Kubische Reihe.

Spinell	$[Al\,O_2]_2\,Mg$	Kubisch-hexakisoktaëdrisch	
Magnesioferrit (Magnoferrit)	$[Fe\,O_2]_2\,Mg$	»	»
Magnetit (Magneteisenerz)	$[Fe\,O_2]_2\,Fe$	»	»
Titanomagnetit	$[(Fe,\,Ti)\,O_2]_2\,Fe$	»	»
Chromit (Chromeisenerz)	$[(Cr,\,Fe)\,O_2]_2\,Fe$	»	»
Gahnit (Zinkspinell, Automolit)	$[(Al,\,Fe)\,O_2]_2\,(Zn,\,Fe)$	»	»
Franklinit	$[Fe\,O_2]_2\,(Fe,\,Mn,\,Zn)$	»	»
Manganspinell	$[(Fe,\,Mn)\,O_2]_2\,(Mn,\,Mg)$	»	»

Anmerk. Im **Chlorospinell** ist ein Teil des Al durch Fe''' vertreten, im **Pleonast (Eisenspinell, Ceylanit)** auch ein Teil des Mg durch Fe''. **Hercynit** ist $[Al\,O_2]_2\,(Fe,\,Mg)$. **Picotit (Chromspinell)** ist $[(Al,\,Cr,\,Fe)\,O_2]_2\,(Fe,\,Mg)$; **Chrompicotit** und **Ferropicotit** enthalten etwas mehr Cr bzw. Fe''. **Magno-chromit** soll $[CrO_2]_2\,(Fe,\,Mg)$ sein; **Chromitit** scheint nur ein Chromit zu sein, **Chromhercynit** eine Mischung von Chromit und Hercynit. **Kreittonit** ist ein eisenreicher Zinkspinell; manche Arten von Gahnit enthalten nur Fe''' oder nur Fe''. **Dysluit** ist $[(Al,\,Fe)\,O_2]_2\,(Zn,\,Mn)$. **Jakobsit** ist $[(Fe,\,Mn)\,O_2]_2\,(Mn,\,Fe)$, ebenso **Manganomagnetit**; **Manganmagnesiamagnetit** ist ein Magnetit mit einigen Prozent Mn und Mg.

b) Rhombische Reihe.

			a : b : c
Chrysoberyll (Alexandrit)	$[Al O_2]_2$ Be	Rhombisch-dipyr.	0,4707 : 1 : 0,5823

Anmerk. **Plumboferrit** soll $[Fe O_2]_2$ (Fe, Pb) sein und hexagonal (?) kristallisieren. **Delafossit** ist FeO_2 Cu, rhomboëdrisch ($\alpha = 70^0 20'$, a:c = 1 : 1,94), vielleicht als FeO . OCu = Cuprometaferrit aufzufassen.

2. Gruppe (Basische und überbasische Salze zweiwertiger Metalle).

			a : b : c
Hambergit	BO_3 Be [Be . OH]	Rhombisch	0,7988 : 1 : 0,7267
Pinakiolith	$[Mn O_2]$ $[BO_2]$ (Mg, Mn)$_2$ O	»	0,8338 : 1 : 0,5881
Ludwigit	$[Fe O_2]$ $[BO_2]$ Mg_2 O	»	0,988 : 1 : ?

Anmerk. Ein Teil des Mg kann beim Ludwigit durch Fe″ ersetzt sein. **Vonsenit** ist angeblich $B_3 O_6 Fe'''$ (Fe″, Mg)$_2$ und rhombisch (a:b:c = 0,7558 : 1 : ?). Nur in kristallinischen Massen bekannt sind: **Sussexit**, BO_2 [(Mn, Mg, Zn). OH] und **Boromagnesit (Szaibelyit)**, 4 BO_2 [Mg. OH] . Mg [OH]$_2$, dessen Formel aber nicht ganz sicher ist, ferner **Hulsit**, B_6 Sn $Fe'''_4 O_{31}$ (Fe″, Mg)$_{12}$ H_4 und **Paigeit**, B_{12} Sn $Fe'''_{10} O_{70} Fe''_{30} H_{10}$. Letztere beiden Körper sind vielleicht Verbindungen von Boraten mit Stannaten und Ferriten, jedoch ist ihre Zusammensetzung nicht sicher und beim Paigeit außerdem die Homogenität zweifelhaft. Ein ähnliches Mineral ist der **Nordenskiöldin** mit der Formel $B_2 O_6$ Sn Ca, den man als $[BO_3]_2$ Sn Ca betrachten kann, aber auch als Stannat (s. S. 81); er kristallisiert trigonal ($\alpha = 103^0 1'$; a:c = 1 : 0,8221).

3. Gruppe (Basische Borate mit dreiwertigen Metallen).

			a : c
Jeremejewit	$B O_2$ [AlO]	Hexagonal	1 : 0,6836

Anmerk. Dieses Mineral ist besser als Anhydrid einer komplexen Alumoborsäure zu betrachten. Vielleicht besteht der Jeremejewit nur aus Lamellen des rhombischen, gleich zusammengesetzten **Eichwaldits,** der den Kern der Kristalle bildet.

4. Gruppe (Salze von Polyborsäuren).

Rhodizit	$B_{14} O_{39} Al_6 Be_7$ (K, Na, Li, H)$_8$	Pseudokubisch

Anmerk. Diese Formel entspricht der Analyse von Duparc und Wunder, während Pisani $B_{12} O_{35} Al_6 Be_4$ (Li, K, Na, H)$_8$ angibt. In beiden Fällen würde es sich wahrscheinlich um ein Salz einer komplexen Alumoborsäure handeln, wenn nicht überhaupt ein Salz der Orthoborsäure vorliegt.

5. Gruppe (Chlorhaltige Borate).

Das folgende Salz leitet sich von 8 Molekülen der Säure HO - B = O$_2$ = B - OH ab. Das Chlor ist wahrscheinlich nicht an Magnesium, sondern an Bor gebunden Die anscheinend kubischen Kristalle sind aus rhombischen Teilkristallen zusammengesetzt.

Boracit (Staßfurtit)	$B_{16} O_{30} Cl_2 Mg_7$	Pseudokubisch

Anmerk. **Eisenboracit** enthält etwas Fe″ an Stelle von Mg.

B. Wasserhaltige Borate.

1. Gruppe (Salze der Säure BO.OH).

			a : c
Pinnoit	$[BO]_2 Mg . 3 H_2O$	Tetrag.-pyramidal	$1 : 0,7609$

2. Gruppe (Salze zusammengesetzter Säuren).

Von den den folgenden Mineralien zugrunde liegenden Polybor-
säuren sind nur zwei ihrer Konstitution nach mit einiger Sicherheit
bekannt, nämlich die Diborsäure des Ascharits: $[HO]_2 = B - O - B = [OH]_2$,
und die Tetraborsäure des Borax: $HO - B = O_2 = B - O - B = O_2 - B - OH$.
Für die übrigen lassen sich vorläufig nur die empirischen Formeln geben.

Ascharit $3 B_2 O_5 Mg_2 \bullet 2 H_2O$ Kristallform?

Borax $B_4 O_7 Na_2 . 10 H_2O$ Monokl.-prismat. $a : b : c$ $\quad\quad\quad\beta$
(Tinkal) $\quad\quad\quad\quad\quad\quad\quad\quad\quad\quad\quad\quad\quad\quad\quad\quad\quad\quad\quad\quad\quad$ $1,0995 : 1 : 0,5629$ $106^0 35'$

Boronatrocalcit $B_5 O_9 Ca Na . 8 H_2O$ Kristallform?
(Ulexit, Hayesin)

Anmerk. **Kryptomorphit** ist ein Gemenge von Boronatrocalcit mit einem
Sulfat.

$\quad\quad\quad\quad\quad\quad\quad\quad\quad\quad\quad\quad\quad\quad\quad\quad\quad\quad\quad\quad\quad\quad\quad\quad\quad\quad$ $a : b : c$ $\quad\quad\quad\quad\beta$
Colemanit $B_6 O_{11} Ca_2 . 5 H_2O$ Monokl.-prismat. $0,7769 : 1 : 0,5416$ $110^0 17'$

$\quad\quad\quad\quad\quad\quad\quad\quad\quad\quad\quad\quad\quad\quad\quad\quad\quad\quad\quad\quad\quad\quad\quad\quad\quad\quad$ $a : b : c$
Meyerhofferit $B_6 O_{11} Ca_2 . 7 H_2O$ Triklin $0,7923 : 1 : 0,750$
$\quad\quad\quad\quad\quad\quad\quad\quad\quad\quad\quad\quad\quad\quad\quad$ $\alpha = 89^0 32'$ $\quad \beta = 78^0 19'$ $\quad \gamma = 86^0 52'$

$\quad\quad\quad\quad\quad\quad\quad\quad\quad\quad\quad\quad\quad\quad\quad\quad\quad\quad\quad$ $a : b : c$ $\quad\quad\quad\quad\beta$
Inyoit $B_6 O_{11} Ca_2 . 13 H_2O$ Monokl.-prismat. $0,9408 : 1 : 0,6665$ $117^0 23'$

Larderellit $B_8 O_{13} [NH_4]_2 . 4 H_2O$ Monokl. (?)

$\quad\quad\quad\quad\quad\quad\quad\quad\quad\quad\quad\quad\quad\quad\quad\quad\quad\quad\quad\quad\quad\quad$ $a : b : c$
Kaliborit $B_{11} O_{19} Mg_2 K . 9 H_2O$ Monokl.-prismat. $1,2912 : 1 : 1,7572$
(Heintzit, Hintzeit) $\quad\quad\quad\quad\quad\quad\quad\quad\quad\quad\quad\quad\quad\quad\quad\quad$ $\beta = 122^0 19'$

Pandermit $B_{20} O_{38} Ca_8 . 15 H_2O$ Triklin
(Priceit)

Anmerk. **Hydroboracit** ist angeblich $B_6 O_{11} Ca Mg . 6 H_2O$.   **Borocalcit**
(Bechilith) und **Franklandit** sind Gemenge.

C. Wasserhaltige Verbindungen von Boraten mit Sulfaten.

1. Gruppe.

Sulfoborit $4 BO_3 Mg H . 2 SO_4 Mg . 7 H_2O$ Rhombisch-dipyramidal
$\quad\quad\quad\quad\quad\quad\quad\quad\quad\quad\quad\quad\quad\quad\quad\quad\quad\quad\quad\quad\quad\quad\quad\quad\quad$ $a : b : c$
$\quad\quad\quad\quad\quad\quad\quad\quad\quad\quad\quad\quad\quad\quad\quad\quad\quad\quad\quad\quad\quad$ $0,6196 : 1 : 1 : 0,8100$

D. Arsenigsaure und antimonigsaure Salze.

1. Gruppe (Saure und normale Arsenite).

$$a:b:c \qquad \beta$$

Trigonit $[As O_3]_3 Pb_3 Mn H$ Monokl.-domat. $1,0340:1:1,6590$ $91^0 31'$

Armangit $[As O_3]_3 Mn_3$ Ditrig.-skalenoëdr. $\overset{\alpha}{56^0 34'}$ $(a:c = 1:1,3116)$

Anmerk. Die Zusammensetzung folgender Mineralien ist sehr unsicher: **Trippkeit,** wasserfreies arsenigsaures Kupferoxyd, ditetragonal-dipyram., $a:c = 1:0,9160$. Ein angeblich damit isomorphes Eisenphosphit soll der **Schafarzikit** sein, doch fehlt eine Analyse. **Romeit,** tetragonal, $a:c = 1:1,0257$, soll antimonigsaures Kalzium sein. **Thrombolith** ist angenähert $Sb_2 O_6 Cu_3 . 6 H_2 O$. **Corongit,** angeblich wasserhaltiges, antimonigsaures Blei und Silber, und **Partzit,** dasselbe mit viel Kupfer, sind wohl nur Gemenge der betreffenden Oxyde; die Anwesenheit von antimoniger Säure ist bei beiden nicht festgestellt.

2. Gruppe (basische bzw. chlorhaltige Salze).

Die folgenden Mineralien, von denen die beiden letzten wahrscheinlich isomorph sind, werden wohl besser als Doppelsalze oder Einlagerungsverbindungen aufgefaßt.

$$a:b:c$$

Nadorit $Sb O_2 [Pb Cl]$ Rhombisch $0,7469:1:1,0270$

Heliophyllit $[As O_3]_2 [Pb Cl]_4 Pb_2 O$ Rhomb.-dipyram. $0,967\ :1:2,205$

Ochrolith $[Sb O_3]_2 [Pb Cl]_4 Pb_2 O$ » » $0,905\ :1:2,014$

Anmerk. **Ekdemit** ist ein infolge Zwillingsbildung tetragonaler Heliophyllit. **Melanostibian** soll $[Sb O_3]_2 (Mn, Fe)_3 . 3 (Mn, Fe) O$ sein.

VIII. Klasse.

Phosphate, Arseniate, Antimoniate, Vanadate, Niobate, Tantalate.

A. Saure und normale wasserfreie Salze.

a) Salze der Orthosäuren.

Diese leiten sich von Säuren vom Typus PO [OH]$_3$ ab.

1. Gruppe (Saure Salze).

Monetit PO$_4$CaH Triklin
a:b:c 1,049:1:1,044
α 91° 16′
β 103° 48′
γ 96° 40′

Anmerk. **Pyrophosphorit** und **Osteolith** sind mit Monetit verwandt, aber nicht einheitlich. **Martinit** (S. 73) ist vielleicht mit Monetit identisch. **Sicklerit,** nur derb bekannt, ist wahrscheinlich [PO$_4$]$_8$ Fe‴$_2$ Mn″$_3$ Li$_3$ H$_3$.

2. Gruppe (Normale Salze zweiwertiger Metalle).

Graftonit [PO$_4$]$_2$ (Fe, Mn, Ca)$_3$ Monoklin
a:b:c 0,886:1:0,583
β 114°
Berzeliit [As O$_4$]$_2$ (Ca, Mg, Mn)$_3$ Kub.-hexakisoktaëdrisch

Anmerk. **Berzeliit** enthält etwas Natrium, mehr der ebenfalls kubische **Natronberzeliit**. **Pyrrhoarsenit (Manganberzeliit)** enthält viel Mn und etwas Sb.

Monimolit [Sb O$_4$]$_2$ Pb$_3$ Kub.-hexakisoktaëdrisch

Anmerk. **Mauzeliit** gleicht dem Monimolit, enthält aber vorwiegend Ca, ferner Ti und Fe. **Karyinit** ist im wesentlichen [As O$_4$]$_2$ (Ca, Mn, Pb, Mg)$_3$, vielleicht monoklin.

3. Gruppe (Normale Salze eines zwei- und eines einwertigen Metalles).

Von den folgenden Mineralien sind nur die drei letzten völlig isomorph; der Beryllonit weicht besonders durch seine pseudohexagonale Symmetrie ab.

Beryllonit PO$_4$ Be Na Rhombisch-dipyramidal 0,5724:1:0,5490
Natrophilit PO$_4$ Mn Na » » 0,472 :1:0,555 ca.
Lithiophilit PO$_4$ Mn Li » » 0,445 :1:0,555 ca.
Triphylin PO$_4$ (Fe, Mn) Li » » 0,4348:1:0,5266

Anmerk. Auch **Natrophilit** und **Lithiophilit** enthalten etwas Fe für Mn.

4. Gruppe (Normale Salze dreiwertiger Metalle).

$$a:c$$

Xenotim $PO_4 Y$ Ditetrag.-dipyram. $1:0,6177$
(Wiserin, Ytterspat)

Fergusonit $(Nb, Ta) O_4 Y$ Tetrag.-pyram. $1:1,464$
(Yttrotantalit z. T.)

$$a:b:c \qquad \beta$$

Monazit $PO_4 Ce$ Monokl.-prismat. $0,9742:1:0,9227 \quad 103^0 46'$
(Turnerit, Kryptolith, Phosphocerit)

Anmerk. In den drei obigen Mineralien sind unter Y die Yttriummetalle, unter Ce die Cermetalle zusammengefaßt. Auch Xenotim und Fergusonit enthalten geringe Mengen der letzteren, alle drei Mineralien außerdem noch vierwertige Elemente, besonders Thorium (Monazit nach O. Kreß und F. J. Metzger zwischen 6,64 und 15,78% ThO_2 und zwischen 1,71 und 3,77% SiO_2). Ob es sich um eine mechanische Beimengung handelt oder ob die Beimengung auf einer strukturellen Analogie der Verbindungen vom Typus PO_4R''' und $R''''O_4R''''$ beruht, ist noch zu entscheiden.

Fergusonit enthält in geringer Menge auch zweiwertige Metalle. **Risörit** (kubisch?) unterscheidet sich vom Fergusonit durch einen größeren Gehalt an $Ta_2 O_5$ und TiO_2. **Sipylit**, in der Kristallform dem Fergusonit ähnlich, ist $NbO_4 Er$, wobei etwas Er durch H ersetzt ist.

Cervantit $SbO_4 Sb$ Kristallform?

Anmerk. Da die wenigen Verbindungen mit vierwertigem Sb, z. B. $Sb Cl_4$, ganz andere Eigenschaften zeigen, ist der Cervantit sicher als antimonsaures Antimon und nicht etwa als SbO_2 aufzufassen. **Stiblith (Stibiconit, Antimonocker** z. T.) ist wahrscheinlich ein Hydrat des Cervantits mit $1 H_2O$.

$$a:b:c$$

Pucherit $VO_4 Bi$ Rhombisch-dipyramidal $0,5327:1:2,3357$

Stibiotantalit $(Ta, Nb) O_4 Sb$ Rhombisch-disphen. $0,7995:1:0,8448$

Anmerk. Im **Stibiocolumbit (Stibioniobit)** überwiegt Niob gegenüber Tantal. **Carminit (Karminspat)** ist vielleicht $[AsO_4]_{12} Fe_{10} Pb_3$, rhombisch.

b) Salze der Pyrosäuren.

Darunter sind Säuren entsprechend der Pyrophosphorsäure $[HO]_2 OP \cdot O \cdot PO [OH]_2$ zu verstehen.

1. Gruppe (mit zweiwertigen Metallen).

Sie umfaßt Mineralien, deren Zusammensetzung nicht sicher feststeht, die aber im wesentlichen aus einem Salz mit der Formel $R_2O_7R''_2$ (worin $R = Sb$, Ta, Nb) bestehen; soweit eine Kristallform bekannt ist, sind sie kubisch.

Tripuhyit ist vielleicht $Sb_2 O_7 Fe''_2$; Kristallform unbekannt. **Atopit**, $Sb_2 O_7 (Ca, Na_2, Fe, Mn)_2$; kubisch. **Mikrolith**, kubisch, ist $(Ta, Nb)_2 O_7 (Ca, Mn, Fe, Mg)_2$ mit Gehalt an Alkalien, Fluor und Wasser. Vielleicht verwandt damit ist der ebenfalls kubische **Neotantalit**, ein Fluor (und vielleicht auch Wasser) enthaltendes Niobat von Eisen, Mangan und Alkalien. **Koppit**, kubisch, hat vielleicht die Formel $[Nb_2 O_7]_3 [CeO] Ca_3 [CaF] (Na, K)_4$.

2. Gruppe (mit dreiwertigen Metallen).

Der Hauptbestandteil der folgenden Mineralien ist $[Ta_2O_7]_3 Y_4$ und $[Nb_2O_7]_3 Y_4$. Stets sind ferner geringe Mengen von Dioxyden vorhanden, über deren Bindung nichts bekannt ist. Es ist nicht ausgeschlossen, daß diese Mineralien Salze von komplexen Heteropolysäuren (S.118) darstellen.

Plumboniobit, angeblich amorph, soll eine Mischung von $Nb_2 O_7 R''_2$ und $[Nb_2 O_7]_3 R'''_4$ sein, wobei $R'' = Fe, Pb, Ca, UO_2, R''' = Y, Yb,$ Gd, Al. **Yttrotantalit** enthält besonders $[Ta_2 O_7]_2 Y_4$, daneben Ca und Fe'', sowie etwas Ur, Wo und Sn; rhombisch, $a:b:c = 0,5412:1:1,1330$. **Samarskit (Yttroilmenit)** ist der Hauptsache nach $[Nb_2 O_7]_3 Y_4$, enthält aber noch Ta, Fe, Ce, Er sowie Ur, Th, Zr, Sn und Si; rhombisch, $a:b:c = 0,5457:1:0,5178$. **Hjelmit** ist nur zersetzt bekannt, scheint aber im wesentlichen tantalsaures Ca, Fe und Mn zu sein; rhombisch, $a:b:c = 0,465:1:1,026$. **Rogersit,** ein Zersetzungsprodukt von Samarskit, enthält Niobsäure, Yttrium und Wasser. **Anneroedit** ist hauptsächlich pyroniobsaures Yttrium und Uran, wozu H_2O, Ca, Fe, Pb, UO, Th, Si u. a. treten; rhombisch; $a:b:c$ ist bei Annahme einfacher Zwillingsbildungen $= 2,0187:1:3,2727$.

c) Salze der Metasäuren.

Diesen liegt die Säure $PO_2 . OH$ zugrunde.

1. Gruppe.

Die Ferro- und Manganosalze der Metatantal- und -niobsäure sind dimorph und bilden eine tetragonale und eine rhombische Reihe.

a) Tetragonale Reihe.

			a:c
Tapiolit	$[(Ta, Nb) O_3]_2$ (Fe, Mn)	Ditetragonal-dipyram.	1 : 0,6522
Skogbölit, Tammelatantalit)			
Mossit	$[(Nb, Ta) O_3]_2$ (Fe, Mn)	» »	1 : 0,6438

Anmerk. **Tapiolit** und **Mossit** zeigen große kristallographische Ähnlichkeit mit den Mineralien der **Rutilgruppe.** Es wurden nun Mineralien beschrieben, die Mischungen von Gliedern beider Gruppen (Tapiolit- und Rutilgruppe) darstellen. Diese Erscheinung ist sehr wahrscheinlich die Folge einer strukturellen Verwandtschaft der in Frage kommenden Mineralien. Hierher gehören: **Strüverit,** bestehend aus Tapiolit und Rutil im Verhältnis 1:4ca; **Ilmenorutil,** bestehend aus Mossit und Rutil im Verhältnis 1:5ca; wahrscheinlich auch **Ainalit,** bestehend aus Tapiolit und Kassiterit. Die Dioxyde überwiegen stark; ob die oben angegebenen Mischungsverhältnisse konstant sind, erscheint auf Grund der wenigen bisherigen Analysen sehr zweifelhaft. **Adelpholith** ist wahrscheinlich ein wasserhaltiges Zersetzungsprodukt eines niobreichen Mossits.

b) Rhombische Reihe.

			a:b:c
Tantalit	$[(Ta, Nb) O_3]_2$ (Fe, Mn)	Rhomb.-dipyr.	0,8304 : 1 : 0,8732
Niobit	$[(Nb, Ta) O_3]_2$ (Fe, Mn)	» »	0,8285 : 1 : 0,8898
(Columbit)			

Anmerk. Im allgemeinen überwiegt Fe, im **Mangantantalit** und **Mangancolumbit** herrscht Mn stark vor. **Ixionolith** ist vielleicht nur ein zinnhaltiger

Tantalit. **Dechenit,** angeblich $[VO_3]_2 Pb$, ist wahrscheinlich mit Descloizit identisch (S. 67).

B. Chlor- bzw. fluorhaltige und basische wasserfreie Salze.

Im folgenden wird durchwegs angenommen, daß das Halogen an Metall gebunden ist und Hydroxyl isomorph vertritt (vgl. Einleitung S. 4). Mit wenigen Ausnahmen (Hamlinit und Barthit) sind die Salze als Orthophosphate aufgefaßt und die Valenzformel zur Erklärung der Konstitution gewählt. Über die zum Teil stark abweichenden Ansichten Werners vgl. bei den einzelnen Gruppen.

1. Gruppe (Apatitgruppe).

Die Glieder dieser Gruppe leiten sich von 3 Mol. $PO_4 H_3$ dadurch ab, daß 8 H durch R'', das letzte durch $-R''F$ oder $-R''Cl$ ersetzt ist, vielleicht auch durch $-R''OH$; auch die Radikale $= R''_2CO_3$, $R''_2 SO_4$ und R''_2O treten in Verbindung mit 6 Mol. PO_4 und $8 R''$ im sog. Karbonat-, Sulfat- und Oxydapatit (Voelckerit) in geringer Menge auf. Nach Werner ist Fluorapatit als Einlagerungsverbindung von der Art:

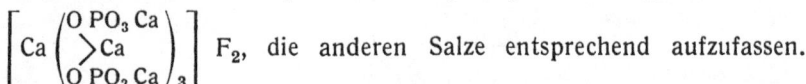

$$\left[Ca \begin{pmatrix} O\,PO_3\,Ca \\ >Ca \\ O\,PO_3\,Ca \end{pmatrix}_3 \right] F_2,$$ die anderen Salze entsprechend aufzufassen.

Experimentelle Stützen für diese Ansicht fehlen bis jetzt, doch sprechen schwerwiegende theoretische Gründe dafür.

			a : c
Apatit $\begin{cases} [PO_4]_3\,F\,Ca_5 \\ [PO_4]_3\,(F,\,Cl)\,Ca_5 \end{cases}$	Hexagonal-pyramidal	bis	1 : 0,7346 1 : 0,7313
Pyromorphit $[PO_4]_3\,Cl\,Pb_5$ (Grün- und Braunbleierz)	»	»	1 : 0,7362
Mimetesit $[As\,O_4]_3\,Cl\,Pb_5$	»	»	1 : 0,7224
Vanadinit $[VO_4]_3\,Cl\,Pb_5$	»	»	1 : 0,7122

Anmerk. **Phosphorit** ist in seinen erdigen und dichten Abarten zersetzter Chlorapatit und stets durch Beimengungen verunreinigt; faserige Varietäten sind oft fluorhaltig. Der Wassergehalt ist wohl meist sekundär. **Eupyrchroit** ist unreiner Phosphorit. Wie in einigen Apatiten **(Manganapatit)** ist manchmal etwas Ca durch Mn ersetzt. **Kampylit** ist $[(As, P) O_4]_3\,Cl\,Pb_5$. **Polyspharit,** nur derb bekannt, ist $[PO_4]_3\,Cl\,(Pb, Ca)_5$. **Pseudoapatit** ist eine Pseudomorphose von Kalkphosphat nach Pyromorphit. **Svabit** ist $[AsO_4]_3\,(F, OH, Cl)\,Ca_5$. **Hedyphan** ist $[As\,O_4]_3\,Cl\,(Pb, Ca, Ba)_5$, **Pleonektit** dasselbe mit etwas Sb für As. **Fermorit** ist etwa $[(P, As) O_4]_3\,(OH, F)\,(Ca, Sr)_5$. **Endlichit** ist ein arsenhaltiger Vanadinit. **Rhodophosphit** soll hexagonal sein und PO_4, Ca, Mn, Fe, Cl, F und etwas SO_4 enthalten.

2. Gruppe (Allgemeine Formel: PO_4 [R'''. OH] R' oder PO_4 . [R''' F] R').

Die Valenzformel ist in der Überschrift gegeben; im Sinne Werners liegen Mischsalze vom Typus $\left[Al \begin{matrix} PO_4 \\ F \end{matrix} \right]$ Li bzw. $Al\,PO_4 \cdots Li F$ vor.

$$a : b : c$$

Amblygonit $PO_4 [Al (F, OH)] Li$ Trikl.-pin. $0,2454 : 1 : 0,4605$
(Montebrasit) $\alpha = 68^0 47'$ $\beta = 98^0 44'$ $\gamma = 85^0 52$

Fremontit $PO_4 [Al (F, OH)] Na$ Monokl. (dem Amblygonit sehr ähnlich)
(Natronamblygonit) $a : b : c$

Durangit $As O_4 [Al F] Na$ »   -prismat. $0,7715 : 1 : 0,8223$
$$\beta = 115^0 13'$$

3. Gruppe (Allgemeine Formel: $PO_4 R'' [R''. OH]$ oder $PO_4 R'' [R''F]$.

Diese Gruppe zerfällt in drei Reihen, von denen die Glieder der rhombischen kristallographisch nahe verwandt und wohl alle isomorph sind; nur die Vanadate weichen etwas ab. In der monoklinen Reihe sind Hydroherderit und Herderit, ferner Wagnerit und Triploidit paarweise isomorph, die übrigen Glieder weichen ab, wenigstens nach den bisher untersuchten, meist schlechten Kristallen. Der trikline Tarbuttit steht ganz für sich allein da. Nach Werner sind diese Mineralien Mischsalze von Phosphaten und Halogeniden bzw. Hydroxyden mit der

Formel (für Wagnerit): $\left[Mg \dfrac{(PO_4)_2}{F_2} \right] Mg_3$ oder $Mg_3 (PO_4) :::: MgF_2$.

a) Rhombische Reihe.

$$a : b : c$$

Libethenit	$PO_4 Cu [Cu . OH]$	Rhomb.-dipyr.			$0,9601 : 1 : 0,7019$
Adamin	$As O_4 Zn (Zn . OH]$	»	»		$0,9733 : 1 : 0,7158$
Higginsit	$As O_4 Ca [Cu . OH]$	»	»		$0,7940 : 1 : 0,6242$
Olivenit	$As O_4 Cu [Cu . OH]$	»	»		$0,9396 : 1 : 0,6726$
Descloizit	$VO_4 (Pb, Zn) [Pb . OH]$	»	»		$0,8045 : 1 : 0,6368$
Cuprodescloizit	$VO_4 (Pb, Cu, Zn) [Pb. OH]$	»	»		?
Pyrobelonit	$VO_4 (Pb, Mn) [Pb . OH)$	»	»		$0,8040 : 1 : 0,6509$

Anmerk. **Cornetit**, mit Libethenit isomorph ($a : b : c = 0,9844 : 1 : 0,7697$) ist vielleicht $PO_4 (Cu, Co) [Cu . OH]$. **Duftit** soll $[AsO_4]_6 Pb_5 [Pb . OH] [Cu . OH]_7$ sein, ist aber wohl $AsO_4 (Pb, Cu) [Cu . OH]$, womit auch die dem Olivenit ähnliche Kristallform übereinstimmt. Der nur in zersetzten und unreinen rhombischen Kristallen beobachtete **Spodiosit** ist vielleicht ursprünglich $PO_4 Ca [Ca (F, OH)]$, doch ist die Formel unsicher. **Cuproadamin** und **Cobaltoadamin** enthalten Kupfer bzw. Kobalt. Cuprodescloizit ist mit Descloizit völlig isomorph, wenn auch die wenig guten Kristalle bisher keine genauen Messungen gestatteten. Sowohl er wie auch Descloizit enthalten neben Vanadinsäure kleine Mengen von Arsen- und Phosphorsäure, neben Zink auch Mangan und Eisen. Mit Cuprodescloizit identisch sind: **Ramirit, Tritochorit,** wahrscheinlich auch **Psittacinit** und **Chileit (Vanadinkupferbleierz).** Vielleicht zum Descloizit gehören die nicht sicher homogenen Mineralien **Aräoxen** und **Eusynchit,** von denen der erstere einen bedeutenderen Gehalt an Arsensäure aufweist. Möglicherweise gehört auch der **Brackebuschit** hierher, der einen verhältnismäßig hohen Mangan- und Eisengehalt zeigt, nach seinen optischen Eigenschaften aber wahrscheinlich monoklin ist und demnach zur nächsten Reihe zu zählen wäre. Dechenit (S. 66) ist wahrscheinlich mit Descloizit dentisch. **Kalkvolborthit (Volborthit** z. T.) ist etwa $VO_4 (Cu, Ca) [Cu . OH]$

5*

und gehört demnach hierher, doch ist die Formel unsicher und die Kristallform nicht bekannt.

b) Monokline Reihe.   a : b : c β

Hydroherderit $PO_4 Ca$ [Be.OH] Monokl.-prism. 0,6307 : 1 : 0,4274   90° 6′
Herderit $PO_4 Ca$ [Be (OH, F)]   »   »   0,6206 : 1 : 0,4234   90° 0′
Wagnerit $PO_4 Mg$ [Mg F]   »   »   1,9145 : 1 : 1,5059   108° 7′
Triplit $PO_4 (Fe, Mn)$ [(Fe, Mn) F]   »   »   ?
Triploidit $PO_4 (Mn, Fe)$ [(Mn, Fe) OH]   »   1,8571 : 1 : 1,4944   108° 14′

Anmerk. **Kjerulfin** ist ein teilweise in Apatit umgewandelter Wagnerit.
Kryphiolith ist wahrscheinlich ein Wagnerit mit geringem Gehalt an Ca.
Kalktriplit ist angeblich $PO_4 (Mn, Fe, Ca, Mg)_2 F$. **Pseudotriplit, Alluaudit**
und **Melanchlor** sind zum Teil sicher nicht einheitliche Zersetzungsprodukte
von Triplit. **Zwieselit** ist ein besonders eisenreicher Triplit, **Sarkopsid**
wohl nur ein etwas zersetzter Zwieselit.

Adelit $As O_4 Ca$ [Mg · OH] Monokl.-prism. 0,0989 : 1 : 1,5642   106° 45′
Tilasit $As O_4 Ca$ [Mg F]   »   domat. 0,7503 : 1 : 0,8391   120° 59½′
(Fluoradelit)
Sarkinit $As O_4 Mn$ [Mn.OH]   »   prismat 2,0017 : 1 : 1,5154   117° 46′
(Polyarsenit)

Anmerk. **Chondroarsenit** ist ein durch etwas CO_3 (Mg, Ca) und $SO_4 Ba$
verunreinigter Sarkinit, **Xanthoarsenit** wahrscheinlich ebenso mit mechanisch gebundenem Wasser.

c) Trikline Reihe.   a : b : c

Tarbuttit $PO_4 Zn$ [Zn.OH]   Trikl.-pinak.   0,9583 : 1 : 1,3204

           $\alpha = 102° 37′$ $\beta = 123° 52′$ $\gamma = 87° 25′$

4. Gruppe.

Diese enthält die Salze zweiwertiger Metalle von der allgemeinen
Formel $[PO_4]_2 R''$ [R''.OH]$_4$, endlich diejenigen vom allgemeinen Typus
PO_4 [R''. OH]$_3$, in denen der gesamte Wasserstoff der Säure durch die
Metallhydroxydgruppen ersetzt ist. Im Sinne Werners sind die ersteren
Salze Anlagerungsverbindungen $[\frac{3}{2} R] PO_4 ::: [HO]_2 R$, die letzteren
Hexolsalze vom Typus $\{ R [(HO)_2 R]_3 \} (PO_4 R)_2$, wobei R ein zwei-
wertiges Metall ist.   a : b : c

Dihydrit $[PO_4] Cu$ [Cu . OH]$_4$ Triklin-pin.   2,8252 : 1 : 1,5339

           $\alpha = 89° 29½′$ $\beta = 91° ½′$ $\gamma = 90° 39½′$

                               a : b : c

Georgiadesit $[As O_4]_2 Pb$ [Pb Cl]$_4$ Rhomb.-dipyr. 0,5770 : 1 : 0,2228
Erinit $[As O_4]_2 Cu$ [Cu . OH]$_4$?
Mottramit $[VO_4]_2 (Cu, Pb)$ [Cu . OH]$_4$?

Anmerk. **Turanit** ist vielleicht $[VO_4]_2 Cu$ [Cu.OH]$_4$, also ein bleifreier
Mottramit. **Phosphorkupfererz** ist teils Dihydrit, teils ein Gemenge von Dihydrit mit Phosphorochalcit und Ehlit.

Phosphorochalcit $PO_4[Cu . OH]_3$ Kristallform?
(Pseudomalachit)   a : b : c
Klinoklas $As O_4[Cu . OH]_3$ Monokl.-prismat. 1,9069 : 1 : 3,8507
(Abichit, Strahlerz) $\beta = 99^0 30'$

Anmerk. Schrauf faßt unter dem Namen **Lunnit** die Mineralien Dihydrit, Phosphorochalcit und Ehlit (s. S. 76) zusammen, von denen der erstere kristallisiert, die beiden letzteren nur derb vorkommen.

5. Gruppe (Basische Salze dreiwertiger Metalle).

Die Valenzformeln der folgenden Mineralien sind leicht anzugeben. Nach Werner sind die ersten drei Hexolsalze. vom allgemeinen Typus $(R'''[(HO)_3 R''']_2) (PO_4)_2 R'''$, während man den Trolleit als Doppelverbindung eines solchen Hexosalzes mit 3 Mol. PO_4 Al betrachten kann.

                                              á : b : c β
Augelith $PO_4 Al_2[OH]_3$ Monokl.-prismat. 1,6419 : 1 : 1,2708 112^{0}26$\frac{1}{2}$'
Florencit $PO_4(Al, Ce)_2[OH]_3$ Ditrig.-skalen. $\alpha = 91^0 10'$ (a : c = 1 : 1,1588)

                                              a : b : c
Kraurit $PO_4 Fe_2[OH]_3$ Rhombisch   0,8734 : 1 : 0,426
(Dufrenit, Grüneisenerz)

Anmerk. Beim **Florencit** ist das Verhältnis Al:Ce = 3:1. Die Formel des **Kraurits** ist unsicher. Nach Cornu ist er das Kristalloid des **Delvauxits** (S. 77).

Trolleit $[PO_4]_3 Al_4[OH]_3$ Kristallsystem?

6. Gruppe (Basische Salze drei und zweiwertiger Metalle).

Von den folgenden Mineralien, deren Valenzformel sich ohne weiteres ergibt, ist Hamlinit als Hexolsalz aufzufassen mit der Konstitution $(Al [(OH)_3 Al]_2) \begin{matrix} PO_4 H \\ PO_4 R''' \end{matrix}$, eng verwandt mit der Alunit- und Korkitreihe. Die übrigen Glieder dieser Gruppe sind wohl Anlagerungsverbindungen bzw. Doppelsalze aus solchen und normalen Phosphaten, z. B. Lazulith $[AlPO_4] . [AlPO_4 ::: (HO)_2 Mg]$. Im Text sind die Valenzformeln gewählt.

                                                      a : b : c
Lazulith $[PO_4]_2 [Al . OH]_2 (Mg, Fe)$ Monokl.-prismat. 0,9747 : 1 : 1,6940
                                                      $\beta = 91^0 58'$

Anmerk. **Gersbyit** und **Tetragophosphit** sind zwei dem Lazulith ähnliche Mineralien, deren Analysen ergaben: 4 P_2O_5, 9 Al_2O_3, 3 (Mg, Fe, Mn, Ca), 0,8—17 H_2O bzw. 2 P_2O_5, 6 Al_2O_3, 3 (Fe, Mn, Mg, Ca)0,3 H_2O.

Cirrolith $[PO_4]_3 Al_2 Ca_3 [OH]_3$ Kristallform?

Arseniosiderit $[As O_4]_3 Fe_4 Ca_3 [OH]_9$ Tetrag. oder hexag.

Anmerk. **Tavistockit** (kristallin) ist angeblich $[PO_4]_2 Al_2 Ca_3 [OH]_6$. **Griphit** ist ein Phosphat von Mn, Al, Ca, Fe, Na usw., ohne sichere Formel. **Andrewsit**, triklin, ist angenähert $[PO_4]_3 Fe_4 [OH]_7 Cu Fe$. **Arseniopleit** ist vielleicht $[AsO_4]_6 (Mn, Fe)_2 (Mn, Ca, Pb, Mg)_3 [Mn . OH]_6$. **Retzian** ist ein basisches Arseniat von Mn, Ca und seltenen Erden ohne sichere Formel.

Hamlinit $P_2 O_7$ [Al . 2 OH]$_3$ [Sr . OH] Ditrig.-skal. 91^0 $\overset{\alpha}{17'}$ (a:c = 1:1,135)
(Bowmanit)

Anmerk. Ein Teil des Sr ist durch Ba, etwas OH durch F ersetzt. Höchst wahrscheinlich ist **Plumbogummit (Bleigummi)** das entsprechende Bleisalz $P_2 O_7$ [Al . 2 OH]$_3$ [Pb . OH]; während manche Arten amorph sind, so die **Schadeit** genannte Varietät, wurde für andere trigonale Kristallform festgestellt. Vielleicht damit identisch sind die reinen Arten des **Hitchcockit** genannten Minerals, dessen Gehalt an CO_2 wohl nur auf Verunreinigungen beruht. Der optisch einaxige **Gorceixit** ist wohl die Bariumverbindung $P_2 O_7$ [Al . 2 OH]$_3$ [Ba . OH]. Beide Mineralien enthalten etwas Ca, das in dem analog zusammengesetzten **Crandallit** fast allein vorkommen soll. Die für diesen angegebene Formel $P_2 O_7$ [Al . 2 OH]$_3$ [Ca . OH] ist noch nicht sicher. Er enthält außerdem Sr und Mg sowie Schwefelsäure, wodurch Übergänge zur Korkitreihe gebildet werden. Dem **Bariumhamlinit** wird die Formel [PO$_4$]$_3$ Al$_2$ [Al . 2 OH]$_2$ [Ba . OH]. 3 H$_2$O zugeschrieben. **Goyazit** ist vielleicht mit Hamlinit identisch, **Geraesit** ist unreiner Gorceixit. Nah verwandt mit diesen Mineralien ist der Florencit (S. 69), der unter Annahme vierwertigen Cers als $P_2 O_7$ [Al . 2 OH]$_3$ [Ce . 3 OH] betrachtet werden kann. Alle diese Mineralien können auch als basischsaure Orthophosphate betrachtet werden, Hamlinit z. B. als [HPO$_4$]$_2$ Sr . [Sr (PO$_4$)$_2$] . [Al . OH]$_6$. Experimentelle Untersuchungen über die Konstitution fehlen noch.

7. Gruppe (Basische Salze mit Atomgruppen R'''O bzw. R'''O und R''$_2$O).

a : b : c

Atelestit As O$_4$ [Bi O]$_2$ [Bi . 2 OH]   Monokl.-prismat. 0,9334 : 1 : 1,5051

$$\beta = 109^0 17'$$

Anmerk. **Arsenobismit** ist mit Atelestit verwandt; er besitzt angeblich die Formel As$_2$O$_7$ [Bi$_2$O . 2 OH]$_2$, die aber ganz unsicher ist.

Schneebergit Sb O$_4$. Sb O . Ca$_2$ O Kubisch.

8. Gruppe (Überbasische Salze).

Die chemische Konstitution der folgenden Mineralien läßt sich mittels Valenzformeln nur bei Manganostibiit und Hämatostibiit erklären und hier nur durch die Annahme der zweiwertigen Gruppen Mn - O - Mn - O - Mn - O - Mn - O - Mn - O - Mn - O - Mn - O - Mn -, was aber sehr unwahrscheinlich ist. Es sind daher die empirischen Formeln gegeben, ohne daß die Stellung der Hydrooxylgruppen mit Sicherheit bekannt ist Auch die für den Flinkit ist folgende Valenzformel: As O$_4$ [Mn . 2 OH] [Mn . OH]$_2$ theoretisch möglich, die Beziehungen dieses Minerals zu den übrigen der Gruppe machen indessen die Auffassung als überbasisches Salz wahrscheinlicher.

Jezekit [PO$_4$]$_2$ [Al$_2$ O (F, OH)$_2$] Na$_4$. Ca (F, OH)$_2$

a : b : c β

Monokl. 0,8959 : 1 : 1,0241 105^{0}31$\frac{1}{2}$'

Allaktit   [As O$_4$]$_2$ Mn$_3$. 4 Mn [OH]$_2$

a : b : c β

Monokl.-prismat. 0,6128 : 1 : 0,3338 95^0 43'

$$a : b : c$$

Flinkit $\quad$ As O_4 Mn . 2 Mn $[OH]_2$ $\quad$ Rhomb.-dipyr. $\quad$ 0,4131 : 1 : 0,7386

Synadelphit $\;$ 2 As O_4 (Mn, Al) . 5 Mn $[OH]_2$ $\;$ » $\qquad$ » $\quad$ 0,8581 : 1 : 0,9192

Hämatolith $\;$ As O_4 (Al, Mn) . 4 Mn $[OH]_2$

(Diadelphit) $\qquad\qquad\qquad\qquad$ $\overset{\alpha}{\text{Ditrig.-skalenoëdr.}}$ 100° 48′ (a : c = 1 : 0,8885)

Manganostibiit $\;$ [(Sb, As) $O_4]_2$ Mn$_3$. 7 Mn O $\;$ Kristallform?

Hämatostibiit $\;$ [Sb $O_4]_2$ (Mn, Fe)$_3$. 7 (Mn, Fe) O $\;$ Rhombisch?

Anmerk. Die folgenden Mineralien gehören ebenfalls hierher, jedoch ist ihre Zusammensetzung nicht sicher bekannt: **Magnetostibian,** ein sehr basisches Antimoniat von Mn und Fe. **Pleurastit** und **Rhodoarsenian,** beides Arseniate; die Antimoniate **Stibiatil, Ferrostibian, Chondrostibian** und **Basiliit,** letzterer angeblich ein überbasisches Antimoniat von Mn′′′; **Chlorotil** ist angeblich As O_4 [Cu . $OH]_3$. Cu $[OH]_2$.

9. Gruppe.

Das folgende Mineral ist nach der einzigen Analyse am besten als ein Salz der Hexaarsensäure As$_6$ O$_{17}$ H$_4$ aufzufassen, die der Hexavanadinsäure V$_6$ O$_{17}$ H$_4$ entspricht, als deren Salze Hewettit, Metahewettit und Pascoit betrachtet werden. Weniger einfach ist die Auffassung des Barthits als wasserhaltiges basisches Metaarseniat mit der Formel 3 [As O$_3]_2$ Zn . Cu $[OH]_2$. H$_2$O, in welchem Fall es zur übernächsten Abteilung zu stellen wäre.

Barthit $\quad$ As$_6$ O$_{17}$ Zn $[OH]_3$. Cu [OH] $\quad$ Monoklin?

C. Wasserfreie Verbindungen von Phosphaten mit Sulfaten und Chromaten.

1. Gruppe.

Die Mineralien dieser Gruppe sind Verbindungen von Phosphaten bzw. Arseniaten mit Sulfaten. Es wird das Vorhandensein von Hydroxylgruppen angenommen, wenn auch über die Natur des Wassers keine Untersuchungen vorliegen. Die Glieder der Gruppe sind wahrscheinlich isomorph und kristallographisch aufs nächste verwandt mit der auch chemisch nahe stehenden Alunitreihe (S. 50) und dem Hamlinit (S. 70). Wie diese sind es typische Hexolsalze im Sinne Werners mit der Konstitution (für Svanbergit): $\{$Al $[(HO)_3$ Al$]_2\}$ $\begin{matrix} SO_4 \\ PO_4 \end{matrix}$ Sr.

Svanbergit $\;$ [PO$_4$] [SO$_4$] Sr [Al . 2 OH]$_3$ $\;$ $\overset{\alpha}{\text{Trigonal}}$ 90° 34′ (a : c = 1 : 1,2063)

Hinsdalit $\;\;$ [PO$_4$] [SO$_4$] Pb [Al . 2 OH]$_3$ $\;$ » $\qquad$ 89° 40′ (a : c = 1 : 1,2677)

Korkit $\qquad$ [PO$_4$] [SO$_4$] Pb [Fe . 2 OH]$_3$ $\;\;$ » $\qquad$ 91° 16′ (a : c = 1 : 1,1842)

Beudantit $\;$ [As O$_4$] [SO$_4$] Pb [Fe . 2 OH]$_3$ $\;$ » $\qquad$ 91° 16′ (a : c = 1 : 1,1842)

Anmerk. **Harttit** ist nach Hussak [PO$_4]_2$ [SO$_4$] [Al . 2 OH]$_2$ [Al . OH]$_2$ Sr. 2 H$_2$O, nach Schaller aber am besten als Mischung aus 1 Mol. Hamlinit und 2 Mol. Alunit aufzufassen mit der Formel: P$_2$O$_7$ [Al . 2 OH]$_3$ [Sr . OH] + 2 ([SO$_4]_2$ [Al . 2 OH]$_3$ K). **Munkforssit** unterscheidet sich von Svanbergit durch ein etwas höheres Verhältnis von Ca:Al. **Munkrudit** ist ein verwandtes Sulfatphosphat von FeO, CaO und sehr wenig Al_2O_3; eine quantitative Analyse wurde nicht gemacht.

2. Gruppe.

Diadochit $[PO_4]_2 [SO_4H]_2 Fe_4O [OH]_2$ Monoklin
(Destinézit)

Anmerk. Nach Cornu entsteht der Diadochit als Kolloid aus Delvauxit (S. 77) durch Adsorption von Schwefelsäure und besitzt als Kristalloid die obige Formel. **Ficinit** ist angeblich ein basisches Eisenoxydulsalz der Phosphorsäure und Schwefelsäure. **Hussakit,** als Verbindung von Phosphat und Sulfat beschrieben, ist nur ein prismatisch ausgebildeter Xenotim.

3. Gruppe.

Laxmannit $[PO_4]_2 (Pb, Cu)_3 . [CrO_4]_2 Pb [Pb_2O]$ Monokl.-prism.

a:b:c β

0,7459:1:1,4028   110⁰ 10′

Anmerk. **Vauquelinit** von Berjosowsk enthält ebenfalls Phosphorsäure und gehört hierher, während **Chromphosphorkupferbleispat (Phosphochromit)** wahrscheinlich nur ein Gemenge von Vauquelinit mit Pyromorphit ist.

D. Wasserhaltige Phosphate, Arseniate usw.

a) Saure Salze.

1. Gruppe (mit ein- und zweiwertigen Metallen).

a:b:c

Stercorit $PO_4 [NH_4] NaH . 8 H_2O$ Monokl.-prismat.   2,8828:1:1,8616
(Phosphorsalz) $\beta = 99⁰ 18′$

a:b:c

Hannayit $[PO_4]_4 Mg_3 [NH_4]_2 H_4 . 8 H_2O$ Triklin-pin.   0,6990:1:0,9743
$\alpha = 122⁰ 31′$ $\beta = 126⁰ 46′$ $\gamma = 54⁰ 10\frac{1}{2}′$

Anmerk. **Dittmarit** (rhombisch) ist vielleicht $[PO_4]_3 Mg_3 [NH_4] H_2 . 8 H_2O$, **Schertelit** $[PO_4]_2 Mg [NH_4]_2 H_2 . 4 H_2O$.

2. Gruppe (mit zweiwertigen Metallen). a:b:c

Haidingerit $AsO_4 Ca H . H_2O$ Rhomb.-dipyr.   0,4273:1:0,4928
                                                              β
Brushit $PO_4 Ca H . 2 H_2O$ Monokl.-prism.   0,6221:1:0,3415   95⁰ 15′
Pharmakolith $AsO_4 Ca H . 2 H_2O$ »   »   0,6236:1:0,3548   96⁰ 36′

Anmerk. Die beiden Mineralien Brushit und Pharmakolith sind isomorph. **Metabrushit** soll ½ H_2O weniger enthalten, **Stoffertit** dagegen ¾ H_2O mehr als Brushit.

a:b:c

Newberyit $PO_4 Mg H . 3 H_2O$ Rhomb.-dipyr.   0,9548:1:0,9360
Wapplerit $AsO_4 Ca H . 3\frac{1}{2} H_2O$ Triklin-pin.   0,9007:1:0,2616
$\alpha = 90⁰ 14′$ $\beta = 95⁰ 20′$ $\gamma = 90⁰ 11′$

Anmerk. **Forbesit,** kryptokristallin, ist $AsO_4 (Ni, Co) H$ mit 3½ oder 4 H_2O. **Pintadoit** ist vielleicht $VO_4 Ca H . 4 H_2O$.

$a : b : c$

Rößlerit $As O_4 Mg H . 7 H_2O$ Monokl.-prism. $0,4473 : 1 : 0,2598$

$\beta = 94^0 26'$

$a : b : c$

Hureaulit $[PO_4]_4 (Mn, Fe)_5 H_2 . H_2O$ Monokl.-prism. $1,9192 : 1 : 0,5245$

$\beta = 95^0 59'$

Palait $[PO_4]_4 Mn_5 H_2 . 3 H_2O$ Monoklin?

Anmerk. **Martinit,** angeblich $[PO_4]_4 Ca_5 H_2 . \frac{1}{2} H_2O$ und trigonal, ist vielleicht mit **Monetit** (S. 63) identisch. **Zengit** unterscheidet sich von Martinit nur durch einen geringeren Magnesiumgehalt. **Bindheimit (Bleiniere)** ist unreines, wasserhaltiges Bleiantimoniat. **Barcenit** ist wahrscheinlich ein Gemenge von antimonsaurem Quecksilber und Calcium mit Antimonsäurehydrat. Über **Phosphoferrit** siehe S. 78.

3. Gruppe (mit dreiwertigen Metallen).

Die hierher gehörigen Mineralien sind hinsichtlich ihrer Zusammensetzung und Kristallisation nicht sicher bekannt.

Henwoodit ist vielleicht $[PO_4]_8 Al_4 Cu H_{10} . 6 H_2O$; Kristallform? **Morinit** soll $[PO_4]_4 [AlF]_3 [CaF]_3 Na_2H . 8 H_2O$ sein und monoklin kristallisieren. **Soumansit,** tetragonal, ist ein wasserhaltiges Fluorphosphat von Aluminium und Natrium, wahrscheinlich sauer. **Fernandinit** ist angeblich $[VO_4]_{10} V_2 Ca H_{20} . 4 H_2O$, mit vierwertigem Vanadin als Base. **Richellit** soll $[PO_4]_8 Fe_6 O [OH, F]_4 . 36 H_2O$ sein, ist aber kaum homogen.

4. Gruppe (Salze von Hexavanadinsäuren).

Die beiden folgenden dimorphen Mineralien lassen sich am besten als Salze der auch dem **Pascoit** (S. 76) zugrunde liegenden Säure $V_6 O_{17} H_4$ auffassen, die bereits durch künstlich dargestellte Salze bekannt ist.

Hewettit
Metahewettit $\Big\}$ $V_6 O_{17}, CaH_2 . 8 H_2O$ dimorph. $\begin{cases} \text{Rhombisch?} & a : b : c \\ \text{Rhomb.-dipyr.} \ 0,65 : 1 : ? \end{cases}$

b) Normale Salze.

1. Gruppe (mit ein- und zweiwertigen Metallen).

$a : b : c$

Struvit $PO_4 Mg [NH_4] . 6 H_2O$ Rhomb.-dipyr. $0,5667 : 1 : 0,9121$
(Guanit)

2. Gruppe (mit zweiwertigen Metallen).

Fillowit $[PO_4]_2 (Mn, Fe, Na_2, Ca) . \frac{1}{4} H_2O$ $a : b : c$ β

Monokl.-prism. $1,7303 : 1 : 1,4190$ $90^0 \ 9'$

Dickinsonit $[PO_4]_2 (Mn, Fe, Na_2, Ca) . \frac{1}{4} H_2O$

Monokl.-prism. $1,7321 : 1 : 1,1981$ $118^0 30'$

Anmerk. Beim **Fillowit** ist das Verhältnis der Hauptbestandteile $Mn : Fe : Na_2 = 6 : 2 : 1$, beim **Dickinsonit** $= 6 : 3 : 2$; wahrscheinlich handelt es sich um Verbindungen in festen Verhältnissen und nicht um dimorphe Körper. **Monit** hat ungefähr die Zusammensetzung $[PO_4]_2 \, Ca_3 \cdot H_2O$ mit einem geringen Überschuß an Wasser; **Pyroklasit** ist wahrscheinlich ein Gemenge von Monit und Monetit (S. 63). **Ornithit** soll $[PO_4]_2 \, Ca_3 \cdot 2 \, H_2O$ sein, doch ist die Formel sehr unsicher.

$$a : b : c$$

Fairfieldit $[PO_4]_2 \, (Ca, Mn, Fe)_3 \cdot 2 \, H_2O$ Trikl.-pin. $0,2797 : 1 : 0,1976$

$$\alpha = 102^0 \, 9' \quad \beta = 94^0 \, 33' \quad \gamma = 77^0 \, 20'$$

$$a : b : c$$

Roselith $[As \, O_4]_2 \, (Ca, Co, Mg)_3 \cdot 2 \, H_2O$ Trikl.-pin. $0,4536 : 1 : 0,6560$

$$\alpha = 90^0 \, 34' \quad \beta = 91^0 \quad \gamma = 89^0 \, 20'$$

Brandtit $[As \, O_4]_2 \, Mn_3 \cdot 2 \, H_2O$ Trikl.-pin.

Anmerk. Die unvollkommenen Messungen am Brandtit ergaben so nahe Übereinstimmung mit Roselith, daß an der Isomorphie der beiden Mineralien kaum zu zweifeln ist. **Lavendulan** ist angenähert $[As \, O_4]_2 \, Cu_3 \cdot 2 \, H_2O$.

$$a : b : c$$

Reddingit $[PO_4]_2 \, (Mn, Fe)_3 \cdot 3 \, H_2O$ Rhombisch-dipyr. $0,8676 : 1 : 0,9485$

Anapait $[PO_4]_2 \, Fe \, Ca_2 \cdot 4 \, H_2O$ Trikl.-pin. $0,7069 : 1 : 0,8778$
(Tamanit) $\qquad \alpha = 97^0 \, 12' \quad \beta = 95^0 \, 17' \quad \gamma = 70^0 \, 11'$

Anmerk. Der trikline, nur in undeutlichen Kristallen vorkommende **Messelit** ist wahrscheinlich ein Anapait, der einen Teil des Wassers verloren hat; er soll die Formel $[PO_4]_2 \, (Ca, Fe, Mg)_3 \cdot 2\frac{1}{2} \, H_2O$ besitzen.

$$a : b : c$$

Hopeit $[PO_4]_2 \, Zn_3 \cdot 4 \, H_2O$ Rhombisch-dipyr. $0,5786 : 1 : 0,4758$

Anmerk. **Parahopeit** ist eine Modifikation mit niedrigerer Symmetrie, wahrscheinlich triklin. **Hibbenit**, angeblich $[PO_4]_4 \, Zn_5 \, [Zn \cdot OH]_2 \cdot 6\frac{1}{2} \, H_2O$, ist offenbar ein Gemenge von vorherrschend Hopeit, dem er auch in seinen physikalischen Eigenschaften völlig gleichen soll, und einem anderen Zinkphosphat, vielleicht Spencerit. **Stewartit** ist vielleicht $[PO_4]_2 \, Mn_3 \cdot 4 \, H_2O$ und triklin. **Trichalcit** ist $[As \, O_4]_2 \, Cu_3 \cdot 5 \, H_2O$; Kristallform unbekannt. **Pikropharmakolith** ist ungefähr $[As O_4]_2 \, (Ca, Mg)_3 \cdot 6 \, H_2O$; nur derb bekannt. **Ferghanit** soll $[VO_4]_2 \, U_3 \cdot 6 \, H_2O$ sein; Kristallform unbekannt. Vielleicht ist er mit Tjujamunit (S. 79) identisch.

3. Gruppe (Vivianitgruppe).

Die folgenden Mineralien bilden eine isomorphe Reihe, deren Kristallformen allerdings zum Teil nur an künstlichem Material bestimmbar sind. Vom Standpunkt A. Werners aus sind diese Salze als Einlagerungsverbindungen mit dem Radikal $R''(H_2O)_4$ zu betrachten, etwa von der Form (für Vivianit):

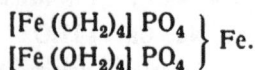

$$\left. \begin{array}{l} [Fe \, (OH_2)_4] \, PO_4 \\ [Fe \, (OH_2)_4] \, PO_4 \end{array} \right\} \, Fe.$$

		$a : b : c$		β
Vivianit	$[PO_4]_2 \, Fe_3 \cdot 8 \, H_2O$ Monokl.-prism.	$0,7498 : 1 :$	7017	$104^0 \, 26'$
Symplesit	$[As \, O_4]_2 \, F_3 \cdot 8 \, H_2O$ » »	$0,7806 : 1 : 0,6812$		$107^0 \, 17'$
Erythrin	$[As \, O_4]_2 \, Co_3 \cdot 8 \, H_2O$ » »	$0,7502 : 1 : 0,7006$		$105^0 \, 1'$
(Kobaltblüte)				

Annabergit $[As\,O_4]_2\,Ni_3 \cdot 8\,H_2O$ Monokl.-prism.   **?**
(Nickelblüte)

Cabrerit $[As\,O_4]_2\,(Ni,\,Mg)_3 \cdot 8\,H_2O$ »   »   0,8237 : 1 : 0,7767 $102^0\,29'$

Anmerk. Vivianit enthält oft etwas Mn, Mg und Ca, die im **Paravivianit** in größerer Menge vorkommen. Bei der Verwitterung liefert ersterer die noch unsicheren Mineralien α - **Kertschenit,** für den die Formel $[PO_4]_2$ Fe''' $[Fe''' \cdot 2\,OH]\,Fe'' \cdot 6\,H_2O$ angegeben wird, und β - **Kertschenit,** der die Zusammensetzung $[PO_4]_6\,Fe'''_2\,[Fe''' \cdot 2\,OH]_2\,Fe''_5 \cdot 21\,H_2O$ haben soll; aus Paravivianit entsteht hauptsächlich **Oxykertschenit,** der Pseudomorphosen nach diesem Mineral mit der Formel $[PO_4]_6\,Fe'''_4\,[Fe''' \cdot 2\,OH]_4\,(Mn,\,Ca) \cdot 19\,H_2O$ bildet. Ebenfalls ein Oxydationsprodukt des Vivianits soll die **Egueït** sein, dessen Zusammensetzung angeblich $[PO_4]_{40}\,Fe'''_{30}\,Ca_{15} \cdot 6\,Fe\,(OH)_3 \cdot 60\,H_2O$ ist, was sich schwer deuten läßt; vielleicht handelt es sich jedoch um kein einheitliches Mineral. Ein von Beudant **Rhodoït** genanntes Mineral ist mit Erythrin identisch. **Dudgeonit** ist ein Annabergit, in dem etwa ein Drittel Ni durch Ca ersetzt ist. Die Arsenwerte des natürlichen Cabrerits von Laurium (nach A. Sachs) weichen etwas ab; dieser Cabrerit ist praktisch frei von Kobalt, während der spanische einige Prozent dieses Metalls aufweist; Nickel herrscht stark gegenüber Magnesium vor. Ebenfalls mit Vivianit isomorph, aber nicht in meßbaren Kristallen bekannt sind folgende Mineralien: **Bobierrit,** $[PO_4]_2\,Mg_3 \cdot 8\,H_2O$; **Hörnesit,** $[As\,O_4]_2\,Mg_3 \cdot 8\,H_2O$; **Köttigit,** $[As\,O_4]_2$ (Zn, Co, Ni)$_3 \cdot 8\,H_2O$; **Hautefeuillit** ist ein Bobierrit, in dem etwa ein Fünftel Mg durch Ca vertreten ist.

4. Gruppe (mit dreiwertigen Metallen).

Die hierher gehörigen Mineralien sind nur zum kleinen Teil chemisch und kristallographisch gut bekannt, meist ist eine der beiden Eigenschaften nicht bestimmt. Die Formeln sind im allgemeinen bei den in der Anmerkung zusammengefaßten Körpern nicht ganz sicher, bei den übrigen stimmen sie mit den Analysenergebnissen ziemlich gut überein.

Rhabdophan $PO_4\,(La,\,Dy,\,Y,\,Er) \cdot H_2O$ Tetrag. oder hexag.
(Scovillit)

Anmerk. Im Rhabdophan überwiegen die Cererden, im Scovillit die Yttriummetalle.   a : b : c

Phosphosiderit $PO_4\,Fe \cdot 1\tfrac{3}{4}\,H_2O$ Rhomb.-dipyr. 0,5456 : 1 : 0,8905

Variscit ⎫   »   »   0,8944 : 1 : 1,0919
(Callaït) ⎬ $PO_4\,Al \cdot 2\,H_2O$ dimorph.
Lucinit ⎭   »   »   0,8729 : 1 : 0,9788

Anmerk. Diese beiden nach Schaller dimorphen Körper zeigen so große Ähnlichkeit ihrer Eigenschaften, daß ihre Identität nicht ausgeschlossen erscheint. Eine Variscitart von Vashegy ergab 3 Mol. H_2O. **Redondit** ist vielleicht das entsprechende Kolloid.   a : b : c

Strengit $PO_4\,Fe \cdot 2\,H_2O$ Rhombisch-dipyr. 0,8663 : 1 : 0,9776

Skorodit $As\,O_4\,Fe \cdot 2\,H_2O$ »   »   0,8658 : 1 : 0,9541

Anmerk. Diese beiden Mineralien sind isomorph. **Vilateit** ist ein etwas Mn enthaltender Strengit. **Jogynait** ist erdiger Skorodit.

Die folgenden Mineralien sind nicht ganz sicher bekannt: **Berlinit,** $PO_4\,Al \cdot \tfrac{1}{4}\,H_2O$; Kristallform unbekannt. **Heterosit (Hetepozit),** $PO_4\,(Fe,\,Mn)$.

½ H_2O, und **Purpurit**, PO_4 (Mn, Fe) . ½ H_2O, die ineinander übergehen; nur derb bekannt. **Pseudoheterosit** unterscheidet sich optisch von Heterosit. **Flajolotit** ist angeblich Sb O_4 Fe . ¾ H_2O; Kristallform unbekannt. **Sjögrufvit** soll [As $O_4]_3$ Fe (Mn, Ca, Pb)$_3$. 3 H_2O sein. **Salmonsit** soll [$PO_4]_6$ Fe$'''_2$ Mn$''_9$. 14 H_2O sein; Kristallform unbekannt. **Barrandit**, PO_4 (Fe, Al) . 2 H_2O; Kristallform unbekannt. **Churchit** soll angenähert [$PO_4]_{12}$ Ce$_{10}$ Ca$_3$. 24 H_2O sein. **Callaïnit**, PO_4 Al . 2½ H_2O; Kristallform unbekannt. **Zepharovichit**, PO_4 Al . 3 H_2O; Kristallform unbekannt. **Koninckit**, PO_4 Fe . 3 H_2O; rhombisch (?). **Minervit**, PO_4 Al . 3½ H_2O; Kristallform unbekannt. **Gibbsit**, PO_4 Al . 4 H_2O; nur derb bekannt. Auch manche Vorkommen von Hydrargillit (S. 34) werden fälschlich mit diesem Namen belegt. **Liskeardit** ist As O_4 (Al, Fe) . 8 H_2O; Kristallform unbekannt.

5. Gruppe (Salze von Hexavanadinsäuren).

Das folgende Mineral ist am besten als Salz der Säure V_6 O_{17} H_4 aufzufassen, die auch dem Hewettit und Metahewettit zugrunde liegt.

Pascoit V_6 O_{17} Ca$_2$. 11 H_2O Monoklin.

Anmerk. Der Wassergehalt des Pascoits ist nicht ganz sicher.

c) Basische Salze.

1. Gruppe (mit zweiwertigen Metallen).

Die folgenden Mineralien sind nach steigendem Verhältnis Säure : Hydroxyl (bzw. Wasserstoff) angeordnet und die unvollkommen bekannten und wenig sicheren Salze in der Anmerkung zusammengestellt.

Konichalcit (As, P, V) O_4 (Cu, Ca) [Cu . OH] . ⅓ H_2O Rhombisch

Tagilit PO_4 Cu [Cu . OH] . H_2O Monoklin

Spencerit PO_4 Zn [Zn . OH] . 1⅓ H_2O »

Ludlamit [$PO_4]_4$ Fe$_5$ [Fe . OH]$_4$. 8 H_2O a : b : c β
Monokl.-prism. 2,2527 : 1 : 1,9820 100⁰ 33′

Hämafibrit As O_4 [Mn . OH]$_3$. H_2O Rhomb. 0,5261 : 1 : 1,1502

Euchroit As O_4 Cu [Cu . OH] . 3 H_2O » 0,6088 : 1 : 1,0379

Tsumebit [$PO_4]_2$ [Pb, Cu) [(Pb, Cu) . OH]$_4$. 6 H_2O
(Preslit) Monokl.-prism. 0,977 : 1 : 0,879 98⁰ 16′

Anmerk. Die Angaben über Tsumebit nach Busz; nach Rosicky ist er wahrscheinlich rhombisch, a:b:c = 0,977:1:0,879. Folgende Mineralien sind nur unvollständig bekannt: **Pseudolibethenit**, angeblich PO_4 Cu [Cu . OH] . ½ H_2O; Kristallform unbekannt. **Bayldonit**, As O_4 (Cu, Pb) [Cu . OH] . ½ H_2O, Kristallform unbekannt; vielleicht damit identisch sind Biehls **Parabayldonit** und **Cuproplumbit**. **Ehlit**, [$PO_4]_2$ Cu [Cu . OH]$_4$. H_2O; nur derb bekannt. Vgl. S. 69, Anmerk. nach Klinoklas. Etwas Phosphor ist durch Vanadin vertreten. **Leukochalcit**, ungefähr As O_4 Cu [Cu . OH] . H_2O; nur derb bekannt. **Angelaardit** unterscheidet sich nur unwesentlich von Ludlamit. **Isoklas,**

PO_4 Ca [Ca . OH] . 2 H_2O; monoklin (?). **Cornwallit**, [As $O_4]_2$ Cu [Cu . OH]$_4$. 3 H_2O; Kristallform unbekannt. **Volborthit** z. T. (V. von Perm) ist VO_4 [(Cu, Ca, Ba) . OH]$_3$. 6 H_2O; nur derb bekannt.

2. Gruppe (Überbasische Salze zweiwertiger Metalle).

Chalkophyllit As O_4 [Cu . OH]$_3$. Cu [OH]$_2$. 3½ H_2O $\quad \alpha$
(Kupferglimmer) $\qquad$ Ditrig.-skalenoëdr. $96^0 7'$ (a : c = 1 : 1,5536)

Anmerk. Die Formel ist unsicher; vielleicht liegt eine Einlagerungsverbindung von Cu [OH]$_2$ in [As $O_4]_2$ Cu_3 vor.

Veszelyit 2 (As, P) O_4 [(Cu, Zn) OH]$_3$. 9 (Cu, Zn) [OH]$_2$. 6 H_2O

	a : b : c	α	β	γ
Trikl.-pin.	0,7101 : 1 : 0,9134	$89^0 31'$	$103^0 50'$	$89^0 34'$

Anmerk. Die Formel ist nicht ganz sicher.

3. Gruppe (Basische Salze dreiwertiger Metalle).

$\qquad\qquad\qquad$ a : b : c

Eleonorit [PO$_4]_2$ [Fe . OH]$_3$. 2½ H_2O $\quad$ Monokl.-prism. 2,755 : 1 : 4,016
$\qquad\qquad\qquad\qquad\qquad\qquad\qquad\qquad \beta = 131^0 27'$

Anmerk. **Beraunit** ist angeblich [PO$_4]_3$ Fe$_5$ [OH]$_6$. 3 H_2O, wahrscheinlich jedoch mit Eleonorit identisch.

$\qquad\qquad\qquad\qquad\qquad\qquad\qquad$ a : b : c

Peganit $\cdot$ PO$_4$ Al$_2$ [OH]$_3$. 1½ H_2O $\qquad$ Rhombisch $\qquad$ 0,409 : 1 : ?

Wavellit [PO$_4]_2$ [Al . OH]$_3$. 5 H_2O $\qquad$ Rhomb.-dipyr. 0,5573 : 1 : 0,4084

Anmerk. Ein kleiner Teil des Hydroxyls ist häufig durch Fluor ersetzt. **Fischerit**, angeblich PO$_4$ Al$_2$ [OH]$_3$. 2½ H_2O, ist wahrscheinlich mit Wavellit identisch, ebenso **Kapnicit**.

Pharmakosiderit [As $O_4]_2$ [Fe . OH]$_3$. 5 H_2O Kub.-hexakistetraëdrisch
(Würfelerz)

Anmerk. Diese Formel ist nicht ganz sicher.

Kakoxen PO$_4$ Fe$_2$ [OH]$_3$. 4½ H_2O Monoklin oder triklin.

Anmerk. Kolloidale Ferriphosphate mit wechselndem Wassergehalte sind: **Picit**, angeblich [PO$_4]_4$ Fe$_7$ [OH]$_9$. 13½ H_2O, und **Delvauxit**, für den die (unsichere) Formel [PO$_4]_2$ Fe$_4$ [OH]$_6$. 17 H_2O angegeben wird. Nach Cornu entsteht letzterer aus Stilpnosiderit durch Adsorption von Phosphorsäure und geht beim Altern in Kraurit (S. 69) über. **Eisensinter** ist ein kolloidales Ferriarseniat, für das verschiedene Formeln aufgestellt wurden. **Evansit**, angeblich PO$_4$ Al$_3$ [OH]$_6$. 6 H_2O, ist nach Cornu ein Kolloid. **Rosieresit** ist vielleicht ein Pb und Cu enthaltender Evansit, vielleicht aber auch ein mechanisches Gemenge. **Planerit** ist ein Gel mit der Formel P$_4$ O$_{19}$ Al$_6$ 18—20 H_2O; **Cöruleolaktit** ist wahrscheinlich damit identisch. Beide Mineralien enthalten bisweilen Kupfersalze adsorbiert. Folgende Mineralien sind nur derb bekannt, anscheinend aber keine Kolloide, sondern kristallisierte Körper: **Wardit**, PO$_4$ Al$_2$ [OH]$_3$. ½ H_2O, mit Gehalt an Na, Mg, Ca usw., die vielleicht nicht zur Formel gehören. **Vashegyit**, [PO$_4]_3$ Al$_4$ [OH]$_3$. 13½ H_2O. **Sphaerit**, dessen Zusammensetzung [PO$_4]_2$ Al$_5$ [OH]$_9$. 12 H_2O unsicher ist.

4. Gruppe (Basische Salze drei- und zweiwertiger Metalle).

$$a:b:c$$

Roscherit $[PO_4]_2[Al.OH](Fe, Mn, Ca)_2 . 2 H_2O$ Monoklin 0,94 : 1 : 088

$$\beta = 90^0\, 50'$$

$$a:b:c$$

Mazapilit $[As\, O_4]_4\, Fe_4\, [OH]_6\, Ca_3 . 3 H_2O$ Rhomb.-dipyr. 0,8616 : 1 : 0,9969

Childrenit $PO_4\, Al\, [OH]_2\, (Fe, Mn) . H_2O$ 　 » 　 » 　 0,7780 : 1 : 0,5258

Eosphorit $PO_4\, Al\, [OH]_2\, (Mn, Fe) . H_2O$ 　 » 　 » 　 0,777 　: 1 : 0,515

Anmerk. Diese beiden isomorphen Mineralien unterscheiden sich nur durch das Verhältnis Fe : Mn. Childrenit enthält auch etwas Ca anstelle von Fe und Mn. Mit Mazapilit ist vielleicht Arseniosiderit (S. 69) identisch.

Chalkosiderit $[PO_4]_4\, (Fe, Al)_2\, [Fe\, O]_4\, Cu . 9 H_2O$ Trikl.-pin.

$$a:b:c \qquad\quad \alpha \qquad\quad \beta \qquad\quad \gamma$$
$$0,7910 : 1 : 0,6051 \quad 92^0\, 58' \quad 93^0\, 30' \quad 107^0\, 41'$$

Türkis 　　　 $[PO_4]_4\, Al_2\, [Al\, O]_4\, (Cu, Fe) . 9 H_2O$ Trikl.-pin.
(Kalait)

Anmerk. Die Kristalle des Türkis gestatten keine genauen Messungen, sind aber mit Chalkosiderit völlig isomorph. 　　　　　　　 $a:b:c$

Lirokonit $[As\, O_4]_5\, Al_4\, Cu_9\, [OH]_{15} . 20 H_2O$ Monokl.-prism. 1,6809 : 1 : 1,3190
(Linsenerz) 　　　　　　　　　　　　　　　　　　　　　　　 $\beta = 91^0\, 27'$

Anmerk. Diese Formel ist unsicher. Kolloide sind folgende Mineralien: **Boryckit**, angeblich $[PO_4]_2\, Fe_4\, [OH]_6\, Ca . 3 H_2O$; vielleicht damit identisch ist der **Foucherit**, der $[PO_4]_6\, [(Fe, Al)\, 2\, OH]_{12}\, Ca_3 . 2 H_2O$ sein soll. **Chenevixit,** angeblich $[As\, O_4]_6\, [FeO]_2\, Cu_3 . 3 H_2O$. **Kehoeīt**, etwa $[PO_4]_6\, Al_8\, [OH]_{12}\, Zn_3 . 18 H_2O$. **Taranakit** enthält weniger $Al_2\, O_3$ und FeO sowie K_2O an Stelle des ZnO. **Yukonit**, etwa $[As\, O_4]_{10}\, Fe_{15}\, [OH]_{30}\, Ca_{10} . 25 H_2O$. Unvollkommen bekannte Kristalloide sind: **Kalzioferrit** $[PO_4]_4\, (Fe, Al)_3\, [OH]_3\, (Ca, Mg)_3 . 8 H_2O$; monoklin (?). **Coeruleit** $[AsO_4]_2\, [AlO]_4\, Cu . 8 H_2O$, vielleicht ein Kolloid. **Hitchcockit** ist vielleicht nur unreiner Plumbogummit (S. 70) und der Gehalt an Kohlensäure auf mechanische Beimengungen zurückzuführen (oder von dem möglicherweise kolloidalen Mineral adsorbiert). Nach Hartley ist seine Formel: $6 PO_4\, Al_3\, [OH]_6 . H_2O + 2 CO_3\, Pb . [PO_4]_2\, Pb_3$. **Odontolith** heißt der unechte, aus fossilen Knochen und Zähnen bestehende Türkis, ein Gemenge von $PO_4\, (Al, Fe)$, $[PO_4]_2\, Ca_3$, $CO_3\, Ca$ und $Ca . F_2$. Eine Verbindung mit einwertigen Metallen ist der **Palmerit**, vielleicht $[PO_4]_6\, Al_6\, [OH]_6\, K_2 . 18 H_2O$. Ferner gehören einige gut kristallisierte Pegmatitmineralien hierher, deren Formel aber nicht feststeht; vielleicht sind es zum Teil überbasische Phosphate. **Kreuzbergit (Pleysteinit)**, rhombisch-dipyr., a:b:c = 0,3938 : 1 : 0,5261, ist ein Phosphat von Aluminium, wenig Eisen, Mangan und Kalzium; der Gehalt an Wasser ist gering, ein solcher an Fluor zweifelhaft. **Phosphophyllit,** monoklin-prismat., a:b:c = 1,0381 : 1 : 1,7437, $\beta = 90^0\, 28'$, ist nach der einzigen, unsicheren Analyse ein Phosphat von Fe, Al, Mg, Ca und K mit ziemlich hohem Gehalt an H_2O; ein angegebener Gehalt an $H_2\, SO_4$ ist unsicher. Übrigens werden als Phosphophyllit wahrscheinlich mindestens zwei verschiedene Mineralien bezeichnet. **Phosphoferrit**, angeblich ein saures Phosphat von FeO mit wenig Ca, Mn und Al, mit einem unsicheren, geringen Gehalt an $H_2\, SO_4$, dient als Bezeichnung für mehrere verschiedene Mineralien, die nicht näher bekannt sind. **Lacroixit,** rhombisch, a:b:c = 0,796 : 1 : 1,568, vielleicht aber monoklin ist etwa $[PO_4]_3\, [AlO]_3\, [(Ca, Mn)\, (OH, F)]_4\, Na_4 . 2 H_2O$ oder auch $PO_4\, [AlO]\, [Ca\, OH]\, Na_2$.

5. Gruppe (Uranite oder Uranglimmer).

Diese Gruppe besteht aus Mineralien, die im Verhältnis der Polysymmetrie zueinander stehen, d. h. die tetragonalen Glieder sind in Wirklichkeit pseudotetragonal und aus submikroskopischen, rhombischen Lamellen aufgebaut; die rhombischen Kristalle ihrerseits unterscheiden sich nur sehr wenig von tetragonalen. Im Sinne Werners liegen Einlagerungsverbindungen mit 4 Mol. H_2O vor mit der Konstitution: $[(UO_2) (OH_2)_4] PO_4 - R'' - PO_4 [(UO_2) (OH_2)_4]$.

Torbernit $[PO_4]_2 [UO_2]_2 Cu . 8 H_2O$ Ditetrag.-dipyr. $a:c$ $1 : 2,9361$
(Kupferuranit)

Zeunerit $[As O_4]_2 [UO_2]_2 Cu . 8 H_2O$ »   » $1 : 2,9125$

Autunit $[PO_4]_2 [UO_2]_2 Ca . 8 H_2O$ Rhombisch-dipyr. $a:b:c$ $0,9875 : 1 : 2,8517$
(Kalkuranit)

Uranospinit $[As O_4]_2 [UO_2]_2 Ca . 8 H_2O$ »   » $1 ca. : 1 : 2,9136$

Uranocircit $[PO_4]_2 [UO_2]_2 Ba . 8 H_2O$ »   »   ?
(Bariumuranit)

Anmerk. **Fritzscheït** ist ein angeblich Phosphorsäure, Vanadinsäure, Uran, Mangan und Wasser enthaltender Uranglimmer. **Bassetit** soll eine monokline Modifikation des Autunits sein.

6. Gruppe.

Hier sind einige wasserhaltige basische Wismut- und Uranylsalze vereinigt, deren Formel meist nicht sicher ist und die auch kristallographisch zum Teil unvollständig bekannt sind. Zur vorhergehenden Gruppe zeigen sie keine Beziehungen.

Rhagit $[As O_4]_6 Bi [Bi O]_9 . 8 H_2O$ Kristallform?

Anmerk. Das Mineral ist vielleicht amorph, die Formel unsicher.

Mixit $[As O_4]_5 Bi Cu_{10} [OH]_8 . 7 H_2O$ Rhombisch

Walpurgin $As_4 O_{28} Bi_{10} [UO_2]_3 . 10 H_2O$ Triklin-pin. $a:b:c$ $0,6862 : 1 : ?$
$\alpha = 70^0 44' \quad \beta = 114^0 8' \quad \gamma = 85^0 30'$

Phosphuranylit $[PO_4]_2 [UO_2]_3 . 6 H_2O$ Kristallform?

Anmerk. Diese Formel ist nicht ganz sicher.

Trögerit $[As O_4]_2 [UO_2]_3 . 12 H_2O$ Tetragonal $a:c$ $1 : 2,16$

Anmerk. **Uvanit**, $V_6 O_{21} U_2 . 15 H_2O$, ist wohl als Uranylsalz der Hexavanadinsäure $V_6 O_{17} H_4$ aufzufassen (vgl. Hewettit, S. 73) und die Formel $V_6 O_{17} [UO_2] . 15 H_2O$ zu schreiben; Kristallsystem rhombisch. **Tjujamunit** soll $[VO_4]_2 [UO_2]_2 Ca . 4 H_2O$ sein; vielleicht ist er mit Ferghanit (S. 74) identisch. **Carnotit**, angeblich $VO_4 [UO_2] K . 1\frac{1}{2} H_2O$, ist jedenfalls nicht einheitlich. Ihm nahe steht wahrscheinlich der **Vesbit**.

E. Wasserhaltige Verbindungen von Phosphaten und Arseniaten mit Karbonaten, Sulfaten und Boraten.

1. Gruppe.

Die folgenden Mineralien sind mit Apatit nahe verwandt und vielleicht nur Zersetzungsprodukte desselben mit sekundärem Gehalt an CO_2 und H_2O oder mit Karbonatapatit identisch.

Dahllit $CO_3 [PO_4]_4 Ca_7 . \frac{1}{2} H_2O$ Hexagonal (?)

Anmerk. Die Formel ist nicht ganz sicher; der Wassergehalt scheint zu schwanken. **Podolit** soll $CO_3 [PO_4]_6 Ca_{10}$ mit wechselndem Gehalt an Wasser sein, vielleicht ist er mit Dahllit identisch.

Staffelit $CO_3 [PO_4]_6 Ca_9 [Ca F]_2 . H_2O$ Hexagonal.

Anmerk. **Francolith** ist die faserige Abart des Staffelits; der in einem Meteoriten beobachtete **Merrilit** unterscheidet sich davon nur durch etwas abweichende optische Eigenschaften. **Kollophan** ist anscheinend kolloidaler Podolit mit höherem (adsorbiertem) Wassergehalt. **Fluokollophan** ist ein Kolloid, bestehend aus $[PO_4]_2 Ca_3$, $CO_3 Ca$, dem fluorhaltigen Bestandteil $[PO_4]_6 Ca_8 [CaF]_2$ und H_2O. **Hitchcockit** (S. 70) ist wahrscheinlich nur ein Phosphat und der Gehalt an Kohlensäure auf mechanische Beimengungen zurückzuführen. **Rivotit**, angeblich eine Verbindung von Antimonsäure, Kohlensäure und Kupfer, ist ein Gemenge.

2. Gruppe.

a : b : c

Lossenit $[SO_4] [As O_4]_6 [Fe.OH]_9$ Pb.12 H_2O Rhomb.-dip. 0,843 : 1 : 0,945

Lindackerit $[SO_4] [As O_4]_4 Cu_6 Ni_3 [OH]_4 . 5 H_2O$ »   ?

Pittcit $[SO_4]_3 [(As, P) O_4]_{10} Fe_{20} [OH]_{24} . 9 H_2O$ Amorph.
(Arseneisensinter)

Anmerk. Da Pittcit ein kolloidales Ferriarseniat ist, das stets Schwefelsäure, manchmal auch Phosphorsäure, adsorbiert enthält, schwanken die Analysenergebnisse naturgemäß. **Ganomatit (Gänsekötigerz)** scheint ebenfalls ein kolloidales Ferriarseniat zu sein, das zum Teil Antimonsäure in Adsorption enthält. **Phosphoreisensinter** ist ein Kolloid, das aus Phosphorsäure, Schwefelsäure, Eisenoxyd und Wasser besteht; eine Analyse ergab 5 PO_4 Fe . $[SO_4]_3 Fe_2$. 3 H_2O, also ein Ferriphosphat mit Schwefelsäure in Adsorption. Vielleicht gehören auch einige der als Phosphophillit und Phosphoferrit bezeichneten Mineralien hierher (vgl. S. 78).

3. Gruppe.

Lüneburgit $P_{16} B_{14} O_{21} . 45 H_2O$ Hexagonal.

Anmerk. Nach Biltz und Marcus hat der Lüneburgit die Zusammensetzung $[PO_4]_2 Mg_3 . 1,77 [H_3 BO_3] . 6 H_2O$.

F. Wasserhaltige Verbindungen von Sulfoxoarseniaten und Karbonaten.

1. Gruppe.

Die Zusammensetzung und Kristallisation des folgenden Minerals wurde von F. Müller und H. Steinmetz sichergestellt.

Tirolit $CO_3 (Cu, Ca)_2 [As (O, S)_4 [Cu O H]_2]_2$ Hexagonal.
(Kupferschaum)

IX. Klasse.

Silikate, Titanate, Zirkoniate, Thorate, Stannate.

A. Basische Silikate.

1. Gruppe (Überbasische Silikate).

Die folgenden Mineralien sind entweder Verbindungen von Silikaten mit Aluminaten und Boraten oder wahrscheinlicher Salze komklexer Alumo- bzw. Borokieselsäuren. Da eine sichere Entscheidung nicht möglich ist, sind nur die empirischen Formeln gegeben.

$$a:b:c \qquad \beta$$

Sapphirin $Si_2 O_{27} Al_{12} (Mg, Fe)_5$ Monoklin $0,65 : 1 : 0,93 \quad 100^0\ 30'$

Anmerk. **Grandidierit** soll $Si_7 O_{56} (Al, Fe)_{22} (Mg, Fe, Ca)_7 (Na, K, H)_4$ sein. **Bityit**, pseudohexagonal, ist vielleicht $Si_5 O_{29} Al_8 (Ca, Be) Li_5$.

$$a:b:c$$

Prismatin $Si_7 O_{40} Al_{12} Mg_6 Na H_3$ Rhomb.-dipyr. $0,8622 : 1 : 0,4345$

Kornerupin $Si_7 O_{40} Al_{12} Mg_7 H_2$ » ?

Anmerk. Folgende Mineralien sind wohl komplexe Borosilikate, aber nur unvollkommen bekannt: **Serendibit**, $Si_6 B_2 O_{40} (Fe, Ca, Mg)_{10} Al_{10}$, monoklin oder triklin; **Cappelenit**, angenähert $Si_3 B_6 O_{25} Y_6 Ba$, hexagonal, $a : c = 1 : 1,2903$, und die mit diesem nah verwandten Mineralien **Melanocerit** (trigonal, $\alpha = 89^0 3'$, $a : c = 1 : 1,2554$), **Karyocerit** (trigonal $\alpha = 110^0 4'$, $a : c = 1 : 1,1845$) und **Tritomit** (trigonal?), die als Basen vorwiegend Cermetalle und Ca enthalten, während ein Teil des Bors anscheinend durch Th, Ce, F und Ta ersetzt ist. **Howlith** (rhombisch?) ist $Si B_5 O_9 [OH]_5 Ca_2$. Ein hierher gehöriges Borotitanat ist der **Warwickit** oder **Enceladit**, $Ti B_2 O_6 (Mg, Fe)_4$ oder $Ti B_2 O_8 (Mg, Fe)_3$, Kristallsystem unbekannt. Endlich kann man die Borostannate **Hulsit**, **Paigeit** und **Nordenskiöldin** (S. 60) auch hierher stellen; letzterer hat die Formel $Sn B_2 O_6 Ca$, die sich auch als Borat $[BO_3]_2 Sn Ca$ oder basisches Orthostannat $Sn O_4 [BO]_2 Ca$ deuten läßt; er ist trigonal ($\alpha = 102^0 58'$, $a : c = 1 : 0,8221$).

2. Gruppe (Sauerstoffverhältnis ungefähr 2 : 1).

Faßt man die folgenden Verbindungen als basische Orthosilikate auf, so ergeben sich die Konstitutionsformeln:

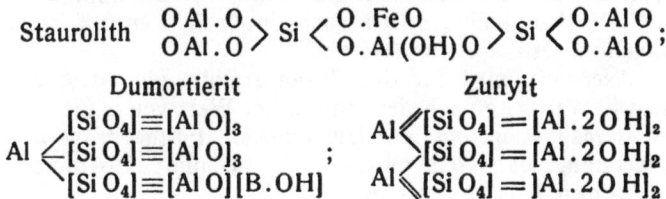

$$\text{Staurolith} \quad \begin{matrix} O\,Al\,.\,O \\ O\,Al\,.\,O \end{matrix} > Si < \begin{matrix} O\,.\,Fe\,O \\ O\,.\,Al\,(OH)\,O \end{matrix} > Si < \begin{matrix} O\,.\,Al\,O \\ O\,.\,Al\,O \end{matrix} ;$$

Dumortierit   Zunyit

$$Al < \begin{matrix} [Si\,O_4] \equiv [Al\,O]_3 \\ [Si\,O_4] \equiv [Al\,O]_3 \\ [Si\,O_4] \equiv [Al\,O][B\,.\,OH] \end{matrix} \quad ; \qquad Al < \begin{matrix} [Si\,O_4] = [Al\,.\,2\,O\,H]_2 \\ [Si\,O_4] = [Al\,.\,2\,O\,H]_2 \\ [Si\,O_4] =]Al\,.\,2\,O\,H]_2 \end{matrix}$$

$$a:b:c$$

Staurolith $Si_2 O_{13} Al_5 Fe'' H$ Rhomb.-dipyramidal $0,4734:1:0,6820$

Anmerk. **Xantholith** ist ein unreiner, **Nordmarkit** ein etwas Mangan enthaltender Staurolith.

$$a:b:c$$

Dumortierit $Si_4 O_{20} B Al_8 H$ Rhombisch $0,890:1:0,687$

Anmerk. Diese Formel entspricht den Analysen von Ford und Schaller.

Zunyit $Si_3 O_{12} Al_8 (OH, F, Cl)_{12}$ Kubisch-hexakistetraëdrisch

Anmerk. Die Formel ist nicht ganz sicher. **Colerainit,** hexagonal, ist angeblich $Si O_8 Al Mg_2 H_5$.

3. Gruppe (Turmalingruppe).

Unter dem Namen „Turmalin" wird eine Gruppe von Mineralien zusammengefaßt, deren komplizierte chemische Verhältnisse namentlich durch die Untersuchungen von Penfield und Wülfing ziemlich geklärt sind. Demnach liegen isomorphe Mischungsreihen vor, deren Endglieder sich alle auf die Säure $Si_4 O_{21} B_2 Al_3 H_{11}$, bzw. das Dreifache derselben zurückführen lassen, für die Penfield folgende Konstitutionsformel gibt:

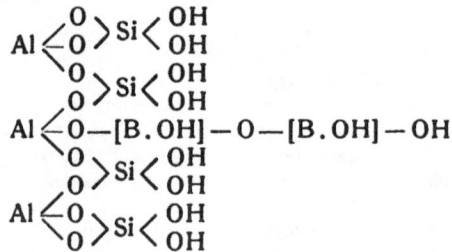

$$Al \underset{\diagdown O}{\overset{O \diagup}{\lessgtr}} Si \underset{\diagdown OH}{\overset{OH \diagup}{\lessgtr}}$$
$$\underset{\diagdown O}{\overset{O \diagup}{\lessgtr}} Si \underset{\diagdown OH}{\overset{OH \diagup}{\lessgtr}}$$
$$Al \underset{\diagdown O}{\overset{O \diagup}{\lessgtr}} O-[B . OH]-O-[B . OH]-OH$$
$$\underset{\diagdown O}{\overset{O \diagup}{\lessgtr}} Si \underset{\diagdown OH}{\overset{OH \diagup}{\lessgtr}}$$
$$Al \underset{\diagdown O}{\overset{O \diagup}{\lessgtr}} Si \underset{\diagdown OH}{\overset{OH \diagup}{\lessgtr}}$$

Diese Säure ist als Derivat der Orthokieselsäure oder besser als komplexe Alumoborokieselsäure aufzufassen. Wülfing wies als wahrscheinlichste Endglieder der einzelnen Mischungsreihen folgende nach:

Alkaliturmalin	$Si_{12} B_6 Al_{16} R_4' H_8 O_{63}$
Magnesiaturmalin	$Si_{12} B_6 Al_{10} Mg_{12} H_6 O_{63}$
Eisenturmalin	$Si_{12} B_6 Al_{12} Fe_8'' H_8 O_{63}$

lauter Salze vom dreifachen Molekül der obengenannten Säure.

Als Alkalien treten besonders Na und Li auf, weniger K, als Vertreter von Mg und Fe" kommen Mn" und Ca vor, während Al zum Teil durch Fe'" und Ti'", selten auch durch Cr'" ersetzt ist; endlich tritt manchmal etwas F für OH ein.

Der Axenwert wird für den Eisenturmalin von St. Andreasberg gegeben; wie Wülfing nachwies, nimmt der Wert von α mit sinkendem Eisen- und Magnesiagehalt zu. Die folgende Formel trägt dem Umstand Rechnung, daß stets mindestens 3 Al- und 2 H-Atome in dem Penfieldschen Molekül vorhanden sind.

Turmalin$[SiO_4]_4 Al_2[Al\,O.(B.OH).O.(B.OH)]O(\tfrac{1}{3}Al,\tfrac{1}{3}Mg,\tfrac{1}{3}Fe,Li,Ma,H)_9$
Ditrigonal-pyram. $\alpha = 113^0 50'$ (a:c$= 1:0,4523$)

Anmerk. Chrom findet sich im **Chromturmalin**. Der eisenreichste (schwarze) Turmalin heißt **Schörl**; im **Lithiumturmalin (Rubellit)** bildet Li einen wesentlichen Bestandteil; der Rubellit von Madagaskar enthält kein Fe", aber viel Li, Ca und H und läßt sich vorläufig nicht als Mischung der drei obigen Glieder erklären, doch sind die Verhältnisse noch unsicher.

4. Gruppe.

Diese Gruppe enthält Mineralien mit der Formel SiO_5Al_2, von denen Andalusit und Sillimanit in der Regel als dimorphe basische Orthosilikate, Disthen als basisches Metasilikat betrachtet wird; es ist aber wahrscheinlich, daß Anhydride von komplexen Alumokieselsäuren vorliegen.

			a:b:c
Andalusit (Chiastolith)	$Si\,O_4\,Al\,[Al\,O]$	Rhombisch-dipyram.	0,9861 : 1 : 0,7025
Sillimanit (Fibrolith)		» »	0,9696 : 1 : 0,7046

Anmerk. **Manganandalusit** enthält einige Prozent Mn_2O_3. **Viridin**, ein rhombisches Mineral mit beinahe rechtem Prismenwinkel, ist trotz abweichenden optischen Verhaltens wahrscheinlich nur ein Titan und Eisen enthaltender Andalusit. **Westanit** ist ein etwas zersetzter Andalusit. **Faserkiesel, Bucholzit, Monrolith, Bamlit, Xenolith** und **Wörthit** wurden Abarten von Sillimanit genannt.

	a:b:c	α	β	γ
Disthen $Si\,O_3[Al\,O]_2$ Trikl.-pin. (Cyanit, Rhätizit)	0,8994 : 1 : 0,7090	$90^0 5\tfrac{1}{2}'$	$101^0 2'$	$105^0 44\tfrac{1}{2}'$

5. Gruppe.

Das folgende Mineral hat die empirische Formel $SiO_4Al_2(F,OH)_2$, die sich als basisches Orthosilikat $SiO_4[Al(F,OH)]_2$ oder als Metasilikat $SiO_4Al[Al(F,OH)_2]$ deuten läßt; welche vorzuziehen ist, kann man vorläufig nicht entscheiden. Fluor herrscht stets stark gegen Hydroxyl vor.

		a:b:c
Topas $Si\,O_4\,Al_2(F,OH)_2$ (Pyknit, Pyrophysalit)	Rhomb.-dipyram.	0,5281 : 1 : 0,9542

Anmerk. Das Axenverhältnis ist das der an Fluor reichsten Abarten; mit der Zunahme von OH wird a größer und c kleiner.

6. Gruppe.

Beckelith $[(Si, Zr)O_4]_3\,[(Ce, La, Dy)O]_3\,(Ce, La, Dy)Ca_3$ Kubisch

Anmerk. Etwas Ce ist durch Y und Er ersetzt. Das Mineral unterscheidet sich nur dadurch von der Granatgruppe (S. 92), daß ein R''' durch 3 [R'''O] ersetzt ist; dieser Beziehung entspricht das kubische Kristallsystem.

7. Gruppe.

Hier sind monokline Mineralien zusammengefaßt, die eigentlich zwei Reihen mit der Konstitution $SiO_4R''[R'''.OH]$ und $[SiO_4.R''.OR''']$-R''-$[SiO_4.R''.R'''O]$ bilden, deren Glieder aber einander kristallographisch

6*

zum Teil so sehr gleichen, daß man sie als isomorph betrachten muß;
das ist der Fall bei Datolith und Homilit. Der Gadolinit zeigt nahe
kristallographische Verwandtschaft damit, doch muß bei rationaler
Wahl der Indizes die c-Achse verdoppelt werden. Euklas dagegen
zeigt keine näheren Beziehungen in seinen Formen zu den genannten
Verbindungen.

				a:b:c	β
Euklas	$Si\,O_4\,Be\,[Al.\,OH]$	Monokl.-prismat.		0,3237:1:0,3332	100° 16'
Datolith (Bothryolith)	$Si\,O_4\,Ca\,[B.\,OH]$	»	»	0,6329:1:0,6345	90° 9'
Homilit	$[Si\,O_4\,Ca.\,BO.]_2\,Fe$	»	»	0,6245:1:0,6418	90° 22'
Gadolinit	$[Si\,O_4\,Be.\,YO]_2\,Fe$	»	»	0,6273:1:1,3215	90° 33½'

Anmerk. **Erdmannit** ist vielleicht ein Umwandlungsprodukt von Homilit;
er enthält neben SiO_2 auch ThO_2 und ZrO_2, neben Bor noch Cermetalle.
Mit dem gleichen Namen wurden aber auch ähnliche Zersetzungsprodukte
anderer Mineralien bezeichnet.

8. Gruppe.

Von den folgenden Mineralien ist der Gehlenit am einfachsten
als basisches Orthosilikat aufzufassen (analog dem Homilit und Gadolinit); der mit ihm isomorphe Melilith ist eine Mischung oder feste
Lösung von Gehlenit mit der von Vogt Åkermanit genannten Verbindung, die nach Ferguson und Buddington die Zusammensetzung
$Si_2\,O_7\,Mg\,Ca_2$ hat, also einem intermediären Silikat entspricht. Frei
wurde sie in der Natur noch nicht beobachtet.

			a:c
Gehlenit	$[Si\,O_4\,Ca.\,Al\,O]_2\,(Ca,\,Mg,\,Fe)$	Ditetrag.-dipyr.	1:0,4006
Melilith (Humboldtilith)	$\left\{ \begin{array}{l} [Si\,O_4\,Ca.\,Al\,O]_2\,(Ca,\,Mg,\,Fe) \\ Si_2\,O_7\,Mg\,Ca_2 \end{array} \right\}$ »		1:0,4548

Anmerk. Im Melilith sind meist kleine Mengen von Alkalien und
Eisenoxyd vorhanden; **Natronmelilith** enthält viel Na an Stelle von Ca.
Velardeñit wurde eine künstlich dargestellte Verbindung $Si\,O_7\,Al_2\,Ca_2$ genannt, die ein Melilithvorkommen zu $80^0/_0$ zusammensetzen soll. **Fuggerit**
gleicht chemisch dem Melilith, weicht aber in seinen optischen Eigenschaften stark ab. Der kubische **Plazolith** ist $[Si\,O_4\,Ca.\,Al.\,2\,OH]_2\,Ca$ mit
einem geringen Gehalt an CO_2, das vielleicht einen Teil des $Si\,O_2$ ersetzt.

9. Gruppe.

Die folgenden Mineralien mit der empirischen Zusammensetzung
$Si_2\,O_{10}\,Al_2\,R''H_4$ geben erst bei Rotglut Wasser ab. Man kann sie daher
als basische Metasilikate betrachten mit der Konstitution:

$$[OH]_2\,Al\,.\,(SiO_3)\,.\,R''\,.\,(SiO_3)\,.\,Al\,[OH]_2.$$

				a:b:c
Hibschit	$\left. \begin{array}{l} \\ \\ \end{array} \right\}[Si\,O_3]_2\,Ca\,[Al.\,2\,OH]_2$	Dimorph	$\left\{ \begin{array}{l} Kubisch \\ Rhomb.\text{-}dipyr. \end{array} \right.$	
Lawsonit				0,6652:1:0,7385
Karpholith	$[Si\,O_3]_2\,Mn\,[Al.\,2\,OH]_2$	Monoklin		

Anmerk. Etwas Al ist durch Fe''' ersetzt, ein Teil des Mn'' durch Fe''.

10. Gruppe.

Das Wasser der folgenden Mineralien ist Konstitutionswasser, weshalb sie als basische Orthosilikate zu betrachten sind.

$$a:b:c \qquad \beta$$

Hodgkinsonit $SiO_4 Mn[Zn.OH]_2$ Monokl.-prism. $1,538:1:1,108$ $95^0 25'$

Molybdophyllit $SiO_4(Mg, Pb) [(Mg, Pb)OH]_2$ Trigonal

Anmerk. Da das Verhältnis Mg : Pb sehr angenähert 1 : 1 ist und eine isomorphe Vertretung von Mg und Pb noch nicht beobachtet wurde, handelt es sich wahrscheinlich um eine Verbindung mit Mg und Pb im festen Verhältnis 1 : 1.

11. Gruppe (Humitgruppe.)

Das einfachste Glied dieser Gruppe, der Prolektit, hat die Konstitution $SiO_4 Mg [Mg(F,OH)]_2$, während bei jedem der drei folgenden Mineralien das Molekül um $SiO_4 Mg_2$ größer wird. Diese Verwandtschaft zum Olivin (s. S. 89) kommt auch in der Kristallform zum Ausdruck: vertauscht man beim Olivin die Achsen a und b und verdoppelt a und c (wie es früher allgemein geschah), so ergibt sich $a : b : c = 1,0733 : 1 : 2 \times 0,6297$; in der Humitgruppe bleiben a und b gleich, während c so oft mal 0,6297 wird, als Mg-Atome im Molekül vorhanden sind (wie beim Olivin). Gegenüber dem rhombischen Kristallsystem des Olivins sind Prolektit, Chondrodit und Klinohumit monoklin, aber mit großer Annäherung an rhombische Symmetrie, wie sie beim Humit beobachtet wurde (es handelt sich hier aber wahrscheinlich nur um eine pseudorhombische Zwillingsbildung).

Prolektit $[SiO_4] Mg [Mg(F, OH)]_2$ Monokl.-prismat.

$$a:b:c \qquad \beta$$
$$1,0803:1:3 \times 0,6287 \quad 90^0 0'$$

Chondrodit $[SiO_4]_2 Mg_3 [Mg(F, OH)]_2$ Monokl.-prismat.

$$1,0863:1:5 \times 0,6289 \quad 90^0 0'$$

Humit $[SiO_4]_3 Mg_5 [Mg(F, OH)]_2$ Rhomb.-dipyr. (?)

$$1,0802:1:7 \times 0.6329$$

Klinohumit $[SiO_4]_4 Mg_7 [Mg(F, OH)]_2$ Monokl.-prismat.

$$1,0803:1:9 \times 0,6288 \quad 90^0 0'$$

Anmerk. Prolektit wurde noch nicht quantitativ analysiert. Berylliumhumit enthält 1% Be und kein Fluor; letzteres fehlt auch manchmal sonst im Humit. Titanklinohumit oder Titanhydroklinohumit ist eine bisher fälschlich Titanolivin genannte Abart mit etwas Ti, bisweilen Be, aber ohne Fluor.

Ferner gehört ein Mineral hierher, das kristallographisch ganz abweicht, aber seiner Zusammensetzung nach als fluorfreier Manganhumit zu betrachten ist.

Leukophönizit $[SiO_4]_3 Mn_5 [Mn.OH]_2$ Monoklin-prismat.

$$a:b:c \qquad \beta$$
$$1,1045:1:2,3135 \quad 103^0 16'$$

12. Gruppe.

Hier sind einige noch nicht ganz sichere Mineralien mit verschiedenem, aber nahezu gleichem Sauerstoffverhältnis vereinigt, die in keiner näheren Beziehung zueinander oder zu anderen Körpern zu stehen scheinen.

$$a:b:c \qquad \beta$$

Hellandit $[SiO_4]_4 [AlO]_3 Al_3 Ca_2$ Monokl.-prism. $2,0646:1:2,1507$ 109^0 $45'$

Anmerk. Al ist großenteils durch Y, Er, Mn und Fe ersetzt. Der hexagonale (?) **Angaralith** soll $[SiO_4]_6 [AlO]_5 (Al, Fe)_5 (Ca, Mg)_2$ sein. Der rhombische (?) **Cebollit** ist wahrscheinlich $[SiO_4]_3 (Ca, Mg)_5 [(Al, Fe) 2 OH]_2$. Nur zweiwertige Metalle enthält der seiner Kristallform nach unbekannte **Gageit**, vielleicht $[SiO_4]_3 (Mn, Mg, Zn)_4 [Mn OH]_4$.

13. Gruppe.

Die beiden folgenden Mineralien sind unzweifelhaft isomorph und nie ganz rein, sondern enthalten stets die andere Verbindung in geringer Menge beigemischt.

$$a:b:c$$

Kentrolith $Si_2 O_7 [Mn O]_2 Pb_2$ Rhomb.-dipyr. $0,6328:1:0,8988$

Melanotekit $Si_2 O_7 [Fe O]_2 Fb_2$ »   » $0,6338:1:0,9126$

14. Gruppe.

$$a:b:c$$

Lievrit $[SiO_4]_2 [Fe''' . OH] (Fe'', Mň'')_2 Ca$ Rhomb.-dipyr. $0,6620:1:0,4390$
(Ilvait)

Anmerk. Obiges Achsenverhältnis gilt für den Lievrit von Elba, in dem nur ganz wenig FeO durch MnO ersetzt ist; mit steigendem Gehalt an Mn werden die Werte von a und c größer. **Breislakit** ist ein feinfaseriger Lievrit. **Chlorastrolith** ist vielleicht $SiO_4 [(Al, Fe) OH] (Ca, Fe, Na_2)$, wenn man annimmt, daß ein Teil des Eisens als Oxydul vorliegt (was bei der Analyse nicht nachgeprüft wurde); möglicherweise ist er aber nur ein unreiner Prehnit.

15. Gruppe.

Die folgenden Mineralien müssen aufgefaßt werden als Salze, abgeleitet von 3 Mol. $SiO_4 H_4$, in denen 10 H durch 5 R'' und 2 H durch die zweiwertige Gruppe -R-S-R- ersetzt sind.

Helvin $[SiO_4]_3 (Mn, Be, Fe)_7 S$ Kubisch-hexakistetraëdrisch

Danalith $[SiO_4]_3 (Fe, Zn, Be, Mn)_7 S$ »   »

16. Gruppe (Epidotgruppe).

Die folgenden Mineralien haben etwa die folgende Konstitution: $[Ca SiO_4]_2 \equiv Al_2 = [SiO_4 (Al . OH)]$ und sind zum Teil monoklin, zum Teil infolge polysymmetrischer Zwillingsbildung pseudorhombisch.

$$a:b:c$$

Zoisit $[SiO_4]_3 Al_2 [Al . OH] Ca_2$ Pseudorhomb.-dipyr. $2,9158:1:1,7900$
(Unionit)

Klinozoisit $[SiO_4]_3 Al_2 [Al . OH] Ca_2$ } Monokl.-

Epidot $[SiO_4]_3 (Al, Fe)_2 [Al . OH] Ca_2$ } prism. } $2,8914:1:1,8057$ 98^0 $57'$
(Pistazit)

$a:b:c \qquad \beta$

Hancockit $[SiO_4]_3(Al,Fe)_2[(Al,Fe)OH](Ca,Pb,Sr,Mn)_2$ Monokl.-prism. (?)

Piemontit $[SiO_4]_3(Mn,Al)_2[Al\cdot OH]Ca_2$ Monokl.-prism.

(Manganepidot)   2,9451 : 1 : 1,8326   92° 52′

Orthit $[SiO_4]_3(Al,Ce,Fe)_2[Al.OH]Ca_2$ Monokl.-prism.

(Allanit)   2,8473 : 1 : 1,7684   99° 14′

Anmerk. Auch Zoisit und Klinozoisit enthalten etwas Fe‴, außerdem alle Glieder der Reihe geringe Mengen von Fe″ für Ca. Grüne Zoisite enthalten etwas Cr; **Tawmawit** ist ein Epidot mit über 10% Chromoxyd. **Thulit** ist teils roter Zoisit mit einigen Prozent Mn‴, teils roter Epidot mit etwas Mn″ für Ca; auch der Piemontit enthält eine kleine Menge Mn″ sowie Fe‴. **Withamit** ist ein roter, Mn enthaltender Epidot. **Fouquéit** ist wahrscheinlich mit Klinozoisit identisch. Als **Bucklandit** wurden Abarten sowohl von Epidot wie auch von Orthit beschrieben. **Pikro-Epidot,** mit Epidot völlig isomorph, enthält nach qualitativer Prüfung SiO_2, Al_2O_3, MgO und nur Spuren von CaO. **Pyrorthit** und **Bodenit** sind wahrscheinlich nur unreine Abarten von Orthit.

Vielleicht zur Epidotgruppe gehören folgende seltene Mineralien: **Mosandrit,** monoklin, $Si_{12}O_{48}(Ti,Zr,Ce,Th)_4(OH,F)_3(Ce,Y)Ca_{10}Na_2H_{12}$; **Johnstrupit,** mit dem vorigen isomorph, $Si_{12}O_{48}(Ti,Zr)_3F_6(Ce,Y,Al,Fe)F(Ca,Mg)_{13}Na_6H_2$; **Rinkit,** in seiner Kristallform den vorigen sehr nahestehend, ist vielleicht $Si_{12}O_{48}[TiF_2]_4Ce_3Ca_{11}Na_9$; **Lotrit** soll $[SiO_4]_4(Al,Fe)_2[(Al,Fe)OH]_2(Ca,Mg)_3\cdot H_2O$ sein, doch ist möglicherweise der Wassergehalt teilweise sekundär und das Mineral mit der Epidotgruppe verwandt. Nur derb bekannt ist der **Ginilsit,** vielleicht $Si_7O_{30}(Fe,Al)_4(Ca,Mg)_8H_4$.

17. Gruppe.

Der Vesuvian ist ein äußerst kompliziert zusammengesetztes Silikat, für das sich eine sichere Formel nicht angeben läßt. Die im Text entspricht der Auffassung Weibulls, bei der aber zahlreiche isomorphe Vertretungen anzunehmen sind.

                                                  a:c

Vesuvian $[SiO_4]_5[Al(OH,F)]Al_2Ca_6$ Ditetrag.-dipyr. 1:0,5372

(Idokras)

Anmerk. Etwas Al ist durch Fe und auch durch B vertreten. Der sechste Teil des Ca ist ersetzt durch Mg, Fe, Mn, Na_2, K_2, Li_2 und H_2 in wechselndem Verhältnis, so daß man als vollkommenste Formel folgende erhält: $[SiO_5]_5Al_2[(Al,Fe,B)(OH,F)]Ca_5(Mg,Fe,Mn,Na_2,K_2,Li_2,H_2)$. Dabei ist nur eine geringe Menge von Ti unberücksichtigt gelassen, das wohl zum Teil für Si eintritt, möglicherweise aber auch zum Teil dreiwertig vorliegt. Nach Jannasch ist die Formel $Si_4O_{17}Al_2Ca_5(H,F)_2$ bzw. $Si_4O_{15}[Al(OH,F)]_2Ca_5$, ein Salz der Tetrakieselsäure $Si_4O_{15}H_{14} = 4[SiO_4H_4] - H_2O$, oder einfacher, wenn man die Alkalien zu den zweiwertigen Radikalen rechnet, $Si_2O_7[Al.OH]Ca_2$; dieser Formel zufolge müßte das Mineral zu den intermediären Silikaten gerechnet werden. Für die Abart **Wiluit** gibt Jannasch folgende Formel an: $(Si,Ti)_8O_{33}(Al,B,Fe)_4(Ca,Mg,Fe,Mn,Na_2)_{10}(H,F)_2$. **Manganvesuvian (Manganidokras)** enthält kleine Mengen von MnO.

18. Gruppe.

Die Mineralien dieser Gruppe lassen sich am einfachsten auffassen als basische bzw. Halogen enthaltende Salze der Diorthokieselsäure $Si_2O_7H_4$. Beim Ganomalith und Nasonit ist das Sauerstoffverhältnis allerdings kleiner als 1 : 1, weshalb man diese Verbindungen auch zu den intermediären Silikaten stellen könnte.

$$a:b:c$$

Bertrandit $Si_2 O_7 Be_2 [Be.OH]_2$ Rhomb.-dipyr. 0,5973:1:0,5686

Ganomalith $[Si_2 O_7]_3 Ca_4 Pb_4 [Pb.OH]_2$ Hexagonal $\qquad a:c$

Nasonit $[Si_2 O_7]_3 Ca_4 Pb_4 [Pb Cl]_2$ » 1:1,3167

Anmerk. Im Ganomalith ist etwas Ca durch Mn ersetzt. Nach Sjögren ist er tetragonal (a : c = 1 : 0,707), doch beobachtete Zenzén neuerdings daran hexagonale Spaltbarkeit.

19. Gruppe.

Die folgenden Mineralien geben ihr Wasser erst bei hoher Temperatur ab, so daß sie nur die Konstitution von basischen Metasilikaten besitzen können.

Custerit $Si O_3 [Ca (OH, F)]_2$ Monoklin

Anmerk. **Cuspidin,** monoklin, $a : b : c = 0,72 : 1 : 1,94$; $\beta = 90\frac{1}{2}'$, unterscheidet sich sehr wenig von Custerit, enthält jedoch möglicherweise kein Hydroxyl. **Hillebrandit** ist vielleicht $SiO_3 [Ca.OH]_2$ und kristallisiert rhombisch.

$$a:b:c$$

Klinoëdrit $Si O_3 [Ca.OH] [Zn.OH]$ Monoklin-dom. 0,6826:1:0,3226

$$\beta = 103^0\ 56'$$

Calamin $Si O_3 [Zn.OH]_2$ Rhomb.-pyr. 0,7835:1:0,4778
(Kieselzinkerz, Hemimorphit)

Anmerk. Nach Zambonini ist im Calamin die Hälfte des Wassers gelöst vorhanden und die Formel $Si_2 O_7 Zn_2 [Zn.OH]_2 + H_2O$. **Moresnetit** und **Vanuxemit** sind Gemenge von Calamin und Ton.

20. Gruppe.

Das folgende Mineral hat zwar ein niedrigeres Sauerstoffverhältnis als 1 : 1, ist aber am besten hier unterzubringen.

$$a:b:c$$

Cerit $[Si O_3]_3 Ce [OH]_3 [Ce O] (Ca, Fe)$ Rhomb.-dipyr. 0,9988:1:0,8127

Anmerk. **Kainosit** (rhombisch, a : b : c = 0,9517 : 1 : 0,8832) ist nach der einzigen, ungenauen Analyse vielleicht die entsprechende Yttriumverbindung. Der rhombische (?) **Taramellit** ist nach Tacconi wahrscheinlich $[SiO_3]_{10} Fe'''_3 [FeO] Fe'' Ba_4$ mit geringem Gehalt an Ti, Al, Mn und Mg.

21. Gruppe.

Auch das folgende Mineral ist als schwach basisches Metasilikat aufzufassen, das den neutralen Metasilikaten in seiner Zusammensetzung schon sehr nahe steht.

Hiortdahlit $[(Si, Zn) O_3]_4 [Ca (F, OH)] Ca_3 Na$ Triklin-pseudorhombisch
(Guarinit)

$$a:b:c$$
$$0,9927:1:0,3701$$

Anmerk. Si verhält sich zu Zr wie 3 : 1.

B. Orthokieselsaure Salze.

a) Normale Salze.

1. Gruppe.

Die normalen Orthosilikate zweiwertiger Metalle zerfallen in drei Reihen, von denen die eine die rhombischen und untereinander isomorphen Glieder SiO_4Mg_2, SiO_4Fe_2 und SiO_4Mn_2 umfaßt, wozu noch (in isomorpher Mischung) SiO_4Zn_2 sowie SiO_4Ca_2 kommen, letzteres allerdings wohl nur in Doppelsalzen (siehe Anmerk.). Die zweite Reihe umfaßt zunächst die einander kristallographisch sehr nahe stehenden und daher (obwohl Mischkristalle bisher nicht beobachtet wurden) vielleicht isomorphen Glieder SiO_4Be_2 und SiO_4Zn_2, von denen letzteres also dimorph ist. Als dritte Reihe wird das Doppelsalz Trimerit hierher gezählt, das chemisch und kristallographisch für sich allein steht, wenn es auch eine gewisse Verwandtschaft mit Willemit und Phenakit zeigt.

a) Rhombische (Olivin) Reihe.

				a : b : c
Monticellit (Batrachit)	$Si\,O_4\,Ca\,Mg$	Rhombisch-dipyram.		$0,4337 : 1 : 0,5757$
Glaukochroit	$Si\,O_4\,Ca\,Mn$	»	»	$0,440\ \ : 1 : 0,566$
Forsterit (Boltonit)	$Si\,O_4\,Mg_2$	»	»	$0,4666 : 1 : 0,5868$
Olivin (Chrysolith, Peridot)	$Si\,O_4\,(Mg,\,Fe)_2$	»	»	$0,4657 : 1 : 0,5865$
Fayalit	$Si\,O_4\,Fe_2$	»	»	$4,4584 : 1 : 0,5791$
Röpperit (Stirlingit)	$Si\,O_4\,(Fe,\,Mn,\,Zn,\,Mg)_2$	»	»	$0,466\ \ : 1 : 0,586$
Knebelit	$Si\,O_4\,(Mn,\,Fe)_2$	»	»	$0,467\ \ : 1 :\ \ ?$
Tephroit	$Si\,O_4\,Mn_2$	»	»	$0,4621 : 1 : 0,5914$

Anmerk. Monticellit und Glaukochroit sind Doppelsalze, die einander kristallographisch sehr gleichen und von den anderen Gliedern der Reihe etwas abweichen. Ob es sich um wirkliche Isomorphie handelt, ist unsicher; es scheinen ähnliche Verhältnisse vorzuliegen wie bei Markasit-Arsenopyrit-Löllingit. Ein kleiner Teil des Mg ist beim Monticellit durch Fe und Mn ersetzt, das Ca niemals. Forsterit enthält stets etwas Fe und geht kontinuierlich in den Olivin über. In diesem ist manchmal etwas Si durch Ti ersetzt, doch ist der sog. Titanolivin nach Zambonini ein Glied der Humitgruppe (s. S. 85) und der Name falsch. Glinkit und Hyalosiderit sind besonders eisenreiche Abarten des Olivins und bilden den Übergang zum Fayalit. Hortonolith ist das gleiche mit geringem Mangangehalt. Neochrysolith ist ein Mn enthaltender Fayalit; beim Manganfayalit steigt dieser Gehalt an MnO bis auf 30%. Igelströmit (Eisen-Knebelit) ist eine Abart des Knebelits, in der Fe gegen Mn vorherrscht; Talkknebelit enthält etwas Magnesium. Der Tephroit enthält oft einen Teil des Mn durch Mg und etwas Fe durch Ca ersetzt; Pikrotephroit enthält mehr Magnesium. Villarsit und Iddingsit sind Umwandlungsprodukte des Olivins. Hydrotephroit und Neotesit sind wasserhaltige Zersetzungsprodukte des Tephroits, letzterer angeblich $Si\,O_4\,(Mn,\,Mg)\,.\,H_2O$.

b) Trigonale (Phenakit) Reihe.

Phenakit $Si\,O_4\,Be_2$ Trigonal-rhomboëdr. $\overset{\alpha}{108^0}$ 1′ (a : c $= 1 : 0,6611$)

Willemit $Si\,O_4\,Zn_2$ »   » 107^0 46′ (a : c $= 1 : 0,6697$)

     Anmerk. **Troostit** ist ein Willemit, in dem etwas Zink durch Mangan sowie durch Eisen (selten Magnesium) vertreten wird.

c) Pseudohexagonale Reihe.

                                                         a : c

Trimerit $[Si\,O_4]_3\,(Mn,\,Fe,\,Mg)_2\,Ca\,Be_3$ Pseudohexagonal $1 : 0,9424$

     Anmerk. Dieses Tripelsalz entspricht der obigen wenig einfachen Formel. In Wirklichkeit ist es triklin, a : b : c $= 0,5774 : 1 : 0,5425$, $\alpha = \beta = \gamma = 90^0$.

2. Gruppe.

Die Formel $SiO_4\,R'''\,R'$ kommt mit Sicherheit nur den Mineralien Phakelit und Eukryptit zu. Der Formel $SiO_4\,Al\,Na$ kommt jedoch der Nephelin sehr nahe, nur daß ein geringer Überschuß an Kieselsäure vorhanden ist, häufig auch mehr Natrium, als dem Verhältnis Na : Al $= 1 : 1$ entspricht. Der Überschuß an Kieselsäure läßt sich erklären durch Beimischung (in fester Lösung) entweder kieselsäurereichere Silikate (es wurden $Na_2\,Al_2\,Si_3\,O_{10}$ und $Na\,Al\,Si_3\,O_8$ angenommen) oder von SiO_2, oder durch eine an Al gebundene einwertige Gruppe $-SiO_3\,Na$. Eine sichere Entscheidung läßt sich zurzeit nicht treffen. Um das überschüssige Natrium zu erklären, muß man nach Zambonini die Anwesenheit von $SiO_3\,Na_2$ in fester Lösung annehmen.

Dem Nephelin stehen die Mineralien Cancrinit und Davyn sehr nahe, jedoch sind die Formeln für diese Verbindungen unsicher. Über ihre Komponenten wissen wir nichts Sicheres; hier werden die Mineralien als Orthosilikate aufgefaßt. Cancrinit enthält außer der Kieselsäure noch Kohlensäure, Davyn auch noch Salzsäure und Schwefelsäure, und zwar ist das Verhältnis der Kieselsäure zu den anderen Säuren so wechselnd, daß eine bestimmte Formel sehr unwahrscheinlich ist; die im Text gegebene Zusammensetzung entspricht nur einem Teil der Analysen. Nach dem Vorgang Clarkes ist es am besten, die Radikale $-CO_3\,Na$, $-SO_4\,Na$ und $-Cl$ anzunehmen, die mit ihrer freien Valenz an Al gebunden sind (entsprechend der oben erwähnten Gruppe $-SiO_3\,Na$); die Mineralien stellen dann wahrscheinlich feste Lösungen von Orthosilikaten $SiO_4\,Al\,Na$ bzw. $[SiO_4\,Al]_2\,Ca$ mit Silikaten dar, die außerdem an Al gebunden die erwähnten Radikale besitzen, uns ihrer Konstitution nach aber nicht näher bekannt sind. Möglicherweise handelt es sich auch um feste Lösungen reiner Karbonate bzw. Chloride und Sulfate in Silikaten. Der Ansicht Uhligs, daß Additionsverbindungen (in festen Verhältnissen) von $Ca\,CO_3$, $Ca\,SO_4$ und $Ca\,Cl_2$ an Silikate vorliegen, widerspricht sowohl das schwankende Verhältnis $SiO_2 : (SO_3,\,Cl,\,CO_2)$, wie auch die geringe

Menge von Ca, die vielfach nicht zur Sättigung der Radikale -CO_3, -SO_4 und -Cl ausreichen würde.

Phakelith und Nephelin sind sicher isomorph, wogegen Davyn und Cancrinit abweichen, sich aber bei Verdoppelung ihrer c-Axe als ebenfalls nah verwandt damit zeigen.

			a : c
Eukryptit	Si O_4 Al Li	Hexagonal	
Phakelith (Kaliophilit)	Si O_4 Al K	Hexagonal pyramidal	1 : 0,8388
Nephelin (Eläolith)	Si O_4 Al Na	» »	1 : 0,8389
Cancrinit	[Si O_4]$_9$ Al$_8$ [CO_3 Na]$_2$ (Na$_2$, Ca)$_4$ H$_6$	Dihex.-dipyr.	1 : 0,4409
Davyn	[Si O_4]$_{24}$ Al$_{25}$ (Cl, SO_4 Na, CO_3 Na)$_{11}$ (Ca$_2$, Ca, K$_2$)$_{16}$	Dihex.-dipyr.	1 : 0,4183

Anmerk. **Phakelit** enthält stets auch etwas Natrium, **Nephelin** etwas Kalium; ein Vorkommen von Nephelin enthält etwas Be an Stelle von Na$_2$. **Sulfat-Cancrinit** enthält auch Schwefelsäure. **Losit** unterscheidet sich optisch vom Cancrinit. **Natrondavyn** ist frei von Kalium. **Gieseckit** und **Liebenerit** sind mehr oder weniger zersetzte Nepheline. **Sommit, Pseudosommit, Pseudonephelin, Cavolinit** und **Mikrosommit** sind teils Nephelin, teils Davyn.

3. Gruppe (Sodalithgruppe).

Die Mineralien dieser Gruppe sind chemisch und geologisch nah verwandt mit der Nephelingruppe, namentlich mit Cancrinit und Davyn. Wie bei diesen muß man auch in der Sodalithgruppe außer SiO_4 noch andere Säureradikale annehmen. Die einfachsten Verhältnisse zeigt der Sodalith, ein Salz von drei Mol. SiO_4H$_4$, in denen 6 H durch 2 Al vertreten sind, 2 weitere durch die Gruppe = AlCl und die 4 übrigen durch Na. Daneben finden sich an Stelle von Na ganz kleine Mengen von Ca; man kann daher eine isomorphe Verbindung [SiO$_4$]$_3$ Al$_2$ [Al Cl] Ca$_2$ annehmen, entsprechend einem Kalktongranat (s. S. 92), in dem ein Ca durch AlCl vertreten ist und dem entspricht das kubische Kristallsystem. Nosean unterscheidet sich nur dadurch vom Sodalith, daß an die Stelle des Cl-Atoms die einwertige Gruppe [SO_4Na] tritt und etwas mehr Na durch Ca ersetzt ist. Beim Hauyn steigt der Ca-Gehalt im Mittel bis zu der unten gegebenen Formel. Im Hackmanit ist an Stelle von Cl auch die Gruppe -SNa vorhanden, und der Lasurit endlich ist eine isomorphe Mischung von Hauyn, etwas Sodalith und einem Silikat, in dem das Cl durch die ebenfalls einwertige Gruppe -S-S-S Na = -S$_3$ Na ersetzt ist. In geringer Menge enthält auch der Hauyn Chlor, Hauyn und Sodalith Schwefel und alle Glieder etwas K an Stelle von Na. Die Zugehörigkeit zur hexakisoktaëdrischen Klasse ist nicht ganz sicher.

Sodalith	[Si O_4]$_3$ Al$_2$ [Al Cl] Na$_4$	Kub.-hexakisoktaëdrisch
Nosean	[Si O_4]$_3$ Al$_2$ [Al . SO_4 Na] Na$_4$	»
Hauyn	[Si O_4]$_3$ Al$_2$ [Al . SO_4 Na] Ca Na$_2$	»
Hackmanit	[Si O_4]$_3$ Al$_2$ [Al (Cl, S Na)] Na$_4$	»
Lasurit	[Si O_4]$_3$ Al$_2$ [Al (SO_4 Na, S$_3$ Na, Cl)] (Na$_2$, Ca)$_2$	»

Anmerk. **Ittnerit** und **Skolopsit** sind gismondinartige Zersetzungsprodukte von Hauyn und Nosean. **Molybdosodalith** enthält 2% MoO_3, offenbar als $-MoO_4Na$ an Stelle einer entsprechenden Menge Cl. **Lasurstein (Lapis lazuli)** enthält als Hauptbestandteil Lasurit.

4. Gruppe.

Die beiden folgenden Körper besitzen die Formel $Si_2O_8R'''_2Ca$, die in verschiedener Weise gedeutet werden kann. Während der ebenfalls so zusammengesetzte Anorthit wegen seiner Analogie mit Albit zu den Polysilikaten zu stellen ist, läßt sich die Formel auch als die eines Orthosilikates mit folgender Konstitution auffassen: $R'''SiO_4$. $R''. SiO_4R'''$. Wahrscheinlicher ist allerdings, daß es sich um Salze einer komplexen Boro- bzw. Alumokieselsäure handelt.

Danburit	$[SiO_4]_2B_2Ca$	Rhombisch-dipyramidal	0,5445:1:0,4801
Barsowit	$[SiO_4]_2Al_2Ca$	»	?

Anmerk. Es ist nicht ganz sicher, ob B a r s o w i t von Anorthit verschieden ist.

5. Gruppe.

a:b:c

Pseudobrookit	$[TiO_4]_3Fe_4$	Rhombisch-dipyram.	0,9922:1:1,1304

Anmerk. Die Formel ist nicht ganz sicher.

6. Gruppe.

Eulytin (Kieselwismut) }	$[SiO_4]_3Bi_4$	dimorph {	Kub.-hexakistetraëdrisch
Agricolit }			Monoklin

7. Gruppe (Granatgruppe).

Die Glieder dieser Gruppe haben die Formel $[SiO_4]_3R'''_2R''_3$, wobei $R''' = $ Al, Fe, Ti und Cr sein kann, $R'' = $ Ca, Mn, Fe und Mg. Scharfe Grenzen zwischen den Endgliedern und isomorphen Mischungen bestehen nicht. Immerhin bilden die kalkfreien Granaten eine optisch und paragenetisch abweichende Reihe, enthalten aber häufig ebenfalls geringe Mengen von Kalzium. In den titanreichen Arten ist auch Si teilweise durch Ti vertreten. Im übrigen läßt sich aus den optischen Eigenschaften kein sicherer Schluß auf die Zusammensetzung ziehen.

Grossular	$[SiO_4]_3Al_2Ca_3$	Kubisch-hexakisoktaëdrisch
Hessonit	$[SiO_4]_3(Al, Fe)_2Ca_3$	»
Aplom	$[SiO_4]_3(Fe, Al)_2Ca_3$	»
Topazolith (Andradit)	$[SiO_4]_3Fe_2Ca_3$	»
Melanit	$[(Si, Ti)O_4]_3(Fe, Ti, Al)_2Ca_3$	»
Uwarowit	$[SiO_4]_3Cr_2Ca_3$	»
Spessartin	$[SiO_4]_3(Al, Fe)_2(Mn, Fe)_3$	»
Almandin	$[SiO_4]_3(Al, Fe)_2(Fe, Mg)_3$	»
Pyrop	$[SiO_4]_3(Al, Fe)_2(Mg, Fe)_3$	»

Anmerk. Außer dem Uwarowit enthalten nur einige Grossulare und Hessonite ganz wenig Cr_2O_3. **Pyrenäit** ist ein Grossular mit kohligen Einschlüssen; **Demantoid** ist ein Topazolith. Bei einigen Kalkgranaten ist etwas Ca durch Na_2 ersetzt (in dem künstlich dargestellten **Lagoriolith** die Hälfte); die gleiche Zusammensetzung $[SiO_4]_3Al_2(Ca, Na_2)_3$ hat auf Grund der allerdings nicht ganz sicheren Analysen der **Sarkolith**, der aber tetragonal-pyramidal kristallisiert (a : c = 1 : 0,8874). Nach seinen physikalischen Eigenschaften zeigt er auch gewisse Beziehungen zum Gehlenit, Melilith und den Skapolithen (s. S. 84 u. 114).

Grandit ist ein Granat in der Mitte zwischen Grossular und Topazolith; manganhaltig heißt er **Mangangrandit**; **Polyadelphit** ist ein manganhaltiger Topazolith. **Yttergranat** ist ein Kalkeisengranat mit einem Gehalt an Ti für Si und an Y für Al. **Schorlomit** und **Jiwaarit** sind titanreiche Melanite; **Johnstonolith** ist ein Mn enthaltender Pyrop. Als **gemeinen Granat** bezeichnete man früher teils Aplom, teils unreinen Almandin, als **edlen Granat** sowohl Hessonit (auch **Kaneelstein** genannt), wie auch Almandin, Pyrop und Spessartin. **Kolophonit** ist teils körniger Granat, teils Vesuvian. **Kelyphit** ist ein Umwandlungsprodukt des Granats. **Partschin** (monoklin, a : b : c. = 1,2239 : 1 : 0,7902; $\beta = 127^0 44'$) hat die Zusammensetzung eines Mangangranats und stellt also, wenn die Formel richtig ist, eine dimorphe Modifikation desselben dar.

b) Saure Orthosilikate und verwandte Mineralien.

1. Gruppe.

Dioptas SiO_4CuH_2 Trig.-rhomboëdrisch $111^0 42'$ $\overset{\alpha}{}$ (a : c == 1 : 0,5342)

Anmerk. **Bisbeeit** ist nach Schaller eine rhombische Modifikation von SiO_4CuH_2. **Kieselkupfer (Chrysokoll)** besteht teilweise aus Kolloiden, teilweise aus Kristalloiden; das dazu gehörige kristallisierte Dehydrationsprodukt ist wahrscheinlich der Dioptas. Dem entsprechend ergeben die Analysen außer beigemengten Verunreinigungen stets einen Überschuß an Wasser über die Formel des Dioptas. Ein vielleicht damit identisches kolloidales Kupfersilikat wurde **Cornuit** genannt; auch **Asperolith** ist mit Chrysokoll identisch. **Pilarit** enthält, wie auch andere Arten von Kieselkupfer, Aluminiumoxyd adsorbiert, **Demidoffit** Phosphorsäure. Zwei weitere, wahrscheinlich kristallinische, wasserhaltige Kupfersilikate sind **Shattukit**, $Si_2O_7Cu_2H_2$, und **Plancheït**, $Si_6O_{18}Cu_6H_4$, doch ist die Formel nicht ganz sicher.

Bementit $[SiO_4]_4(Mn, Fe, Zn, Mg)_5H_6$ Rhombisch

Anmerk. Ein saures Orthosilikat mit der Formel SiO_4CaH_2 soll ein Bestandteil zweier Mineralien von komplizierter Zusammensetzung sein; diese sind **Howlith**, $SiB_5O_9Ca_2[OH]_5$, der als $SiO_4CaH_2 \cdot [BO_2]_5CaH_2$ aufgefaßt werden könnte, aber wohl ein borokieselsaures Salz ist (vgl. S. 81), und **Roeblingit**, vielleicht $Si_5S_2O_{28}Ca_7Pb_2H_{10}$, von dem Entdecker Penfield als Verbindung von 5 Mol. SiO_4CaH_2 mit 2 Mol. eines basischen Sulfites $SO_3[PbOCa]$ aufgefaßt; es sind jedoch weitere Untersuchungen zur Feststellung der Formel und Konstitution erforderlich. Beide Mineralien sind kristallin, der Howlith vielleicht rhombisch.

2. Gruppe.

Prehnit $[SiO_4]_3Al_2Ca_2H_2$ Rhombisch-pyramidal $\quad$ a:b:c $\quad$ 0,8401 : 1 : 1,1536

Anmerk. Meist ist etwas Al_2O_3 durch Fe_2O_3 ersetzt. Ein geringer Mehrgehalt an Wasser in manchen Vorkommen ist nach Zambonini in fester Lösung vorhanden. **Uigit** ist vielleicht ein Umwandlungsprodukt des Prehnits.

3. Gruppe.

Axinit $[Si\,O_4]_8\,B_2\,Al_4\,(Ca,\,Fe,\,Mg,\,Mn,\,H_2)_7$ Triklin-pin.

$$a:b:c \qquad \alpha \qquad \beta \qquad \gamma$$
$$0,4927:1:0,4511 \quad 82^0\,54' \quad 88^0\,9' \quad 131^0\,33'$$

Anmerk. Diese von Ford vorgeschlagene Formel ist die wahrscheinlichste für das kompliziert zusammengesetzte Mineral. Ca und Fe herrschen stark gegen Mg, Mn und H_2 vor, doch ist stets Hydroxyl vorhanden, weshalb das Mineral zu den sauren Silikaten gerechnet ist. **Harstigit** ist nach der einzigen Analyse ungefähr $[SiO_4]_{10}\,Al_3\,(Ca,\,Mn)_7\,H_{12}$, wobei etwas Mn durch Mg, etwas H durch K und Na vertreten ist. Die Formel für dieses rhombische $(a:b:c=0,7141:1:1,0149)$ Mineral ist nicht ganz sicher. **Grothin,** rhombisch, $a:b:c=0,4575:1:0,8484$, ist ein Silikat von Al, Ca und Mn und wahrscheinlich mit Harstigit verwandt.

4. Gruppe.

Friedelit $[Si\,O_4]_{10}\,Mn_{11}\,[Mn\,Cl]_2\,H_{16}$ Ditrigonal-skalenoëdrisch

$$\alpha = 110^0\,54' \text{ ca. } (a:c=1:0,562)$$

Pyrosmalith $[Si\,O_4]_{10}\,(Fe,\,Mn)_{11}\,[(Fe,\,Mn)\,Cl]_2\,H_{16}$ Ditrig.-skalenoëdr.

$$\alpha = 111^0\,48' \quad (a:c=1:0,530)$$

Anmerk. Die einwertige Gruppe Mn Cl bzw. Fe Cl spielt in diesen Mineralien dieselbe Rolle wie CaCl im Apatit, ohne daß eine entsprechende Deutung im Sinne Werners bei unserer derzeitigen Kenntnis der Silikate möglich wäre. Auch der Friedelit enthält stets geringe Mengen Eisen. Nach Zambonini kommt den beiden Mineralien die Formel $[SiO_3]_3\,[R'''(OH, Cl)]_4\,H_2$ zu, doch läßt sich eine sichere Entscheidung zurzeit nicht treffen, weshalb die bisherige Formel beibehalten wurde. **Karyopilit,** ein Umwandlungsprodukt des Rhodonits, hat ungefähr die Zusammensetzung $Si_3\,O_{13}\,(Mn, Mg)_4\,H_6$. Der wohl ebenfalls hierher gehörige **Ektropit** ist wahrscheinlich $Si_8\,O_{35}\,Mn_{12}\,H_{14}$ mit etwas Mg und Fe'' für Mn; er kristallisiert wahrscheinlich monoklin.

Der Pyrosmalith bildet durch seinen Habitus und seine Zusammensetzung gleichsam einen Übergang zu der die nächsten Gruppen umfassenden Reihe der Glimmer und der damit verwandten Mineralien.

5. Gruppe (Glimmergruppe).

Obgleich die Mineralien dieser Gruppe durch ihre kristallographischen und physikalischen Eigenschaften sehr nahe verwandt sind, läßt sich ihre chemische Zusammensetzung noch nicht befriedigend erklären. Gewissen (den sog. „normalen") Muskowiten kommt mit Sicherheit die Formel eines saueren Orthosilikates zu, nämlich $[SiO_4]_3\,Al_3\,KH_2$, und die entsprechende Natriumverbindung liegt im Paragonit vor. Sehr viele Kaliglimmer und die Lithionglimmer sind aber kieselsäurereicher; letztere enthalten ferner an Stelle von Hydroxyl größere Mengen von Fluor. Die Muskowitvarietät Phengit und der Lepidolith besitzen die Zusammensetzung von Metasilikaten. Viele Glimmer, besonders Biotit und Phlogopit, enthalten außerdem noch Mg und zweiwertiges Fe in wechselnder Menge. Manche dieser Arten lassen sich als Orthosilikate betrachten und leiten sich von dem normalen Muskowit dadurch ab, daß Al H durch Mg_2 ersetzt ist (normaler

Biotit), oder Al_2 durch Mg_3 (normaler Phlogopit). Aber auch durch diese von F. W. Clarke aufgestellten Formeln können nicht alle Glimmer erklärt werden, weshalb der Genannte eine teilweise Vertretung von SiO_4 durch S_3O_8 annahm und die Glimmer als isomorphe Mischungen aller dieser so entstehenden Glieder auffaßte. G. Tschermak nahm dagegen an, daß es sich um isomorphe Mischungen des oben genannten sauren Kalialuminiumsilikates $Si_3O_{12}Al_2KH_2$ mit einer entsprechenden Modifikation der Verbindung $SiO_4(Mg, Fe)_2$ bzw. $Si_3O_{12}(Mg, Fe)_6$ handle. In den kieselsäurereichsten Glimmern würde dazu noch das hypothetische Glied $[SiO_4]_3Si_2H_4$ treten und in den fluorhaltigen Arten die ebenfalls hypothetische Verbindung $Si_5F_{12}O_4$, die aus der vorigen dadurch entsteht, daß 4 OH durch 4 F und außerdem 4 O durch 4 F_2 ersetzt sind. Obwohl sich alle Glimmeranalysen durch diese beiden Theorien von Clarke und Tschermak erklären lassen, kann man über die wahre chemische Natur der Glimmer nichts Bestimmtes sagen.

Im folgenden sind für den Paragonit und Muskowit die „normalen" Arten gewählt, die einem Orthosilikat entsprechen, ebenso für Biotit und Phlogopit, während für die Lithionglimmer nur die empirischen Formeln gegeben werden. Die Kristallformen sämtlicher Arten lassen sich ungezwungen auf die gleichen Elemente zurückführen.

Paragonit	$[SiO_4]_3Al_3NaH_2$	
Muskowit	$[SiO_4]_3Al_3KH_2$	
Phlogopit	$[SiO_4]_3AlMg_3(K, H)_3$	Monoklin-prismatisch
Biotit	$[SiO_4]_3(Al, Fe)_2(Mg, Fe)_2(K, H)_2$	$a:b:c = 0,5774:1:2,217$
Zinnwaldit	$Si_5O_{16}Al_3Fe(Li, K)_3(F, OH)_2$	$\beta = 95^0\,5'$
Lepidolith	$Si_3O_9Al_2(Li, K)_2(F, OH)_2$	

Anmerk. Paragonit enthält stets auch etwas Kalium. Cossait (Onkosin) gehört zum Paragonit, ebenso der lithiumhaltige Hallerit. Pregrattit (Prägratit) ist teils Paragonit, teils Margarit (s. S. 97). Im Muskowit sind kleine Mengen von Natrium vorhanden. Leverrierit ist ein alkaliarmer Muskowit; ganz fehlt nach Uhlig der Alkaligehalt im Kryptotil, der die Formel $[SiO_4]_3Al_3H_3$ bzw. SiO_4AlH haben soll. Die gleiche Zusammensetzung hat angeblich auch der Batschelorit. Wahrscheinlich der Hauptsache nach dichter Muskowit sind Pinit, Pinitoid, Gieseckit, Gigantolith, Gongylit, Hygrophilit, Kataspilit, Killinit, Leukophyllit, Liebenerit, Oosit und Pyknophyllit, lauter Zersetzungsprodukte von Cordierit, Feldspat usw.; sie enthalten, wohl in Adsorption, meist mehr Wasser als der Muskowitformel entspricht. Baddekit ist ein an Fe_2O_3 reicher Muskowit. Zum Muskowit gehören ferner Serizit, Damourit, Onkosin und der Ba enthaltende Oellacherit. Phengit, Lepidomorphit und Mariposit sind kieselsäurereiche Muskowite mit der Zusammensetzung eines Metasilikats. Chromglimmer (Fuchsit) ist chromhaltiger Muskowit oder Biotit; am chromreichsten ist Avalit, ungefähr ein sehr kaliarmer Phengit. Gemenge von Muskowit mit anderen Glimmern sind Margarodit, Adamsit und Euphyllit, ein Gemenge von Muskowit mit Kalzit wurde Didymit (Amphilogit) genannt.

Phlogopit enthält regelmäßig etwas Fe_2O_3 und FeO. Natronphlogopit und Aspidolith enthalten Na neben K; Pholidolith ist ein fluorfreier, an SiO_2,

Al_2O_3 und alkalien armer Phlogopit. Auch der **Barytglimmer** mit der Formel $[SiO_4]_9Al_8(Ba, Mg, Fe, Ca)_2 (K, Na)_3 H_5$ und der **Barytbiotit** mit der Zusammensetzung $Si_3O_{13}Al_2(Mg, Ba, K_2)_4$ gehören wohl zum Phlogopit.

Die eisenarmen Biotite heißen **Meroxen**, die eisenreichsten **Lepidomelan**; zu letzterem gehören auch **Haughtonit, Siderophyllit (Eisenglimmer)** und **Annit,** der fast kein Mg mehr enthält. In den meisten Biotiten ist etwas Na für K vorhanden, in den eisenreichen auch Ti an Stelle von Si; **Kalzitbiotit** enthält 14,33% CaO, **Manganophyllit,** der sich dem Phlogopit nähert, enthält Mn'' an Stelle von Fe''. **Anomit** ist ein optisch abweichender und an zweiwertigen Metallen besonders reicher Biotit. Zersetzungsprodukte von Biotit sind **Bastonit, Caswellit, Hydrobiotit, Philadelphit, Pseudobiotit, Rhastolyt, Rubellan, Voigtit** usw.; sie enthalten alle adsorbiertes Wasser.

Die Lithionglimmer enthalten stets etwas Na neben K, ferner zweiwertige Metalle, manchmal auch RO und Cs. Zu ihnen gehören **Kryophyllit** $(Si_{10}O_{30}Al_4Fe(Li, K)_7F_4H_3)$, **Irvingit** und **Rabenglimmer,** ferner der fluorarme **Protolithionit**; letztere beiden nähern sich den Biotiten. Am kieselsäurereichsten ist der **Polylithionit** mit der Formel $Si_{18}O_{64}Al_6F_{10}Li_{15}Na_6K_3$. Auf Grund des Achsenwinkels unterscheidet Baumhauer **Makrolepidolith** und **Mikrolepidolith.** Auch **Cookeit,** im wesentlichen $[SiO_3]_2 [Al.2OH]_3 Li$, und **Alurgit** mit der Formel $[SiO_3]_4 Al [Al.OH] (K, Mg.OH)_2 H$ sind mit Lepidolith verwandt.

Roscoëlith ist eine Mischung aus Phlogopit, Alkalibiotit und einem Muskowit, dessen Al_2O_3 zu zwei Dritteln durch V_2O_3 ersetzt ist. **Spodiophyllit** gleicht völlig den Glimmern und ist ein Metasilikat von Al, Fe''', Mg, Fe'', Mn, Na und K.

Anhang zu der Glimmergruppe: Vermiculite.

So werden wegen ihres wurmförmigen Krümmens beim Erhitzen Zersetzungsprodukte von Glimmer genannt, die die Alkalien verloren und dafür Wasser aufgenommen haben. Hierher gehören mehrere der oben genannten Zersetzungsprodukte von Biotit, ferner **Davreuxit,** ungefähr $[SiO_4]_6 Al_6 (Mn, Mg) H_4$; **Leidyit,** $Si_7O_{20}Al_2 (Fe, Mg, Ca)_2 H_{10}$; **Hydrophlogopit, Kerrit, Protovermiculit, Hallit** und **Lennilith** unterscheiden sich vom Phlogopit durch den Mangel an Alkalien, hohen Wassergehalt und Beimischungen von der Natur eines Sprödglimmers; wasserhaltige Biotite mit der gleichen Beimischung sind **Jefersit, Limbachit, Culsageeit** und **Vaalit,** während **Maconit, Lucasit** und **Roseit** umgewandelte Muskowite sind.

An die Glimmer schließen sich ferner noch **Tainiolith,** angenähert $Si_3O_8 [MgOH]_2 (K, Na, Li)_2.H_2O$ mit geringem Gehalt an Al_2O_3, sowie die dichten Mineralien **Seladonit (Grünerde)** und **Glaukonit,** die zum Teil mechanische Gemenge, zum Teil Kalloide sind; alle enthalten SiO_2, Al_2O_3 und Fe_2O_3, die Kolloide ferner Alkalien, besonders Kalium, aber weniger MgO. Verwandt ist der kupferhaltige **Venerit.**

6. Gruppe (Sprödglimmer- oder Clintonitgruppe).

Diese Gruppe unterscheidet sich chemisch von der vorigen namentlich durch ihren basischeren Charakter. Clarke betrachtet den Margarit] als basischsaures Orthosilikat mit der folgenden Konstitution: $[Si O_{42} [Al.OH] [AlO]_3 CaH$ und die übrigen Glieder der Reihe als Mischungen folgender Verbindungen, in denen $R'' = Ca, Mg,$ Fe ist: 1) $[R''O_2Al].SiO_4H_3$; 2) $[R''O_2Al].SiO_4H_2.[Al.2OH]$;

3) $[R''O_2Al].SiO_4H.[AlOH]$; 4) $[R''O_2Al].SiO_4[AlO_2R'']_3$. Tschermak nimmt an, daß Mischungen eines Glimmersilikates $[SiO_4]_3Al_3H_3$ mit einem Aluminat $Al_6O_{12}R''_3$ vorliegen bzw. von $[SiO_4]_3R''_5H_2$ mit $Al_6O_{12}R''_2H_2$. Sehr wahrscheinlich stellen jedoch die Sprödglimmer Mischungen noch unbekannter Grundverbindungen mit verschiedenem Kieselsäuregehalt dar, über deren Formel und Konstitution wir zurzeit noch nichts Bestimmtes wissen. Es sind daher im folgenden nur die empirischen Formeln zusammengestellt und die kristallographischen Elemente des Xanthophyllits beigefügt, der einzigen Art, die in gut meßbaren Kristallen beobachtet wurde.

Margarit $Si_2O_{12}Al_4CaH_2$

Xanthophyllit $Si_5O_{52}(Al,Fe)_{16}(Mg,Ca)_{14}H_8$
(Waluewit)

Brandisit $Si_5O_{44}(Al,Fe)_{12}Mg,Ca,Fe)_{12}H_8$
(Disterrit)

Clintonit $Si_4O_{36}Al_{10}(Mg,Ca,Fe)_{10}H_6$
(Seybertit)

Chloritoid $SiO_7Al_2(Fe,Mg)H_2$
(Chloritspat, Barytophyllit)

Monoklin-prismatisch
$a:b:c$　　　　β
$0,5774:1:0,5773$　$109^0\,35\tfrac{1}{2}'$

Anmerk. **Emerylith, Corundellit, Diphanit** und **Periglimmer** sind identisch mit Margarit, **Dudleyit** unterscheidet sich davon durch einen höheren Wassergehalt. **Chrysophan** und **Holmesit (Holmit)** sind mit Clintonit identisch. **Newportit** ist identisch mit Cloritoid, ebenso nach Manasse die Mineralien **Masonit, Sismondin, Ottrelith (Bliabergit)** und **Venasquit**; der Überschuß an SiO_2, den die Analysen der beiden letztgenannten Arten über die Formel des Chloritoids ergeben, ist auf mechanisch beigemengten Quarz zurückzuführen. Hierher gehört wahrscheinlich auch der **Kosmochromit**. **Salmit** ist ein Chloritoid, in dem etwa ein Drittel des Fe durch Mn ersetzt ist. Die letzten Glieder der Reihe werden auf Grund ihrer optischen Eigenschaften auch als triklin betrachtet, doch läßt sich mangels meßbarer Kristalle keine sichere Entscheidung treffen.

7. Gruppe (Chlorit-Serpentingruppe).

Ebenfalls nahe mit den Glimmern verwandt und gleichfalls sehr basische Silikate sind die als Chlorite zusammengefaßten Mineralien. Sie bilden eine kontinuierliche Mischungsreihe von dem kieselsäurearmen Amesit mit der Formel $SiO_9Al_2Mg_2H_4$ bis zum Pennin mit der Formel $Si_8O_{45}Al_4Mg_{13}H_{20}$; mit dem Gehalt an SiO_2 steigt auch der an MgO. Da nun einige Serpentin(Antigorit)arten dem Chlorit äußerlich sehr gleichen, faßt sie Tschermak als Endglieder der Chloritreihe auf bzw. diese als Mischung von Amesit und Al-freiem Antigorit mit der Formel $Si_2O_9Mg_3H_4$ (in der Al_2 des Amesits durch $SiMg$ ersetzt ist). Alle Chlorite lassen sich als Mischungen dieser Glieder erklären, für die sich etwa folgende Konstitutionsformeln aufstellen lassen:

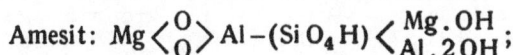

$$\text{Amesit: } Mg\left\langle{}^O_O\right\rangle Al-(SiO_4H)\left\langle{}^{Mg.OH}_{Al.2OH}\right.;$$

$$\text{Antigorit: } (H_2SiO_4)=Mg_2=(SiO_4H)-Mg.OH.$$

Nach Clarke sind die Chlorite (ohne den Serpentin) Mischungen der Orthosilikate: $[SiO_4]_3Al_2$ [Mg. OH]$_4$ H$_2$ und $[SiO_4]_3Al$ [Mg. OH]$_6$H$_3$, die dem Biotit- und Phlogopittyp entsprechen, nur daß Mg durch [Mg. OH]$_2$ ersetzt ist. Dazu kommt meistens noch ein Silikat vom Chloritoidtypus $MgO_2Al . SiO_4$. R'$_3$, wobei R'$_3$ sein kann: H$_3$; [Mg. OH] H$_2$; [Al. OH] H oder [Al. 2OH]$_2$H. Obwohl sich durch diese Theorien alle Chlorit- formeln erklären lassen, ist die chemische Konstitution gleichwohl noch nicht einwandfrei geklärt, weshalb im folgenden die empirischen Werte gegeben werden und zwar mit Ausnahme des Amesits die beiden Grenzwerte für die betreffenden Mineralien. Dabei ist stets Mg teil- weise durch Fe''', etwas Al durch Fe''', manchmal auch durch Cr''' ersetzt. Alle Chlorite kristallisieren monoklin und ganz übereinstim- mend, gute Kristalle bildet aber nur der Klinochlor, von dem die Achsen- werte gegeben sind.

Amesit	Si O$_9$ Al$_2$ Mg$_2$ H$_4$	
Korundophilit	$\begin{cases} Si_6 \ O_{45}\ Al_8\ \ Mg_{11}\ H_{20} \\ Si_{13}\ O_{90}\ Al_{14}\ Mg_{23}\ H_{40} \end{cases}$	
Prochlorit (Ripidolith)	$Si_7\ O_{45}\ Al_6\ \ Mg_{12}\ H_{20}$	Monoklin-prismatisch
Klinochlor (Helminth)	$Si_3\ O_{18}\ Al_2\ \ Mg_5\ \ H_8$	a:b:c β 0,5774 : 1 : 0,8531 117° 9'
Pennin	$\begin{cases} \text{bis} \\ Si_8\ O_{45}\ Al_4\ \ Mg_{13}\ H_{20} \end{cases}$	

Anmerk. Prochlorit ist oft sehr eisenreich; eine eisenarme Abart ist der **Grochauit**, eine eisenreiche der **Phyllochlorit**. **Lepidochlorit** ist ein unreiner Chlorit; **Leuchtenbergit** und **Talkchlorid** sind zersetzter Klinochlor. Eisen- reiche Chlorite sind **Tolypit** und **Pyknochlorit** (letzterer zum Klinochlor ge- hörig), während **Rumpfit** vielleicht mit Klinochlor identisch ist. **Griffithit** ist besonders reich an Fe$_2$O$_3$ und SiO$_2$. Chromhaltige, kieselsäurereiche Chlorite sind **Kotschubeyit**, **Kämmererit** (**Rhodophyllit**, **Chromchlorit**) und **Rhodochrom**; **Grastit**, angeblich eine Abart von Kämmererit, ist wahrschein- lich mit Klinochlor identisch. **Manganchlorit** ist roter, MnO enthaltender Pennin. **Pseudophit** ist dichter Pennin oder Leptochlorit (siehe unten), **Loganit** ein ähnliches Zersetzungsprodukt der Hornblende; **Tabergit** ist eine Verwach- sung von Pennin und Phlogopit.

Die **Leptochlorite** Tschermaks weichen in ihrer Zusammensetzung etwas ab. Zu ihnen gehören **Chamosit** (**Berthierin**, **Bavalit**), **Brunswigit**, **Daphnit** und **Metachlorit**, die sehr reich an FeO sind; **Delessit**, **Grengesit**, **Chloropit**, **Diabantit** und **Klementit** mit vorwiegend MgO. **Thuringit** (**Owenit**) ist Si$_6$O$_{41}$ (Al, Fe)$_8$ (Fe, Mg)$_8$ H$_{18}$; durch Übergänge mit ihm verbunden sind **Viridin**, Si$_2$O$_{11}$(Al, Fe) Fe''$_3$H$_6$ und **Mackensit** (**Schwarzeisenerz**), SiO$_7$(Al, Fe)$_2$H$_4$, das angeblich ganz R''-freie Endglied der Reihe. Ferner gehören hierher **Ekmanit**, **Cronstedtit**, wahrscheinlich Si$_3$O$_{20}$Fe'''$_4$ (Fe, Mg, Mn)$_4$H$_8$, und die letzterem sehr nahe stehenden Mineralien **Stilpnomelan**, **Minguelt**, **Sidero- schisolith** sowie wahrscheinlich auch **Lillith**; **Chalcodit** ist ein Oxydations- produkt von Stilpnomelan. Verwandt sind außerdem **Sheridanit**, Si$_2$O$_{13}$Al$_2$ Mg$_3$H$_6$; **Euralith**, Si$_7$O$_{37}$(Al, Fe)$_4$ (Mg, Fe, Ca)$_9$H$_{16}$; **Striegovit**, Si$_2$O$_{11}$(Fe, Al)$_2$ (Fe, Mg)$_2$H$_4$; **Aphrosiderit**, Si$_4$O$_{25}$ (Al, Fe)$_4$ (Fe, Mg)$_6$H$_{10}$; **Stilpnochloran**, Si$_9$O$_{46}$(Al, Fe)$_{10}$ (Ca, Mg) H$_{24}$, ein Umwandlungsprodukt des Thuringits, und

Morawit, Si_7O_{24} $(Al, Fe)_4$ $(Fe, Mg)_2H_4$. Wahrscheinlich nicht homogen sind **Hullit, Melanolith, Pyrosklerit, Epichlorit, Epiphanit, Eukamptit, Pattersonit, Pelhamit, Willcoxit** u. a., die zum Teil zu den Vermiculiten gehören und am besten als **chloritische Vermiculite** bezeichnet werden. **Enophit, Berlauit** und **Schuchardtit** endlich sind Umwandlungsprodukte von Chloriten.

Der Serpentin (Ophit) zerfällt in zwei Arten, von denen die eine (Antigorit) optisch den Chloriten sehr nahe steht. Beide entsprechen der Formel $Si_2O_9Mg_3H_4$, wobei stets etwas Mg durch Fe'' und meist ein wenig durch Al ersetzt ist. Ein vielfach vorhandener Überschuß an H_2O ist nach Zambonini in fester Lösung gebunden. Ob es sich bei den beiden Arten um Dimorphie oder Isomerie handelt, läßt sich vorläufig nicht entscheiden, und die diesbezügliche Untersuchung von S. Hillebrand ist nicht maßgebend, da sie auf völliger Zerstörung des Moleküls beruht.

Antigorit (Blätterserpentin) } $Si_2O_9Mg_3H_4$ { Monoklin ?
Chrysotil (Faserserpentin) } $Si_2O_9Mg_3H_4$ { Rhombisch ?

Anmerk. **Bowenit (Tangiwait), Marmolith, Nemaphyllit, Thermophyllit** und **Williamsit** gehören zum Antigorit, ebenso **Pikrosmin,** der infolge von Beimengungen chemisch etwas abweicht, desgleichen ein Teil des **Asbests (Serpentin-Asbest).** Nah damit verwandt sind ferner **Baltimorit, Hydrophit, Jenkinsit, Metaxit, Pikrolith, Radiotin, Schweizerit, Zermattit,** vielleicht auch **Rhetinalith** und **Vorhauserit** sowie **Hampdenit,** dessen Zusammensetzung aber mehr die von Sepiolith sein soll. Größtenteils Gemenge sind folgende dem Serpentin nahestehende Zersetzungsprodukte: **Chlorophäit, Dermatin, Nigrescit, Palygorskit, Zöblitzit** und die aluminiumhaltigen Mineralien **Allophit,** angeblich $Si_{10}O_{50}Al_8Mg_{15}H_6$; **Leukotil,** vielleicht $Si_4O_{27}(Al, Fe)_2$ $(Mg, Ca)_8H_{16}$; **Pilolith (Bergleder** z. T.), $Si_5O_{21}AlMg_2H_{15}$, während andere Arten des Bergleders, des **Bergholzes** und **Bergkorkes** Asbest oder Chrysotil sind. **Zebedassit** ist angenähert $Si_6O_{24}Al_2Mg_5H_8$, **Duporthit** $Si_4O_{15}Al_3(Mg, Fe)_2H$, **Balvraidit** ungefähr $Si_5O_{19}Al_3(Ca, Mg)$ H_3; **Pyknotrop** enthält außer Al und Mg etwas K, **Monradit** und **Neolith** gehören zum Pikrosmin, enthalten aber weniger H_2O.

8. Gruppe (Talkgruppe).

Der Talk gleicht physikalisch sehr den Chloriten, hat aber die Formel $Si_4O_{12}Mg_3H_2$; da sich aus dem geglühten Mineral ein Viertel der Kieselsäure mit Sodalösung ausziehen läßt, gibt ihm Clarke die Konstitution $MgSiO_4 = Mg_2 = Si_3O_8H_2$, um die Ähnlichkeit mit Antigorit ($MgOH \cdot SiO_4H = Mg_2 = SiO_4H_2$) anzudeuten. Er kann auch als saures Metasilikat $[SiO_3]_4Mg_3H_2$ aufgefaßt werden.

Talk $Si_4O_{12}Mg_3H_2$ Monoklin ?

Anmerk. Meist ist etwas Mg durch Fe ersetzt, manchmal auch durch Ca oder Ni. **Steatit (Speckstein)** ist dichter Talk, **Rensselaerit** ist Talk, pseudomorph nach Augit; **Stevensit** und **Lucianit** sind vielleicht das dem Talk entsprechende Kolloid. Die folgenden Mineralien sind zum Teil sicher amorph, zum Teil zeigen sie Ähnlichkeit mit Glimmer und Chlorit: **Sepiolith (Meerschaum),** $Si_3O_{10}Mg_2H_4$, ein Kolloid mit wechselndem Wassergehalt; hierher gehört auch der **Quincit. Aphrodit,** $Si_4O_{15}Mg_4H_6$, und **Spadait,** $Si_6O_{21}Mg_5H_8$, sind wohl ebenfalls Kolloide. **Genthit,** amorph, ist anscheinend ein nickel-

7*

haltiger Sepiolith mit der Formel $Si_3O_8(Mg,Ni)_2 + nH_2O$; **Nepouit,** angeblich kristallinisch, soll $Si_2O_9(Ni,Mg)_3H_4$ sein. Wahrscheinlich ebenfalls Kolloide sind: **Garnierit (Numait),** etwa SiO_3 (Ni, Mg) $+ nH_2O$; **Rewdanskit,** Si_2O_7 (Ni, Mg, Fe)$_3$ $+ nH_2O$; **Röttisit,** etwa $Si_3O_{10}Ni_2H_4$, dem Sepiolith entsprechend; ähnlich zusammengesetzt sind **Pimelit** und **Konarit. Gymnit (Deweylith)** ist $Si_3O_{10}Mg_4$ + 5-6H_2O; davon verschieden ist nach Zambonini der **Pseudogymnit,** $Si_2O_{10}Mg_3H_6$. Ähnlich sind **Nickelgymnit** und **Eisengymnit** mit einem Gehalt an Ni bzw. Fe neben Mg. Nahe stehen auch **Melopsid** und **Hampshirit** sowie der beim Serpentin erwähnte **Hampdenit. Gavit** soll $Si_5O_{16}(Mg, Fe)_4H_4$ sein. Zum Teil enthalten die genannten Mineralien etwas Al_2O_3 adsorbiert; mehr davon enthalten die folgenden: der glimmerähnliche **Batavit,** ungefähr $Si_4O_{19}Al_2Mg_4H_8$; **Saponit (Seifenstein), Cathkinit, Bowlingit** und **Kerolith,** lauter Kolloide von wechselnder Zusammensetzung.

9. Gruppe (Kaolingruppe).

Ersetzt man beim Antigorit und Talk die 3 Mg-Atome durch 2 Al, so entstehen die Mineralien Kaolinit und Pyrophyllit, die physikalisch und chemisch ebenfalls große Ähnlichkeit mit den Glimmern besitzen. Wahrscheinlich liegen hier komplexe Alumokieselsäuren vor, von denen der Kaolinit nach Stremme vielleicht folgende Konstitution hat:

$$O_2 \begin{cases} {}^{Al-O-Si = [OH]_2} \\ \qquad\qquad > O \\ {}_{Al-O-Si = [OH]_2} \end{cases}$$

Die dem Kaolinit entsprechende Ferriverbindung soll der Nontronit sein.

		a:b:c	β
Kaolinit	$Si_2O_9Al_2H_4$　Monoklin-prismat.	0,5748 : 1 : 1,5997	96° 49′

(Nakrit, Pholerit)

Anmerk. **Steinmark, Myelin, Tuësit** usw. sind ebenso wie **Kaolin (Porzellanerde)** teils dichter Kaolinit, teils hierher gehörige Kolloide. Ob eines davon genau dem Kaolinit entspricht, ist ungewiß. Derartige Kolloide von wechselnder Zusammensetzung bilden den **Allophan,** bei dem sich Kieselsäure und Aluminiumoxyd etwa im Verhältnis 1 : 1 befinden. Diejenigen Körper, bei denen der Gehalt an Kieselsäure geringer ist, etwa bis ½ SiO_2 : 1 Al_2O_3, bezeichnet man als **Schrötterite,** während die **Samoite** zwischen Allophan und Kaolinit liegen. Ein fast kieselsäurefreies Gel der Tonerde, das also den Übergang zu den Komponenten des Beauxits bildet, wurde **Schanjawskit** genannt. **Carolathin** ist ein dem Allophan ähnliches, mit viel Bitumen imprägniertes Mineral, **Ferriallophan** enthält neben Al auch Fe‴. Gemenge von Kaolinit mit mehr Aluminiumhydroxyden sind der **Dillnit** und **Kollyrit,** solche mit viel Beauxit (bzw. dessen Bestandteilen) bezeichnet man als „beauxitische Tone", zum Unterschied von dem gewöhnlichen **Ton,** einem mechanischen Gemenge von Kaolin, Quarzsand, kohlensaurem Kalk usw. **Halloysit, Lenzinit, Severit, Glagerit, Galapektit, Rectorit, Newtonit** usw. sind dichte Mineralien, teils kristallinisch, teils kolloidal, von der Zusammensetzung des Kaolinits und wohl größtenteils mit ihm identisch. **Faratsihit** enthält auch Fe_2O_3. Ebenso stehen dem Kaolin sehr nahe **Talcit, Talkosit** und **Gilbertit,** doch wird dieser letztere Name auch für ein unzweifelhaftes Glimmermineral gebraucht.

$$a:b:c \quad \beta$$

Nontronit $Si_2 O_9 Fe_2 H_4$ Monoklin   0,62 ca : 1 : ?   ?

Anmerk. Die Mehrzahl der Analysen ergab etwas abweichende Resultate, meist $Si_3 O_{14} Fe_2 H_{10}$, doch ist zu berücksichtigen, daß die meisten Varietäten dieses Minerals Kolloide sind und wechselnden Wassergehalt besitzen. Nah verwandt sind die folgenden, höchst wahrscheinlich größtenteils kolloidalen Mineralien: **Pinguit, Gramenit, Unghwarit, Plinthit, Höferit** und **Müllerit (Zamboninit)**. **Chloropal** ist ein mit Opal imprägnierter Nontronit. Kolloidale Ferrisilikate von wechselnder Zusammensetzung und teilweise mechanisch stark verunreinigt sind **Hisingerit (Thraulit), Gillingit** und **Jollyit**.

Pyrophyllit $Si_4 O_{12} Al_2 H_2$ Rhombisch?

Anmerk. **Agalmatolith (Pagodit, Bildstein)** ist dichter Pyrophyllit. Hierher gehörige Tonerdesilikate sind: **Montmorillonit**, dessen Kristalloid die Formel $Si_4 O_{17} Al_2 H_{12}$ hat, während meist nur das Kolloid vorkommt. Ferner die zum Teil sicher kolloidalen Mineralien **Razoumofskyn, Malthazit, Termierit** (vielleicht $Si_6 O_{33} Al_2 H_{36}$), **Melit** (wohl $SiO_{16} Al_4 H_{16}$), **Duboissonit, Cimolith, Anauxit** (anscheinend $Si_5 O_{20} Al_4 H_8$), **Pelikanit, Steargillit, Confolensit, Delanovit, Erinit, Neurolith, Smektit, Catlinit** u. a., deren Homogenität vielfach zweifelhaft ist. **Bol** enthält außerdem wechselnde Mengen von Eisenoxyd adsorbiert. **Chromoxyd** endlich enthalten die wegen ihrer Homogenität zweifelhaften Aluminiumsilikate **Wolchonskoït, Miloschin, Alexandrolith, Selwynit** und **Chromocker**. Wohl ebenfalls hierher gehörige Kolloide mit adsorbierten zweiwertigen Metallen und Alkalien sind **Biharit, Bravaisit, Aërinit, Gümbelit, Lassallit** und **Pihlit**.

C. Intermediäre Silikate.

1. Gruppe.

Die folgenden seltenen Mineralien lassen sich größtenteils am einfachsten als Salze der Diorthokieselsäure $Si_2 O_7 H_6 = 2 SiO_4 H_4 - H_2O$ auffassen.

Hardystonit $Si_2 O_7 Ca_2 Zn$ Tetragonal α

Barysilit $Si_2 O_7 Pb_3$ Trig.-rhomboëdrisch $112^0 58'$ (a : c = 1 : 0,4863)

Anmerk. Kleine Mengen Pb sind durch Mn, Mg, Ca und Fe ersetzt. Diese Formel erscheint sichergestellt und ist der von Cesàro vorzuziehen, der das Mineral als Salz der Säure $Si_3 O_{11} H_{10}$ mit der folgenden Formel $Si_3 O_{11} Pb_4 (Mn, Mg, Ca, H_2)$ auffaßt.

$$a : b : c$$

Thortveitit $Si_2 O_7 (Sc, Y)_2$ Rhombisch   0,7456 : 1 1,4912

Anmerk. Y steht für die Yttriummetalle.

$$a : b : c \quad \beta$$

Thalenit $Si_2 O_7 Y_2$ Monoklin   1,154 : 1 : 0,602 99^0 48'

Anmerk. Etwas Y ist durch La, Ce, Dy und Spuren von Eisen ersetzt. In was für Beziehungen Thorveitit und Thalenit zueinander stehen, ist vorläufig unbekannt. Dem letzteren sehr nahe steht der **Yttrialith**, der ebenfalls $Si_2 O_7 Y_2$ sein soll, aber mit viel Thor; vielleicht ist dieses auf Verunreinigungen zurückzuführen und das Mineral mit Thalenit identisch.

Rowlandit $[Si_2 O_7]_2 [Y F]_2 (Y, Ce, La)_2 Fe$ Kubisch?

$$a:b:c$$

Barylith $Si_7 O_{24} Al_4 Ba_4$ Rhombisch   0,4084:1:?

Anmerk. Etwas Al ist durch Eisen, ein wenig Ba durch Pb, Ca usw. ersetzt. Wie diese Formel zu deuten ist, ist vorläufig unbekannt, doch entspricht sie sehr gut der Analyse Blomstrands.

2. Gruppe (Cordieritgruppe).

Der Cordierit besitzt die empirische Formel $Si_{10} O_{37} Al_8 (Mg, Fe)_4 H_2$ und ist am einfachsten aufzufassen als basisches Salz der Diorthokieselsäure, dessen beide Hydroxylgruppen wahrscheinlich an Aluminium gebunden sind, bzw. als isomorphe Mischung des entsprechenden Mg- und Fe-Salzes, wozu in einer Abart noch die Ca-Verbindung kommt.

$$a:b:c$$

Cordierit $[Si_2 O_7]_5 Al_8 (Mg, Fe)_4 [OH]_2$ Rhomb.-dipyr.   0,5870:1:0,5585
(Jolith, Dichroit)

Anmerk. Das Eisen tritt im allgemeinen stark gegen das Magnesium zurück, nur im **Eisencordierit** kommt es in größerer Menge vor. Der **Kalkeisencordierit** enthält außer Mg und Fe auch viel Ca. Die aus der häufig erfolgten Zersetzung des Cordierits hervorgegangenen Mineralien: **Fahlunit, Pyrargillit, Gigantolith, Praseolith, Aspasiolith, Bonsdorffit, Auralit, Chlorophyllit, Groppit, Iberit, Oosit** und **Pinit** sind wohl großenteils mechanische Gemenge, und zwar besonders glimmerartiger Mineralien (s. S. 95).

3. Gruppe.

Von den beiden hierher gerechneten Mineralien kann das erste aufgefaßt werden als Salz der Säure $Si_3 O_{10} H_8 = 3 [SiO_4 H_4] - 2 H_2O$, der Leukophan als Metasilikat $[SiO_3]_2 Ca [BeF] Na$. Der chemischen Verwandtschaft entspricht auch eine kristallographische Ähnlichkeit, trotz der verschiedenen Kristallsysteme.

$$a:c$$

Melinophan $Si_3 O_{10} [Be F] Be Ca_2 Na$ Tetragonal   1:0,6584

$$a:b:c$$

Leukophan $[Si O_3]_2 [Be F] Ca Na$ Rhomb.-disphen.   0,9939:1:0,6722

Anmerk. Im Melinophan wurde auch etwas Al gefunden, das in der obigen Formel zum Be gezogen ist.

4. Gruppe.

Die folgenden Mineralien sind untereinander nah verwandt und stehen in ihrer Zusammensetzung den Metasilikaten sehr nahe.

Weinbergerit $Si_4 O_{13} Al Fe_3'' Na$ Rhombisch

Anmerk. Die Konstitution dieses bisher nur in einem Meteoreisen beobachteten Minerals ist vielleicht $[SiO_3]_4 [AlO] Fe''_3 Na$.

Astrophyllit $(Si, Ti, Zr)_5 O_{16} (Fe, Mn)_4 (K, Na, H)_4$ Rhombisch-dipyr.

$$a:b:c = 1,0098:1:4,7566$$

Anmerk. Der noch nicht quantitativ analysierte **Lamprophyllit** ist damit verwandt; qualitativ wurden SiO_2, TiO_2, Fe, Mn und Na nachgewiesen.

Astrolith $Si_5 O_{16} (Al, Fe)_2 Fe (Na, K)_2 H_2$ Rhombisch?

Anmerk. Astrophyllit und Astrolith lassen sich beide als saure Salze der Säure $Si_5 O_{16} H_{12} = 5 [SiO_4 H_4] — 4 H_2O$ auffassen.

Dem Sauerstoffverhältnis nach kann man auch die zu den basischen Silikaten gestellten Mineralien Ganomalith und Nasonit (s. S. 88) zu den intermediären rechnen, ferner die Ceritgruppe (S. 88) und eine Anzahl der wegen ihrer nahen Verwandtschaft mit den entsprechenden Orthosilikaten dortselbst aufgenommenen Verbindungen, besonders Glimmermineralien, sowie den bei den Polysilikaten S. 117 erwähnten Didymolith.

D. Metasilikate und -titanate.

1. Gruppe (Perowskit-Ilmenitgruppe).

Die natürlich vorkommenden Metatitanate der zweiwertigen Metalle bilden eine Gruppe, die mit den entsprechenden Metasilikaten in keinerlei kristallographischen Beziehungen steht. Während die Mg-, Mn- und Fe-Salze trigonal und unter sich völlig isomorph sind, weicht das Ca-Salz gänzlich ab, indem es pseudokubische, in Wirklichkeit wahrscheinlich aus rhombischen Lamellen bestehende Kristalle bildet. Das Eisenmetatitanat, der Ilmenit, wurde früher wegen der Ähnlichkeit seines Achsenwinkels mit dem des Hämatites zu diesem gestellt und als isomorphe Mischung von Ti_2O_3 mit Fe_2O_3 betrachtet (vgl. S. 33). Aus der Isomorphie des Ilmenits mit den Metatitanaten von Mg und Mn, über deren Konstitution kein Zweifel möglich ist, ergibt sich jedoch mit voller Sicherheit, daß auch der Ilmenit als Ferrometatitanat aufzufassen ist und nicht als Gemisch von Oxyden; außerdem ist nachgewiesen, daß alles Titan im Ilmenit vierwertig ist. Ob es sich bei den folgenden Reihen um Dimorphie handelt, ist unbekannt.

a) Pseudokubische Reihe.

Perowskit $Ti O_3 Ca$ Pseudokubisch (rhombisch (?)
$$a:b:c = 0,9881:1:1,4078$$

Anmerk. **Knopit** unterscheidet sich vom Perowskit nur durch einen geringen Gehalt an Cer, das vielleicht in vierwertiger Form auftritt und Titan zum Teil ersetzt.

b) Trigonale Reihe.

Geikielith $Ti O_3 Mg$ Trig.-rhomboëdrisch   85° 34′ (a:c = 1:1,370)
Pyrophanit $Ti O_3 Mn$ »   85° 36′ (a:c = 1:1,369)
Ilmenit $Ti O_3 Fe$ »   85° 8′ (a:c = 1:1,385)
(Crichtonit, Menaccanit, Titaneisenerz z. T.)

Anmerk. Geikielith enthält einige Prozent FeO. Pyrophanit enthält etwas SiO_2, Fe_2O_3 und Sb_2O_3.' Ilmenit enthält oft etwas Geikielith in isomorpher Mischung, der **Pikroïlmenit (Pikrotitanit)** sogar vorherrschend. Ferner liefert der Ilmenit bei der Analyse oft einen Überschuß an Fe_2O_3 gegenüber der zur Sättigung des Titans erforderlichen Fe-Menge, was auf eine häufig vorkommende innige Verwachsung mit Hämatit zurückzuführen ist (vgl. darüber S. 33). **Mohsit** ist jedenfalls mit Ilmenit identisch; **Senait** ist eine Mangan und Blei enthaltende Abart des Ilmenits, **Hydroilmenit** ist ein teilweise zersetzter manganhaltiger Ilmenit. Ein kompliziertes, vielleicht hierher gehöriges Mineral ist der **Långbanit**, trigonal, $\alpha = 85^{\circ}30'$ (a : c = 1 : 1,4407), vielleicht eine Mischung von $R''''O_3R''$, worin $R'''' = (Mn, Si)$ und $R'' = (Mn, Ca, Mg)$, mit Fe_2O_3 und Sb_2O_3; doch ist die Formel ganz unsicher. Ebenfalls am besten als Mischung von Geikielith und Pyrophanit mit (stark vorherrschend) Hämatit, Korund und Magnesiumaluminat läßt sich der rhomboëdrische ($\alpha = 80^{\circ}6'$, a : c = 1 : 1,56) **Högbomit** auffassen.

2. Gruppe (Pyroxengruppe).

Diese wichtige Gruppe enthält eine Anzahl von Mineralien, die genau einem einfachen Metasilikat bzw. isomorphen Mischungen von Metasilikaten entsprechen, so die sog. rhombischen, in Wirklichkeit aus submikroskopischen monoklinen Lamellen aufgebauten Pyroxene mit der Formel $SiO_3(Mg, Fe)$. Andere Glieder sind dagegen mit Sicherheit Doppelsalze mit der Formel $[SiO_3]_2R''R''$, wobei $R'' = (Mg, Fe)$ bzw. (Ca, Mn, Zn) sein kann, so Diopsid und Hedenbergit (ersterer enthält meistens einen Überschuß von SiO_3Mg, der nach Allen und White in fester Lösung vorliegt). Es sind also ganz ähnliche Verhältnisse wie bei der Kalzit-Dolomitreihe und wie dort wird auch hier die Formel der einfachen Verbindungen einfach geschrieben, also SiO_3R'', nicht $[SiO_3]_2R''R''$, wie es vielfach üblich ist.

Alle Pyroxene (mit ganz wenigen Ausnahmen) enthalten außer den zweiwertigen Metallen noch dreiwertige, und zwar der **grüne Augit** sowie der **Fassait** besonders Aluminium, während im **schwarzen** oder **gemeinen Augit** Eisen überwiegt. Wenn man nun in einem Augit den Gehalt an dem Diopsidmolekül auf Grund des analytisch gefundenen Calciums berechnet und von der empirischen Zusammensetzung abzieht, so bleibt ein Rest übrig von der Zusammensetzung SiO_6Al_2Mg, in dem Al zum Teil durch Fe''' vertreten ist. Aus diesem Grund nahm Tschermak an, alle Augite müßten Mischungen der Diopsidreihe mit diesem nach ihm benannten Aluminium- bzw. Ferrisilikat sein, für das sich unter Berücksichtigung der Tatsache, daß Aluminium- und Eisenoxyd auch als Säuren auftreten können, folgende Konstitutionsformeln ergeben:

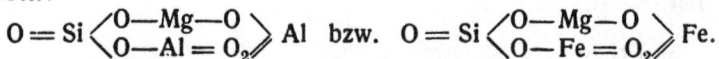

$$O = Si \left\langle \begin{array}{l} O-Mg-O \\ O-Al=O_2 \end{array} \right\rangle Al \quad \text{bzw.} \quad O = Si \left\langle \begin{array}{l} O-Mg-O \\ O-Fe=O_2 \end{array} \right\rangle Fe.$$

Eine große Anzahl von Pyroxenanalysen läßt sich nun durch diese Annahme erklären, aber nicht alle. Diese Tschermaksche Theorie erfordert folgende gegenseitige Verhältnisse der einzelnen Bestandteile (hier mit SiO_2, $R''O$ und R'''_2O_3 bezeichnet): 1. $R'''_2O_3 : R''O$ bzw. zu SiO_2 kann zwischen den Grenzfällen 2 : 1 (Tschermaksches Silikat) und 0 : 1 (normaler Diopsid) schwanken; diese Bedingung wird stets erfüllt. 2. $R''O : SiO_2$ ist bei allen angenommenen Komponenten stets 1 : 1, dieses Verhältnis müßte sich also auch bei jedem Pyroxen als Mischung dieser Komponenten ergeben; das ist aber nicht der

Fall und daher ist diese Tschermaksche Hypothese zur Erklärung der Pyroxene nicht ausreichend. Es gibt vielmehr Arten, bei denen das Verhältnis $SiO_2 : R''O$ kleiner als $1 : 1$ ist, wie auch solche, wo dieses Verhältnis größer ist. Um dies zu erklären, wäre jedoch die Beimischung eines basischen Silikates von unbekannter Konstitution erforderlich. Am einfachsten lassen sich die Analysenergebnisse deuten, wenn man mit Zambonini als vorläufige, rein empirisch gefundene Bestandteile der Pyroxene folgende annimmt: 1. Metasilikate zweiwertiger Metalle (Diopsidreihe, SiO_3Mg usw.); 2. Aluminate der Art R'''_2O_4R'', wobei R''' besonders Al und Fe ist; 3. ein Silikat mit dreiwertigen Metallen, entweder $R'''_2[SiO_3]_3$ oder $R''R'''_2$ $[SiO_3]_4$. Letzterer Bestandteil ist nie in sehr beträchtlicher Mengen vorhanden. Bei Annahme dieser drei Komponenten ist das Tschermaksche Silikat überflüssig, dessen Existenz auch deshalb zweifelhaft erscheint, weil es bisher wenigstens nicht künstlich darstellbar war. Obwohl sich durch diese Theorie von Zambonini die Pyroxene erklären lassen, fehlen noch vor allem experimentelle Bestätigungen und insofern ist die Konstitution dieser wichtigen Mineralgruppe noch nicht einwandfrei bekannt.

Zu den Pyroxenen sind außer den bereits genannten noch mehrere Mineralien zu rechnen, die von den vorigen verschieden sind, teils so wenig, daß ihre Pyroxennatur außer Frage steht, teils aber (Wollastonit, Schizolith) so sehr, daß sie wahrscheinlich abzutrennen sind, wenn sie mangels einer sicheren Entscheidung auch noch bei den Pyroxenen belassen werden. Zunächst kommen Mineralien mit der Formel $[SiO_3]_2R'''R'$ in Betracht, wobei $R''' =$ Al und Fe, $R' =$ Na und Li ist; sie sind auf Grund ihrer physikalischen Eigenschaften mit Sicherheit als Pyroxene zu betrachten und enthalten gelegentlich das Diopsidmolekül beigemischt (**Urbanit**) oder bedingen ihrerseits einen Alkaligehalt mancher Augite (**Ägirin-Augite**).

Noch stärker von den typischen Pyroxenen weichen das Calciummetasilikat Wollastonit und die mit ihm nächstverwandten Mineralien ab, jedoch sprechen auch bei ihnen mehrere Eigenschaften für eine Vereinigung mit der Pyroxengruppe, die aus Zweckmäßigkeitsgründen beibehalten ist.

Zu den Pyroxenen gehört endlich, offenbar einer anderen Modifikation entsprechend, eine Anzahl trikliner Mineralien, deren Hauptbestandteil das Manganmetasilikat SiO_3Mn bildet. Dazu kommen die entsprechenden Verbindungen von Ca, Mg und Fe'' und als dreiwertige Elemente Fe''', Al, vielleicht auch Mn'''. Für letztere ist es nach Zambonini am wahrscheinlichsten, daß sie nicht wie bei den monoklinen Pyroxenen als Aluminate, sondern als Metasilikate von der Form $R'''_2[SiO_3]_3$ vorkommen. Die Mineralien Schizolith und Margarosanit dagegen entsprechen mehr dem Pektolith und Alamosit der monoklinen Reihe und weichen so stark vom Pyroxentypus ab, daß sie wahrscheinlich nicht mehr hierher gehören; wie

Pektolith und Alamosit sind sie jedoch vorläufig in dieser Gruppe beibehalten.

Obwohl, wie erwähnt, nicht alle Pyroxene unter sich gleich nah verwandt sind, müssen sie doch wegen ihrer kristallographischen und sonstigen Eigenschaften zu einer großen Gruppe vereinigt werden, die nach der Symmetrie ihrer Glieder in eine monokline (bzw. pseudorhombische) und in eine trikline Reihe zerfällt.

a) Monokline (bzw. pseudorhombische) Reihe.

			$a:b:c$
Enstatit $\Big\}$ **Bronzit**	SiO_3 (Mg, Fe)	Pseudorhombisch	$1,0308:1:0,5885$
Hypersthen (Paulit)	SiO_3 (Mg, Fe)	»	$1,0295:1:0,5868$

Anmerk. Enstatit enthält weniger als 5% FeO, Bronzit 5—13%, Hypersthen über 13% FeO. Das angegebene Axenverhältnis bezieht sich auf Bronzit mit 13% und auf Hypersthen mit 25% FeO. Die monokline Form des fast eisenfreien Enstatits, der Klinoënstatit, wurde in einem Meteoriten beobachtet; die Messungen an künstlichen Kristallen ergaben angenähert $a:b:c = 1,033:1:0,591$; $\beta = 90°49'$. Protobastit ist ein Bronzit, der infolge beginnender Zersetzung eine abweichende optische Orientierung zeigt. Stärker zersetzt heißt er **Diaklasit** und geht schließlich in den wasserhaltigen **Bastit** oder **Schillerspat** über, der also nur ein umgewandelter Bronzit ist. Der geringe Gehalt an Al und Fe''' liegt nach Zambonini wahrscheinlich als (Al, Fe)$_2$[SiO$_3$]$_3$ vor und nicht, wie bei der monoklinen Reihe, als Aluminat.

Diopsid   [SiO$_3$]$_2$ Mg Ca   Monoklin-prismat.
(Sahlit, grüner Augit z. T.)

                                        $a:b:c$ β
                                $1,0503:1:0,5894 \quad 90°\,9'$

Hedenbergit [SiO$_3$]$_2$ Fe Ca   Monoklin-prismat.
(Kalkeisenaugit)

                                        $a:b:c$ β
                                $1,050:1:0,587 \quad 90\tfrac{1}{2}°$ ca.

Schefferit $\cdot$[SiO$_3$]$_2$ (Mg, Fe) (Ca, Mn)   Monoklin-prismat.

                                        $a:b:c$ β
                                $1,0574:1:0,5926 \quad 90°\,30'$

Anmerk. Die für den Diopsid angegebene Formel stimmt nur für wenige reine Arten; meist ist SiO$_3$Mg in fester Lösung vorhanden, die Formel also [SiO$_3$]$_2$MgCa . n SiO$_3$Mg; besonders reich daran ist der **Magnesiumdiopsid**. Häufig ist etwas Mg durch Fe ersetzt, meist auch ein wenig Al und Fe''' vorhanden. Ein Teil der dreiwertigen Metalle ist beim **Chromdiopsid** durch Cr''' ersetzt; eine **Lawrowit** genannte Varietät enthält statt dessen vielleicht V'''. Mit Diopsid identisch sind **Malakolith, Alalith, Mussit** und **Baikalit** sowie der stets eisenreichere **Kokkolith**. **Manganhedenbergit** ist ein Kalkeisenaugit mit isomorpher Beimischung von SiO$_3$Mn und wenig SiO$_3$Mg. **Collbranit** wird auf Grund seiner optischen Eigenschaften für einen dem Hedenbergit nahestehenden stark eisenhaltigen Pyroxen gehalten, doch wurde er noch nicht analysiert. Schefferit enthält manchmal etwas SiO$_3$Zn beigemischt (**Zinkschefferit**); eine ebenfalls Zink enthaltende Abart wurde als **Jeffersonit** beschrieben.

Fassait
(grüner Augit z. T.)
$\begin{cases} [\text{Si O}_3]_2 (\text{Mg, Fe}) \text{Ca} \\ (\text{Al, Fe})_2 \text{O}_4 (\text{Mg, Fe}) \end{cases}$

Monokl.-prismat.

Schwarzer Augit
(gemeiner Augit)
$\begin{cases} \text{Si O}_3 (\text{Fe, Mg}) \\ (\text{Fe, Al})_2 \text{O}_4 (\text{Fe, Mg}) \\ [\text{Si O}_3]_3 (\text{Fe, Al})_2 \end{cases}$

a:b:c β
$1,052 : 1 : 0,592$ $90^0\ 22'$

Anmerk. **Leukaugite** sind sehr eisenarme Augite; in den **Titanaugiten** ist etwas TiO_2 an Stelle von SiO_2 enthalten, vielleicht auch Ti_2O_3 für Al_2O_3 und Fe_2O_3. Der blättrige **Diallag** ist teils eisenreicher Diopsid, teils Fassait; zu letzterem gehört auch der **Omphazit.**

a:b:c β

Jadeit $[\text{Si O}_3]_2$ Al Na   Monokl.-prismat. ?

Spodumen $[\text{Si O}_3]_2$ Al Li   » $1,0539 : 1 : 0,7686$ $90^0\ 47'$
(Triphan)

Aegirin $[\text{Si O}_3]_2$ Fe Na   » $1,0527 : 1 : 0,6012$ $90^0\ 59\frac{1}{2}'$
(Akmit)

Urbanit
(Eisenschefferit,
Lindesit)
$\begin{cases} [\text{Si O}_3]_2 \text{ Fe Na} \\ [\text{Si O}_3]_2 (\text{Ca, Mg, Mn})_2 \end{cases}$ » $1,0482 : 1 : 0,7460$ $91^0\ 55'$

Anmerk. Diese alkalihaltigen Pyroxene bedingen durch isomorphe Beimischung den häufigen geringen Alkaligehalt der Pyroxene mit vorherrschendem Gehalt an zweiwertigen Metallen. Derartige Pyroxene sind z. B.: **Fedoroffit**, ein Diopsid mit geringem Gehalt an Al, Fe und Na, der sich optisch dem Ägirin nähert. Dann **Violan**, ein Diopsid mit untergeordneten Beimengungen von Jadeit, Ägirin und dem damit isomorphen Silikat $[\text{SiO}_3]_2\text{Mn}'''\text{Na}$; wahrscheinlich mit ihm verwandt ist der noch nicht genauer bekannte **Blanfordit**, der ebenfalls Mn enthält, desgleichen der nur derb bekannte **Anthochroit**. Umgekehrt enthalten die Alkalipyroxene, besonders der Jadeit, stets in geringer Menge Glieder der Diopsidreihe beigemischt. **Chloromelanit** ist ein Jadeit mit geringem Gehalt an Fe, Ca und Mg. **Hiddenit** ist ein chromhaltiger Spodumen, **Kunzit** eine rosarote Abart des letzteren. Aegirin und besonders die Akmit genannte Varietät desselben enthalten auch etwas Fe''. Ein Aegirin aus Montana enthält bis 4 Proz. V_2O_3 an Stelle von Al_2O_3. **Jadeit-Aegirin** ist ein Aegirin, dem merkliche Mengen des Jadeitmoleküls beigemischt sind. **Hedenbergit-Aegirin** oder **Aegirin-Hedenbergit** ist eine Mischung dieser beiden Körper, ebenso **Aegirin-Diopsid**. **Violait** ist ein Pyroxen mit geringem Na-Gehalt; ein **Pigeonit** benannter Pyroxen ist seiner Zusammensetzung nach noch nicht bekannt.

a:b:c β

Wollastonit Si O$_3$ Ca   Monokl.-prismat. $1,0523 : 1 : 0,9694$ $95^0\ 24\frac{1}{4}'$

Pektolith $[\text{Si O}_3]_2$ Ca Na H   » $1,0723 : 1 : 0,9864$ $95^0\ 20'$

Alamosit   Si O$_3$ Pb   » $1,375 : 1 : 0,924$ $95^0\ 50'$

Anmerk. Die Formel des **Pektoliths** steht nicht ganz fest; die oben angegebene entspricht den besten Analysen am nächsten; in der Regel wird $SiO_3(\text{Ca, Na}_2)$ angenommen bzw. in Analogie mit Diopsid $[\text{SiO}_3]_2(\text{Ca, Na}_2)_2$. **Manganpektolith** enthält etwas Mn für Ca, **Magnesiapektolith** enthält über 5 Proz. MgO an Stelle von Ca. **Walkerit** ist ein durch Wasseraufnahme stark veränderter Pektolith. **Eakleit** soll die dem Pektolith entsprechende natriumfreie Kalziumverbindung sein. Seiner Zusammensetzung nach gehört vielleicht auch der **Rosenbuschit** hierher, im wesentlichen ein Metasilikat von Ca und Na, in dem Si teilweise durch Zn und Ti, O durch F, Ca und Na wahrscheinlich zum kleinen Teil durch Ti als Base vertreten sind; das Axenverhältnis wird bei Wahl einfacher Indices a : b : c = 0,9348 : 1 : 1,8170; $\beta = 101^0 47'$. Wahrscheinlich ebenfalls hierher gehören noch folgende beiden sehr kompliziert zusammengesetzten Mineralien: **Lâvenit** (a : b : c = 1,0963 : 1 : 0,7151; $\beta = 110^0 17\frac{1}{2}'$), ungefähr $[SiO_3]_2$ (Mn, Ca, Fe) [ZrO.F] Na; d. h. ein manganhaltiger Pektolith, in dem das H-Atom durch die einwertige Gruppe [ZrO.F] ersetzt ist; außerdem sind aber 4 bis 5 Proz. Tantal- und Niobsäure in dem Mineral vorhanden. **Pseudolâvenit** unterscheidet sich optisch davon. **Wöhlerit** (a : b : c = 1,0536 : 1 : 0,7088; $\beta = 108^0 57'$) hat die empirische Zusammensetzung $Si_{10} Zr_3 Nb_2 O_{42} F_3 Ca_{10} Na_5$, was sich nicht näher deuten läßt. Vielleicht gehört eben so wie der Lâvenit zu den Heteropolysalzen S. 118.

b) Trikline Reihe.

Rhodonit $SiO_3 Mn$ Triklin-pin.   a:b:c 1,0729 : 1 : 0,6213
(Pajsbergit, Bustamit) od. SiO_3 (Mn, Ca) $\alpha = 103^0 18'$ $\beta = 108^0 44'$ $\gamma = 81^0 39'$

Fowlerit SiO_3 (Mn, Fe, Ca, Zn, Mg) Trikl.-pin.   a:b:c 1,0780 : 1 : 0,6263
$\alpha = 103^0 39'$ $\beta = 108^0 48\frac{1}{2}'$ $\gamma = 81^0 55'$

Anmerk. **Eisenrhodonit** hat einen ziemlich hohen Eisenoxydulgehalt. **Sobralit** ist etwa SiO_3 (Mn, Fe, Mg, Ca), wobei Mn : Fe : Mg : Ca sich ungefähr wie 4 : 2 : 1 : 1 verhalten. Zum Rhodonit gehören der unreine, mit Quarz oder Manganspat gemengte **Mangankiesel**, sowie **Hermannit**. **Hydrorhodonit** scheint ein Rhodonit zu sein, der infolge beginnender Zersetzung Wasser aufgenommen hat. **Klipsteinit** ist ein Gemenge von Rhodonit und Wad. **Neotokit**, **Wittingit** und **Stratopeit** sind kolloidale Mangansilikate, Zersetzungsprodukte des Rhodonits ohne bestimmte Formel. **Pyroxmangit** ist SiO_3 (Mn, Fe) mit geringer Beimischung von $[SiO_3]_3 Al_2$.

Babingtonit $\left\{ \begin{array}{l} SiO_3 (Ca, Fe, Mn) \\ [SiO_3]_3 Fe_2 \end{array} \right\}$ Triklin-pin.   a:b:c 1,0807 : 1 : 0,6237
$\alpha = 77^0 33'$ $\beta = 108^0 34'$ $\gamma = 97^0 7'$

Schizolith $[SiO_3]_3$ (Ca, Mn, Fe)$_2$ (Na, H)$_2$ Triklin-pin. a:b:c 1,1061 : 1 : 0,9863
$\alpha = 90^0 11'$ $\beta = 94^0 45\frac{3}{4}'$ $\gamma = 103^0 7\frac{1}{4}'$

Margarosanit $[SiO_3]_3 (Ca_2 Pb$ Triklin-pin.   a:b:c 0,7500 : 1 : 1,2849
$\alpha = 74^0 37'$ $\beta = 50^0 28'$ $\gamma = 78^0 53'$

3. Gruppe (Amphibolgruppe).

In naher Beziehung zu der Gruppe der Pyroxene steht die der Amphibole, bei der sich die dort geschilderten Verhältnisse ziemlich genau wiederholen, nur daß die feststellbaren Doppelsalze nicht das zweifache, sondern das vierfache Molekül der einfachen Verbindungen haben, nämlich **Tremolit** $[SiO_3]_4 Mg_3 Ca$ und **Aktinolith** $[SiO_3]_4 (Mg,Fe)_3 Ca$. Auch bei den Amphibolen gibt es eine monokline und eine trikline Reihe und auch hier sind die einfachsten Glieder der monoklinen Reihe durch Pseudosymmetrie scheinbar rhombisch. Eine weitere Beziehung zwischen den beiden Mineralgruppen besteht darin, daß ihre Elemente in einem sehr einfachen Verhältnis stehen. Für den Augit sind eigent-

lich die naturgemäßeren Elemente, bei denen die Endflächen den einfachsten Ausdruck erhalten, die folgenden: a : b : c = 1,0921 : 1 : 0,5893;
$\beta = 105^{0}49'$; für die schwarze Hornblende ergibt sich: a : b : c =
0,5318 : 1 : 0,2936; $\beta = 104^{0}58'$; β ist also fast gleich, a und c verhalten sich wie 2 : 1. Die große Mehrzahl der Amphibole ist chemisch
nur durch Annahme der gleichen Komponenten zu erklären, die bei
den Pyroxenen auftreten; auch hier genügt das Tschermaksche
Molekül nicht für alle Analysen, weshalb die von Zambonini vorge-
schlagenen Mischungsglieder angenommen werden. Das häufigste
Mineral der Gruppe, die Hornblende, bildet wie der Augit zwei chemisch
und paragenetisch deutlich unterscheidbare Glieder, den eisenarmen
Pargasit und die eisenreiche (gemeine) schwarze Hornblende. Die den
Alkalipyroxenen entsprechenden Glieder [SiO_3] R'''R' kommen nicht
frei vor, sondern nur in isomorpher Mischung mit den Salzen zweiwertiger Metalle, bilden aber so eine große Anzahl von Arten. Die
triklinen Amphibole zeigen in mancher Hinsicht noch mehr Beziehungen
zu den Pyroxenen als die monoklinen, weshalb sie Soellner als eine
selbständige, zwischen Pyroxenen und Amphibolen stehende Gruppe
auffaßt; bis eindeutigere Untersuchungen vorliegen, empfiehlt es sich
jedoch, sie nicht von den Amphibolen zu trennen.

Die ziemlich zahlreichen Untersuchungen an Pyroxenen und Amphibolen ergaben bisher keinerlei Anhaltspunkte dafür, daß ihre Glieder
im Verhältnis der Dimorphie zueinander stehen. Bei der großen Übereinstimmung in vielen physikalischen Eigenschaften ist eine solche
auch von vorneherein unwahrscheinlich und viel eher Polymerie anzunehmen; dementsprechend besitzen auch, wie erwähnt, die Doppelsalze unter den Pyroxenen die Formel [SiO_3]$_2$ R''$_2$, die unter den Amphibolen aber die verdoppelte [SiO_3]$_4$ R''$_4$. Für diese Frage ist von be-
sonderem Interesse, daß in der Natur Umwandlungen von Pyroxen
in Amphibol (Uralit, Traversellit) stattgefunden haben, bei denen die
Orientierung der Amphibolkristalle der oben gegebenen Beziehung
entspricht, d. h. es liegen dann Kristalle von der Form des Augits vor,
die nach dem Hornblendeprisma spalten. Ein charakteristischer Unterschied in der chemischen Zusammensetzung beider Gruppen besteht
darin, daß die Amphibole fast stets in geringen Mengen einwertige
Metalle, vor allem Natrium enthalten, dazu aber noch Hydroxyl und
in manchen Fällen etwas Fluor, welch letztere beiden den Pyroxenen
ganz fehlen. Wie erwähnt, wiederholen sich die Verhältnisse der
Pyroxengruppe bei den Amphibolen, nur dem Wollastonit und seinen
Nächstverwandten entsprechende Amphibole wurden bisher noch nicht
aufgefunden.

a) Monokline (bzw. pseudorhombische) Reihe.

			a:b:c
Anthophyllit	Si O_3 (Mg, Fe)	Pseudorhombisch	0,51 : 1 : 0,2 ca.
Gedrit (Snarumit)	$\begin{cases} \text{Si } O_3 \text{ (Mg, Fe)} \\ \text{Al}_2 O_4 \text{ (Mg, Fe)} \end{cases}$	»	0,5229 : 1 : 0,217

Anmerk. Der sog. **Eisenanthophyllit** ist anscheinend SiO_3 Fe, während sonst im Anthophyllit meistens Mg vorherrscht; dazu kommt ein wenig Aluminium. Der pseudorhombische **Vallelt** enthält 5 Proz. CaO.

Tremolit $[SiO_3]_4 Mg_3 Ca$ Monoklin-prismatisch
(Grammatit, Calamit)

Aktinolith $[SiO_3]_4 (Mg, Fe)_3 Ca$ $a:b:c$ β
(Strahlstein) $0,5415:1:0,2886$ $105^0\ 11\frac{1}{2}'$

Richterit $SiO_3 (Mg, Ca, Mn, K_2, Na_2)$ Monoklin-prismatisch
$$a:b:c = 0,5499:1:0,2854 \quad \beta = 104^0\ 14'$$

Anmerk. Wie bei allen Amphibolen ist auch bei den obigen etwas R″ durch H_2 ersetzt und, namentlich beim Aktinolith, durch Fluor. **Grünerit** ist angeblich SiO_3 Fe. **Cummingtonit (Anthophyllit-Amphibol)** und **Amosit** haben die Zusammensetzung eines eisenreichen Anthophyllits, sind aber deutlich monoklin. **Dannemorit, Asbeferrit, Silfbergit** und **Hillängsit** sind alle etwa SiO_3 (Fe, Mg, Mn); **Kupfferit** enthält neben viel Mg auch 3 bis 5 Proz. Sesquioxyde, besonders Al_2O_3 und Cr_2O_3. **Nephrit** ist dichter Treomlit oder Aktinolith, **Nephritoid** und **Fasernephrit** sind faseriger Nephrit. **Natronrichterit** enthält mehr Na als K, **Imerinit** ist frei von MnO, enthält aber etwas Sesquioxyde. **Winchit** ist SiO_3 (Mg, Ca, Na_2, K_2, Mn) mit geringem Gehalt an Fe_2O_3 und Al_2O_3. **Marmairolith** ist wahrscheinlich identisch mit Richterit.

Pargasit $\begin{cases} [SiO_3]_4 (Mg, Fe)_3 Ca \\ (Al, Fe)_2 O_4 (Mg, Fe) \end{cases}$ Monokl.-prismat.
(grüne Hornblende, Edenit)

Schwarze Hornblende $\begin{cases} [SiO_3]_4 (Fe, Mg)_3 Ca \\ (Fe, Al)_2 O_4 (Fe, Mg) \\ [SiO_3]_3 (Fe, Al)_2 \end{cases}$ $a:b:c$
(gemeine Hornblende) $0,5318:1:0,2936$
                                         $\beta = 104^0\ 58'$

Anmerk. **Smaragdit** ist eine grüne Hornblende; **Xiphonit** ist eine eisenarme Hornblende, die aber nicht analysiert ist. Manche eisenreiche Hornblenden enthalten an Stelle von SiO_2 etwas TiO_2 und für Fe_2O_3 wechselnde Mengen von Ti_2O_3, so **Linosit** und **Kaersutit**; letzterer enthält auch etwas SnO_2. **Soretit, Karinthin** und **Hudsonit** sind eisenreiche Hornblenden. **Hornblende-Asbest (Zillerit, Amianth, Byssolith, Asbest z. T.)** ist ein umgewandelter, feinfaseriger Amphibol, ähnlich dem Serpentin-Asbest (S. 99). **Uralit** und **Traversellit** sind durch Umwandlung aus Pyroxen entstandene Hornblenden. **Bergamaskit** und **Hastingsit** enthalten als R″ fast nur Fe, **Philipstadit** auch etwas Mn, alle drei außerdem ein wenig Alkalien, wodurch Übergänge zum folgenden Mineral entstehen.

Arfvedsonit $\begin{cases} SiO_3 (Fe, Mg, Na_2, Ca) \\ (Al, Fe)_2 O_4 (Ca, Mg, Fe) \end{cases}$ Monoklin-prismat.
                                $a:b:c = 0,5496:1:0,2975$
                                    $\beta = 104^0\ 15\frac{1}{2}'$

Anmerk. **Barkevikit** enthält mehr Ca als Na. Zwischen Barkevikit und Arfvedsonit in der Zusammensetzung steht der optisch abweichende **Katophorit;** der ihm ähnliche **Anophorit** enthält mehr Mg und weniger Fe. **Noralit** ist ein an Fe reicher und an Mg armer Barkevikit.

Amphibole mit höherem Gehalt an den Silikaten $[SiO_3]_2 R''' R'$ sind die folgenden:

Glaukophan $\begin{cases} [SiO_3]_2 Al Na \\ SiO_3 (Mg, Fe, Ca) \end{cases}$ Monokl.-prism. $a:b:c$ β
                                             $0,53\ :1:0,29$ 103^0ca.

Riebeckit $\begin{cases} [Si\,O_3]_2\,Fe\,Na \\ SiO_3(Fe,Ca,Mn,Mg) \end{cases}$ Monokl.-pirsm. $\quad\begin{matrix} a:b:c & \beta \\ 0,5475:1:0,2295 & 103^0\,30' \end{matrix}$

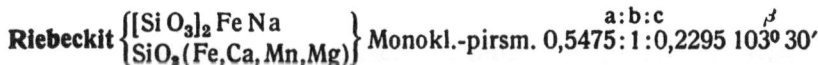

Anmerk. Diese beiden Mineralien lassen sich als Mischungen der angegebenen Silikate ohne Zuhilfenahme des Aluminates erklären. **Osannit** steht zwischen Arfvedsonit und Riebeckit. **Holmquistit** ist ein lithiumhaltiger Glaukophan. Zum Glaukophan gehört der **Rhodusit** und wahrscheinlich auch der **Tschernischewit**, während sich der **Bababudanit** dem Riebeckit nähert. **Gastaldit** hat die Zusammensetzung eines an zweiwertigen Metallen reichen Glaukophans; er enthält nur sehr wenig oder gar kein Fe_2O_3. Beim **Crossit** ist etwa der dritte Teil der Al_2O_3 durch Fe_2O_3 ersetzt, wodurch Übergänge zum Riebeckit entstehen. **Krokydolith** und **Griqualandit** sind faseriger Riebeckit. **Szechenyit** ist ein noch nicht näher bekannter Natronamphibol. **Spezialt** gehört nach Colomba auf Grund seiner physikalischen Eigenschaften ebenfalls zu den Amphibolen, hat aber nach dem Genannten die Zusammensetzung eines Orthosilikates, etwa $SiO_4(Ca, Mg, Fe, Na_2, H_2).5[SiO_4]_3Fe_4'''$; das Mineral bedarf weiterer Untersuchung, ehe sich seine Stellung im System angeben läßt.

b) Trikline Reihe.

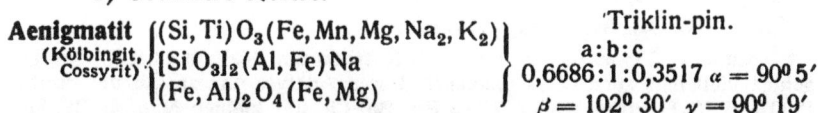

Aenigmatit $\begin{cases} (Si, Ti)O_3(Fe, Mn, Mg, Na_2, K_2) \\ [SiO_3]_2(Al, Fe)Na \\ (Fe, Al)_2O_4(Fe, Mg) \end{cases}$ $\quad\begin{matrix} \text{Triklin-pin.} \\ a:b:c \\ 0,6686:1:0,3517 \;\; \alpha = 90^0\,5' \\ \beta = 102^0\,30' \;\; \gamma = 90^0\,19' \end{matrix}$
(Kölbingit, Cossyrit)

Anmerk. Aenigmatit und Cossyrit sind identisch, doch enthält letzterer mehr Sesquioxyde, namentlich Fe_2O_3, das im Cossyrit stark vorherrscht, während es sich im Aenigmatit zu Al_2O_3 etwa wie 1 : 1 verhält. Ein Teil der Alkalien ist als Doppelsilikat $[SiO_3]_2(Al, Fe)Na$ vorhanden, ein Teil ersetzt zweiwertige Metalle. Der Cossyrit hat einen relativ höheren Gehalt an Alkalien. **Rhönit** unterscheidet sich von beiden namentlich durch viel größeren Gehalt an Sesquioxyden; in ihm ist außer den oben genannten Bestandteilen noch ein Metasilikat $[SiO_3]_3(Al, Fe)_2$ anzunehmen, wogegen wohl alles Alkali als Doppelsilikat $[SiO_3]_2(Al, Fe)Na$ vorhanden ist. Auch der Gehalt an dem Aluminat, das bei Aenigmatit und Cossyrit ganz zurücktritt, ist beim Rhönit höher (etwa Silikat zu Aluminat = 3 : 1).

4. Gruppe.

Das folgende Mineral muß als Ferrimetatitanat betrachtet werden.

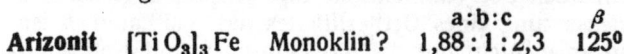

Arizonit $[Ti\,O_3]_3\,Fe$ Monoklin? $\quad\begin{matrix} a:b:c & \beta \\ 1,88:1:2,3 & 125^0 \end{matrix}$

5. Gruppe.

Das folgende Mineral mit der empirischen Zusammensetzung eines Metasilikates zerfällt in der Natur in ein Gemenge aus gleichen Teilen Orthoklas $(Si_3O_8Al\,K)$ und Nephelin $(SiO_4Al\,Na)$ **(Pseudoleucit)**, weshalb es als $[Si_3O_8][SiO_4]Al_2(K, Na)_2$ betrachtet werden kann. Mit den übrigen Metasilikaten zeigt es keine nähere Verwandtschaft und wird daher als eigene Gruppe angeführt.

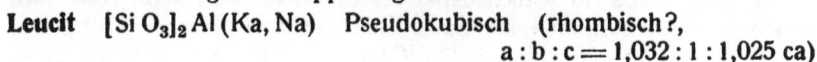

Leucit $[Si\,O_3]_2\,Al(Ka, Na)$ Pseudokubisch (rhombisch?,
$\quad\quad\quad a:b:c = 1,032:1:1,025\;ca)$

6. Gruppe.

Beryll $[Si\,O_3]_6\,Al_2\,Be_3$ Dihexagonal-dipyram.   a:c   1:0,4989
(Smaragd)

Anmerk. Diese Formel entspricht den Analysen nicht ganz genau. Etwas Al_2O_3 ist durch Fe_2O_3 vertreten, im Smaragd durch Cr_2O_3, ein wenig BeO durch FeO und CaO sowie stets durch nicht unbeträchtliche Mengen von Alkalien, namentlich Na, aber auch Li und Cs; daneben ist stets ein geringer, erst beim Glühen entweichender Wassergehalt vorhanden. Möglicherweise ist dieser zum Teil auf Einschlüsse zurückzuführen, wahrscheinlich ist aber ein Silikat $[SiO_3]_2\,Al\,R'$ in fester Lösung vorhanden, wobei R = Na, Li, Cs und H sein kann. **Aquamarin, Worobieffit** und **Morganit** sind Varietäten von Beryll.

7. Gruppe.

Hier sind zwei Mineralien untergebracht, deren Wasser erst beim Glühen entweicht und die beide als saure Aluminium-Alkalimetasilikate aufzufassen sind.

Ussingit $[Si\,O_3]_3\,Al\,Na\,H$ Triklin (Pseudomonoklin)
Pollucit $[Si\,O_3]_9\,Al_4\,Cs_4\,H_2$ Kubisch

Anmerk. Etwas Cäsium ist durch Natrium und Kalium ersetzt. Hierher gehört vielleicht auch der **Hyalotekit**, dessen Analyse nahezu auf die Formel $[SiO_3]_6\,B\,R''_4\,H$ führt, wobei R'' = Pb, Ba, Ca, mit kleinen Mengen Be, Mn, K_2 usw.; außerdem ist OH großenteils durch F vertreten. Wahrscheinlich handelt es sich aber um ein komplexes Borosilikat. **Spodiophyllit,** der nach seinen physikalischen Eigenschaften zu den Glimmern zu rechnen ist, hat ebenfalls die Zusammensetzung eines Metasilikates mit der Formel $[SiO_3]_8\,(Al, Fe)_2\,(Mg, Fe, Mn)_3\,(Na, K)_4$; das Mineral bedarf indessen noch weiterer Untersuchung.

E. Polykieselsaure Salze.

1. Gruppe (Feldspatgruppe)

Mit dem Natronfeldspat $Si_3O_8\,Al\,Na$ ist nicht nur der Kalifeldspat $Si_3O_8\,Al\,K$, sondern auch der Kalkfeldspat $Si_2O_8\,Al_2\,Ca$, obgleich letzterer die Zusammensetzung eines Orthosilikates hat, vollkommen isomorph, denn es stimmen nicht nur die Kristallformen und Kohäsionsverhältnisse aller drei Mineralien überein, sondern der Kalkfeldspat bildet auch mit dem Natronfeldspat homogene Mischkristalle (die sog. **Plagioklas**reihe oder **Kalknatronfeldspäte** der vulkanischen Gesteine) in den verschiedensten Verhältnissen, was wohl auf der fast vollkommenen Identität der Äquivalentvolumina beruht. Die empirische Formel der beiden Endglieder dieser Reihe unterscheidet sich dadurch, daß die Atomgruppe SiNa des Natronfeldspats durch die ebenfalls fünfwertige Atomgruppe AlCa im Kalkfeldspat ersetzt wird. Man kann Kali- und Natronfeldspat auffassen als Salze einer Trikieselsäure $Si_3O_8\,H_4$ mit der Konstitution HO . SiO . O . Si $[OH]_2$. O . SiO . OH, oder als Salze der Dimeta- und der Metakieselsäure, deren Reste durch ein Al-Atom verbunden sind: $NaO . OSi - O - SiO . OAl = O_2 = SiO$; bei dieser Konstitution läßt sich der Kalkfeldspat leicht ableiten; er wird $O{<}^{SiO—OAl}_{SiO—OCa}{>}O {-} O . AlO$ und dadurch kann man die namentlich von Tschermak nachgewiesene Isomorphie beider zum Ausdruck bringen. Diese Formeln zeigen auch die nahen Beziehungen zu den häufigsten Umwandlungsprodukten der Feldspäte, Muskowit und Kaolin. Eine andere Konstitution nimmt Clarke an, nämlich für den Albit $Na_3 [Si_3O_8] — Al = [Si_3O_8Al]_2$ und für den Anorthit die folgende: $[Ca SiO_4 — Al = [Si O_4 Al]_2] — Ca — [[SiO_4Al]_2 = Al — Si O_4 Ca]$. Die erwähnte häufige Umwandlung in Kaolin und Muskowit weist mit Sicherheit auf eine nahe chemische Verwandtschaft dieser Mineralien hin, doch sind die Beziehungen noch nicht völlig geklärt.

Die Feldspatgruppe bildet das beste und lehrreichste Beispiel der Polysymmetrie. Die triklinen Formen dieser Mineralien nähern sich den monoklinen sowohl durch ihre Winkel wie auch durch die Kohäsionsverhältnisse, und dieser Pseudosymmetrie der Kristallstruktur entsprechend erscheinen sie fast immer in lamellaren Zwillingen nach (010) (der Ebene, nach welcher die Kristalle nahezu symmetrisch sind) und die Lamellen sind häufig so fein, daß sie unter die Grenze der mikroskopischen Sichtbarkeit heruntergehen, und dann nimmt der Kristall alle Eigenschaften eines monoklinen an. Das ist z. T. der Fall beim Kalifeldspat (dem sog. **Orthoklas**), indem der **Adular,** der nahezu die reine Kaliverbindung ist, und der häufig viel Natron enthaltende **Sanidin** gewöhnlich auch bei starker Vergrößerung keine Lamellen erkennen lassen. Der gemeine Feldspat der Granite und verwandten Gesteine, dessen Natriumgehalt ein wechselnder ist, zeigt zuweilen allmähliche Übergänge von scheinbar vollkommen monoklinen Eigenschaften durch äußerst feine, erst bei starker Vergrößerung sichtbare Lamellenbildung bis zu deutlich lamellierten Individuen, die zuerst als **Mikroklin** vom Orthoklas getrennt wurden. Die Messung der sehr seltenen einfachen Mikroklinkristalle hat erwiesen, daß der Winkel (001) : (010) sehr wenig von 90⁰ abweicht, der Kalifeldspat also derjenige ist, welcher der monoklinen Symmetrie am nächsten kommt und bei dem daher polysymmetrische, pseudomonokline Verwachsungen am meisten begünstigt sind. Scheinbar monoklin ist auch der seltene **Bariumfeldspat** mit der dem Kalkfeldspat entsprechenden Zusammensetzung $Si_2O_8Al_2Ba$; in geringer Menge kommt er in vielen Orthoklasen vor, in etwas größerer in dem sog. **Hyalophan.** Natron und Kalkfeldspat unterscheiden sich vom Kalifeldspat dadurch, daß bei ihnen die Lamellen immer viel gröber sind. Die im folgenden angegebenen Axenverhältnisse beziehen sich auf Albit von Kirebinsk, der fast frei von Kali ist, auf Oligoklas vom Vesuv, Andesin von Sardinien und Labradorit vom Kino und vom Ätna, während Bytownit noch nicht in gut meßbaren Kristallen auf gefunden wurde.

$$a:b:c \qquad \beta$$

Kalifeldspat $Si_3O_8\,Al\,K$ Pseudomon.-prism. $0,6585:1:0,5554 \quad 116^0\,3'$
(Orthoklas, Adular)

Kalinatronfeldspat $Si_3O_8\,Al\,(K,Na)$ » $0,6356:1:0,5485 \quad 116^0\,17'$
(Natronorthoklas, Sanidin)

Celsian $Si_2O_8\,Al_2\,Ba$ » $0,657 \;:1:0,554 \quad 115^0\,35'$
(Bariumfeldspat)

     Anmerk. **Barbierit** ist angeblich ein fast kalifreier pseudomonokliner Natronfeldspat. **Cassinit** ist ein bariumhaltiger Orthoklas mit beigemengtem Albit. Die Zusammensetzung der folgenden Plagioklasreihe wird durch das Verhältnis der Endglieder Albit = Ab und Anorthit = An ausgedrückt; Albit ist ganz oder fast kalkfrei, Oligoklas geht bis $Ab_3\,An_1$, Andesin von $Ab_3\,An_1$ bis $Ab_1\,An_1$, Labradorit von da bis $Ab_1\,An_3$; solche mit noch mehr An heißen Bytownit, und Anorthit ist das reine, kalifreie Endglied.

Albit $Si_3O_8\,Al\,Na$ Trikl.-pin. $a:b:c=0,6330:1:0,5573$
$$\alpha=94^0\,5' \quad \beta=116^0\,27' \quad \gamma=88^0\,7'$$

Oligoklas $a:b:c=0,6322:1:0,5525$
$$\alpha=93^0\,4\tfrac{1}{2}' \quad \beta=116^0\,23' \quad \gamma=90^0\,4'$$

Andesin $\begin$ $a:b:c=0,6355:1:0,5517$
$$\alpha=93^0\,23' \quad \beta=116^0\,28' \quad \gamma=89^0\,59'$$

Labradorit $a:b:c=0,6377:1:0,5547$
$$\alpha=93^0\,31' \quad \beta=116^0\,3' \quad \gamma=89^0\,54\tfrac{1}{2}'$$

Bytownit $a:b:c=\,?$

Anorthit $Si_2O_8\,Al_2\,Ca$ » $a:b:c=0,6347:1:0,5501$
$$\alpha=93^0\,13' \quad \beta=115^0\,55' \quad \gamma=88^0\,48'$$

Mittlere Spalte (zu Andesin / Labradorit): $\left\{ \begin{array}{c} Si_3\,O_8\,Al\,Na \\ Si_2\,O_8\,Al_2\,Ca \end{array} \right\}$ »

     Anmerk. **Anorthoklas** und **Mikroklinalbit** sind isomorphe Mischungen von triklinem Kali- und Natronfeldspat. **Perthit, Mikroperthit** und **Kryptoperthit** sind regelmäßige Verwachsungen von Orthoklas und Albit; auch **Murchisonit** gehört hierher. **Amazonenstein (Amazonit)** ist grüner Mikroklin, der bisweilen einige Prozent Rubidium enthält. **Periklin** gehört größtenteils zum Albit, ebenso **Zygadit; Lepolith, Amphodelith, Rosellan, Cyclopit, Esmarkit, Lindsayit** und **Tankit** gehören zum Anorthit. Eine dem Anorthit entsprechende Natriumverbindung $Si_2O_8Al_2Na_2^{\cdot}$ soll der **Carnegieit** sein, der im **Anemousit** vorkommt. **Maskelynit,** angeblich ein Kalkleuzit mit der Formel $[SiO_3]_4Al_2\,(Ca,\,Na_2,\,K_2)$, ist wohl nur ein zersetzter Labrador.

2. Gruppe (Skapolithgruppe).

     Die folgenden Mineralien gleichen äußerlich den pseudotetragonalen Bavenoer Zwillingen des Feldspats und zeigen auch chemisch nahe Verwandtschaft mit ihm. Wie Tschermak nachwies, bilden sie eine fortlaufende Mischungsreihe, deren Glieder nach Borgström folgende sind:

Marialith (Chloridmarialith)	$3\,Si_3O_8\,Al\,Na\,.\,NaCl$
Sulfatmarialith	$3\,Si_3O_8\,Al\,Na\,.\,Na_2SO_4$
Karbonatmarialith	$3\,Si_3O_8\,Al\,Na\,.\,Na_2CO_3$
Karbonatmejonit	$3\,Si_2O_8\,Al_2Ca\,.\,CaCO_3$
Sulfatmejonit	$3\,Si_2O_8\,Al_2Ca\,.\,CaSO_4$

Die Konstitution dieser Verbindungen ist $[Si_3O_8]_3Al_2[AlCl]Na_4$ usw., wenn nicht Komplexverbindungen vorliegen. Das beim Marialith und Mizzonit angegebene Achsenverhältnis entspricht letzterem, da kalkfreie Marialithe bisher unbekannt sind. Die Namen **Skapolith** und **Wernerit** werden für die ganze Gruppe gebraucht.

Marialith	$\begin{cases} [Si_3O_8]_3Al_2[Al.Cl]Na_4 \\ [Si_3O_8]_3Al_2[Al.SO_4Na]Na_4 \\ [Si_3O_8]_3Al_2[Al.CO_3Na]Na_4 \end{cases}$ Tetrag.-pyram.	$\begin{matrix} a:c \\ 1:0{,}4425 \end{matrix}$
Mizzonit	» »	
Mejonit	$\begin{cases} [Si_2O_8Al]_3Al_2[Al.CO_3]Ca_4 \\ [Si_2O_8Al]_3Al_2[Al.SO_4]Ca_4 \end{cases}$ » »	$1:0{,}4393$

Anmerk. Kalkarme Mischungen sind **Riponit, Prehnitoid** und **Dipyr**; zum Mizzonit gehören **Ekebergit, Porzellanit (Porzellanspat)** und **Passauit**, während **Paranthin, Nuttalit, Glaukolith, Paralogit** und **Strogonowit** kalkreich und **Ersbyit** sowie **Skolexerose** fast natronfrei sind. Als **Atherlastit, Algerit, Couseranit** und **Wilsonit** wurden Zersetzungsprodukte von Skapolithen beschrieben.

3. Gruppe.

Die beiden folgenden Mineralien sind saure Salze der Säure $Si_3O_8H_4$, die auch dem Kalifeldspat zugrunde liegt. Ob es isomere, polymere oder dimorphe Körper sind, ist vorläufig nicht zu entscheiden.

		$a:b:c$	β
Epididymit	$\left.\begin{matrix} \\ \end{matrix}\right\}$ Si_3O_8 Be Na H $\begin{cases} \text{Rhomb.-dipyr.} \\ \text{Monokl.-prismat.} \end{cases}$	1,7367 : 1 : 0,9274	
Eudidymit		1,7108 : 1 : 1,1071	93° 45½′

4. Gruppe.

Das folgende Mineral ist wahrscheinlich das Salz einer Trikieselsäure $HO.OSi.O.SiO.OSiO.OH$.

			$a:b:c$	β
Lithidionit	$Si_3O_7(Na,K)_2$	Monoklin (?)	0,4506 : 1 : 0,3997	114° 3′ ca.

(Neocyanit)

Anmerk. Diese Formel ist nicht ganz sicher.

5. Gruppe.

Die **Sphen** genannte Abart des Titanits entspricht dem Ca-Salz einer Dimetakieselsäure, in der ein Atom Si durch Ti ersetzt ist, also $HO.OSi.O.TiO.OH$; Si und Ti stehen meist im Verhältnis 1:1, doch können sie sich anscheinend isomorph vertreten. In der Abart **Grothit** treten Fe, Al und Y auf, und zwar in der Weise, daß das Mineral als Mischung von $SiTiO_5Ca$ mit $SiO_5(Al, Y, Fe)_2$ aufgefaßt werden muß; letztere Verbindung entsteht aus der ersteren dadurch, daß die sechswertige Gruppe TiCa durch Al_2 ersetzt wird. Den höchsten Betrag an dieser zweiten Verbindung besitzt der Yttrotitanit. Oft ist außerdem etwas Ca durch Fe ersetzt; der Yttrotitanit enthält ferner etwas Scandium.

8*

			a:b:c	β
Titanit	Si Ti O$_5$ Ca	Monokl.-prismat.	0,4271 : 1 : 0,6576	94^0 37$\frac{1}{2}$'

Yttrotitanit $\begin{Bmatrix} \text{Si Ti O}_5\,\text{Ca} \\ \text{Si O}_5\,(\text{Al, Y, Fe})_2 \end{Bmatrix}$ »   »   0,430 : 1 : 0,649   93^0 10'
(Kellhauit)

Anmerk. **Greenovit** ist ein Mn″ enthaltender Sphen; **Leukoxen** und **Titanomorphit** sind identisch mit Titanit. **Eukolit-Titanit** enthält etwas Ce$_2$O$_3$. **Alshedit** ist ein an der Verbindung SiO$_5$(Al, Y, Fe)$_2$ armer Yttrotitanit. Mit Titanit nah verwandt sind ferner **Rivait**, Si$_2$O$_5$(Ca, Na$_2$) mit geringem Gehalt an Mg, Fe, Co, K und Al, vielleicht monoklin; anscheinend damit identisch ist **Réaumurit**. **Uhligit** ist eine Mischung von (Ti, Zr)$_2$O$_5$Ca und TiO$_5$Al$_2$, der kubische **Zirkelit** ist angenähert (Zr, Ti, Th)$_2$O$_5$(Ca, Fe). Nicht homogen ist **Tscheffkinit**; dieser ist im wesentlichen ein Gemisch aus SiTiO$_5$(Ca, Be) und SiO$_5$(Ce, Y, Fe)$_2$.

6. Gruppe.

Die folgenden Mineralien sind saure Dimetasilikate.

			a:b:c	β
Petalit	[Si$_2$O$_5$]$_2$Al(Li, Na, H)	Monokl.-prism.	1,1535 : 1 : 0,7441	112^0 26'

Anmerk. Na und H treten stark gegen Li zurück.

Milarit [Si$_2$O$_5$]$_6$Al$_2$Ca$_2$KH   Pseudohex.   a:c = 1 : 0,6620

7. Gruppe.

Diese umfaßt Salze von Polykieselsäuren, bei denen meist ein Teil des Siliziums durch Titan, Zirkon, Zinn usw. ersetzt ist. Diese vierwertigen Elemente sind hier durchaus als säurebildend aufgefaßt, was ihrer chemischen Natur nach am wahrscheinlichsten ist. Meist deuten die Analysen auf komplexe Säuren mit festem Verhältnis S : Zr usw., jedoch ist die Analysenzahl eine zu geringe (noch dazu meist nur von einem Vorkommen, da diese Pegmatitmineralien nur sehr selten zur Analyse brauchbares Material liefern), um das entscheiden zu können; auch Beobachtungen an künstlichem Material fehlen noch. Die Konstitution der Säuren ergibt sich ohne weiteres.[1]

a) Salze von Tetrakieselsäuren.

Die beiden ersten der folgenden Mineralien leiten sich von der Säure Si$_4$O$_{11}$H$_6$ ab, die beiden letzten von Si$_4$O$_9$H$_2$.

			a:b:c	β
Kataplelt	Si$_3$ZrO$_{11}$Na$_2$H$_4$	Monoklin-prismat.	1,7329 : 1 : 1,3618	90′ 11$\frac{1}{2}$'

Anmerk. Obige Formel entspricht dem reinen **Natronkataplelt**. In der anderen Abart, dem **Kalknatronkataplelt**, ist in geringer Menge Si$_3$ZrO$_{11}$CaH$_4$ isomorph beigemischt.

			a:b:c
Stokesit	Si$_3$Sn O$_{11}$Ca H$_4$	Rhombisch-dipyram.	0,3463 : 1 : 0,8033

---

[1] Im folgenden sind die Kieselsäuren nach der herrschenden griechischen Nomenklatur benannt.

Benitoit $Si_3 Ti O_9 Ba$ Ditrigonal-dipyram. $105^0 \overset{a}{45'} (a:c = 1:0,7319)$

$a:b:c$

Lorenzenit $Si_2 Ti_2 O_9 Na_2$ Rhombisch $0,6042:1:0,3592$

b) Salze von Pentakieselsäuren

Neptunit $Si_4 Ti O_{12} (Fe, Mn)(Na, K)_2$ Monoklin-prism.

$a:b:c = 1,3164:1:0,8075$ $\beta \underset{=}{=} 115^0 38'$

Anmerk. Fe und Mn stehen ungefähr im Verhältnis 1 : 1, Na : K in dem von 3 : 1.

c) Salze von Heptakieselsäuren.

$a:b:c$

Elpidit · $Si_6 Zr O_{18} Na_2 H_6$ Rhombisch (pseudohex.) $0,5101:1:0,9781$

d) Salze von Enneakieselsäuren.

$a:b:c$ β

Didymolith $Si_9 O_{28} Al_5 [Al O] Ca_2$ Monokl.-prismat. $0,6006:1:0,2867$ 106^0

Anmerk. Etwas $Al_2 O_3$ ist durch $Fe_2 O_3$, ein wenig Ca durch Mg vertreten. Dieses Mineral könnte man auch zu den intermediären Salzen stellen (S. 101), da es aber wahrscheinlich das Salz einer komplexen Polykiesel-Alumosäure ist, wurde es hierher gestellt. Die obige Formel faßt das Mineral als basisches Salz auf.

Leifit $Si_9 O_{22} [Al F]_2 Na_4$ Hexagonal

e) Salze von Dodekakieselsäuren.

Leukosphenit $Si_{10} Ti_2 O_{27} Ba Na_4$ Monoklin-prismat.

$a:b:c = 0,5813:1:0,8501$ $\beta = 93^0 23'$

Anmerk. Etwas Ti ist durch Zr ersetzt.

f) Salze von Tetrakaidekakieselsäuren.

$a:c$

Narsarsukit $Si_{12} Ti_2 O_{32} [Fe F] Na_6$ Tetrag.-dipyram. $1:0,5235$

g) Salze von Ikosikieselsäuren.

α $a:c$

Eudialyt $(Si, Zr)_{20} O_{52} (Ca, Fe)_5 [Ca Fl] Na_{13}$ Trigonal $46^0 38'$ $(1:2,1116)$

Anmerk. Si und Zr stehen ungefähr im Verhältnis 7 : 1; etwas Na ist durch K und H vertreten.

h) Salze von Ikositetrakieselsäuren.

$a:b:c$

Delorenzenit $Ti_{24} O_{58} U'''' Y_4 Fe''_2$ Rhombisch $0,3375:1:0,3412$

Anmerk. Tatarkait hat nach der einzigen Analyse die Zusammensetzung $Si_{30} O_{130} (Na, K)_2 (Fe, Mg, Ca)_{11} (Al, Fe)_{26} H_{38}.$

F. Heteropolykieselsaure (-titansaure und verwandte) Salze.

Wie in der Einleitung S. 10 auseinandergesetzt, sind die folgenden Verbindungen wohl Salze von Heteropolysäuren vier- und fünfwertiger Metalloide, aber hinsichtlich ihrer Konstitution noch unbekannt. Möglicherweise gehören auch die S. 64, Gruppe 4, aufgezählten Mineralien größtenteils hierher, ebenso die 2. Gruppe S. 65 und die S. 65 erwähnten Mineralien Strüverit, Ilmenorutil und Ainialit. Die folgenden empirischen Formeln sind nur selten ganz sicher. Die Anordnung erfolgt auf Grund des Verhältnisses $RO_2 : R_2O_5$, und zwar sind die Glieder mit dem niedrigsten Gehalt an R_2O_5 an die Spitze gestellt.

Ardennit $Si_5(As, V)O_{28}(Al, Fe)_5(Mn, Mg, Ca, Fe)_5 H_6$ Rhomb.-dipyram.
(Dewalquit) $a:b:c = 0,4663:1:0,3135$

Anmerk. **Eukolit,** trigonal, hat fast die gleiche Kristallform wie der von fünfwertigen Elementen freie Eudialyt (S. 117) und enthält vorwiegend ein Silikat $[Si_2O_6]_4 [Ca_2O](Na_2, Ca)_3$, dazu aber noch einen Gehalt an Niobsäure, Cer, Wasser und Chlor. Eine genauere Formel läßt sich nicht geben. **Dysanalyt** ist im wesentlichen ein Calciummetatitanat mit ein wenig Eisen, Cer und Natrium, wozu wechselnde Mengen von Niob- und Tantalsäure treten; im allgemeinen ist das Verhältnis $RO_2 : Nb_2O_6$ (Metaniobsäure) $= 6 : 1$; das Kristallsystem ist kubisch, was wohl mit der pseudokubischen Struktur seines Hauptbestandteils Perowskit (S. 103) zusammenhängt.

Polymignit $(Ti, Zr)_{10} Nb_2 O_{35}(Ce, Y)_4(Ca, Fe)_4$ Rhomb -dipyram.
                                          $a:b:c = 0,7121:1:0,5121$

Anmerk. Polymignit enthält geringe Mengen von ThO_2, Ta_2O_5, ziemlich viel Fe_2O_3 und ein wenig Alkalien sowie MnO.

                                                    a:b:c
Derbylith $Ti_5 Sb_2 O_{21} Fe''_6$ Rhombisch $0,9661:1:0,5502$

Anmerk. Die Analyse des Derbyliths ist ungenau und ergab außerdem etwas SiO_2, Al_2O_3 und Alkalien.

Steenstrupin

$(Si, Th)_{12}(P, Nb, Ta)_4 O_{56}(Ce, La, Y, Fe)_3 (Ca, Mn, Mg)_4(Na, H)_{12} F_2 H_8$
                        Trigonal $\alpha = 94^0 28'$ $(a:c = 1:1,11)$

Anmerk. Die Formel nach der Analyse Christensens; frühere Analysen ergaben abweichende Resultate, wahrscheinlich wegen teilweiser Zersetzung des Materials.

Britholith $Si_{12} P_4 O_{70}(Ce, La, Di, Fe)_{16}(Ca, Mg)_9 Na_2 F_3 H_6$ Hexagonal
                                                    $a:c = 1:0,7247$

                                          a:b:c β
Epistolit $Si_{10} Ti_2 Nb_6 O_{53} Na_{14} H_{14}$ Monokl.-prism. $0,803:1:1,206$ $105^0 15'$

Anmerk. Etwas Na ist ersetzt durch Ca, Mg, Fe und Mn; ein geringer Gehalt an F ist vernachlässigt.

Die folgenden beiden Mineralreihen bilden anscheinend dimorphe Mischungsreihen, wobei es vorläufig unentschieden bleiben muß, ob die Mischung kontinuierlich oder nur in bestimmten Verhältnissen erfolgt. Unten sind jeweils die an RO_2 reichsten und die daran ärmsten Glieder als vorläufige empirische Endglieder angegeben. Bei der Euxenit-

Polykrasreihe schwankt das Verhältnis $RO_2 : R_2O_5$ zwischen 5:1 und 2:1 und nähert sich bei den bisherigen Analysen sehr den Verhältnissen 5:1, 4:1, 3:1, so daß es naheliegt, feste Formeln und nicht kontinuierliche Mischungen anzunehmen. Eine Analyse ergab allerdings 11:4, doch wurde das vielleicht durch unreines Material und analytische Ungenauigkeit verursacht und ist in Wirklichkeit 12:4 = 3:1. Bei der Blomstrandin-Prioritreihe sind die Endglieder durch die Verhältnisse $RO_2 : R_2O_5 = 6:1$ und 2:1 gegeben; außerdem wurde das Verhältnis 4:1 beobachtet.

Euxenit-Polykras $\left.\begin{cases} Ti_{15} Nb_6 O_{71} Y_6 \\ Ti_3 Nb_3 O_{22} Y_5 \end{cases}\right\}$ Rhomb.-dipyr. $\begin{array}{c} a:b:c \\ 0{,}3789:1:0{,}3527 \end{array}$

Blomstrandin-Priorit $\left.\begin{cases} Ti_3 Nb\ O_{26} Y_6 \\ Ti_3 Nb_3 O_{22} Y_5 \end{cases}\right\}$ » $0{,}4746:1:0{,}6673$

Anmerk. Die an Dioxyden reicheren Glieder heißen Euxenit und Blomstrandin, doch ist der Unterschied nur analytisch feststellbar. Geringe Mengen von Niob sind durch Tantal ersetzt, etwas Titan durch Thorium, Uran, Silizium und Zinn. Y steht für Y und Er, daneben findet sich etwas Ce, Fe, Ca und Pb.

$ a:b:c$

Aeschynit $(Ti, Th)_8 Nb_6 O_{39} Ce_4 (Ca, Fe)_2$ Rhomb.-dip. $0{,}4867:1:0{,}6737$

Erikit $Si_8 P_8 O_{72} (Ce, La, D\,y)_4 Al_6 Ca Na_6 H_{22}$ Rhomb. $0{,}5755:1:1{,}5780$

Katoptrit $Si_2 Sb_2 O_{27} (Al, Fe)_4 Mn_{14}''$ Monoklin $0{,}7922:1:0{,}4899$

$ \beta = 101^0\ 3'$

Anmerk. Etwas Mn ist durch Fe, Mg und Ca ersetzt.

Chalkolamprit $Si Nb_2 O_9 (Ca, Na_2)_2 (F, OH)_2$ Kubisch

Anmerk. Etwas Ca ist durch Ce ersetzt. Dem Chalkolamprit stehen nahe die gleichfalls kubischen Mineralien **Endeiolith**, der sich von jenem nur durch das Fehlen von Fluor unterscheidet, sowie der **Pyrochlor**, der Ti, Th und Zr an Stelle von Si enthält, für den sich aber keine sichere Formel aufstellen läßt. Dem letzteren Mineral steht wahrscheinlich der **Pyrrhit** nahe, der Ti, Zr oder Ce(?), Nb(Ta?), Fe, Na und Ca enthält. **Hatchettolith** scheint ein zersetzter Pyrochlor zu sein.

Lewisit $Ti_4 Sb_6 O_{24} (Ca, Fe)_5$ Kubisch

Für die folgenden, höchst wahrscheinlich hierher gehörigen Mineralien läßt sich noch keine Formel aufstellen: **Wiikit** enthält besonders TiO_2, Nb_2O_5, Ta_2O_5, SiO_2, H_2O, UO_3, Fe_2O_3 sowie Ce und Y; er kristallisiert rhombisch ($a:b:c = 0{,}5317:1:0{,}5046$). **Loranskit** unterscheidet sich von ihm durch geringeren Gehalt an Uran und höheren an Yttererden. **Samiresit**, kubisch, enthält besonders Niob, Uran, Titan und Tantal. **Betafit**, ebenfalls kubisch, ist ähnlich zusammengesetzt; Tantal scheint zu fehlen, dagegen sind etwas Al, Fe und Th vorhanden. **Ampangabeit**, rhombisch, gleicht chemisch dem Samiresit sehr. **Naëgit** enthält besonders SiO_2, UO_2, ThO_2, Ta_2O_5, Nb_2O_5 und etwas Ce_2O_3, Fe_2O_3, CaO sowie H_2O. **Wilkeit** soll nahezu $Si_3 P_6 S_3 CO_{52} Ca_{20}$ sein und wäre demnach als Verbindung von Silikat mit Phosphat, Sulfat und Karbonat aufzufassen, etwa $3\,SiO_3 Ca \cdot 3\,[PO_4]_2 Ca_3 \cdot 3\,SO_4 Ca \cdot CO_3 Ca \cdot 4\,CaO$, doch bedarf die einzige Analyse noch der Bestätigung. Der hexagonale oder trigonale **Dixenit** ist eine Verbindung von Metasilikat und Arsenit mit der Formel $SiO_3 Mn \cdot [AsO_3]_2 Mn_2 [Mn \cdot OH]_2$, wohl ebenfalls eine hierher gehörige Komplexverbindung.

G. Zeolithe.

Unter diesem Namen faßt man kristallisierte Silikate von sehr verschiedener chemischer Konstitution zusammen, die alle Wasser enthalten, und zwar oft einen Teil als Konstitutionswasser, einen Teil aber in unbekannter Bindung als „dispergiertes" Wasser. Das Verhalten desselben steht unter allen Mineralien ganz vereinzelt da: Beim Erhitzen geben die Zeolithe nämlich unter Erhaltung derjenigen Kristallstruktur, die dem wasserärmeren (konstitutionswasserhaltigen) bzw. wasserfreien Silikate entspricht, ihr dispergiertes Wasser kontinuierlich ab, nehmen es aber in feuchter Luft unter Wiederherstellung der früheren physikalischen Eigenschaften wieder auf (wobei das Wasser auch zum Teil durch andere Stoffe, wie Alkohol, Schwefelkohlenstoff, Quecksilber, ersetzt werden kann). Das Wasser kann somit nicht Konstitutionswasser sein, da seine Entfernung das Raumgitter des betreffenden Minerals nicht zerstört, es kann aber, wie aus dem Verhalten bei der Entwässerung und Wiederaufnahme des Wassers hervorgeht, auch kein eigentliches Kristallwasser sein. Das beweisen im Gegensatz zu den Untersuchungen von Beutell, Blaschke und Stoklossa schon die älteren, von Mallard und besonders von Rinne angestellten Beobachtungen sowie die neueren Studien von Weigel und Scheumann. Am wahrscheinlichsten kommt dem Wasser eine feinstdisperse, raumgittermäßige Verteilung zwischen den Punktsystemen des betreffenden Silikatgitters zu, wie das Rinne und Johnsen annehmen, und wodurch sich das Verhalten des Wassers am besten erklären läßt; man hat es daher als dispergiertes Wasser bezeichnet. Da der Gehalt an diesem Wasser von Temperatur und Druck abhängt, so lassen sich die Zeolithe als eine besondere Art „fester Lösungen" bezeichnen. Außer wenigen, meist durch Zersetzung von Nephelin entstandenen Orthosilikaten gehören hierher meist Metasilikate und Polysilikate, die interessante Beziehungen zu den Feldspäten besitzen. Die von F. Singer, Zulkowsky, Gans u. a. vorgeschlagene Trennung in Aluminatsilikate und Tonerdedoppelsilikate ist auf Grund unseres derzeitigen Wissens ebenso wie bei den anderen Silikaten nicht wohl durchführbar. Bemerkt sei übrigens, daß die für die Landwirtschaft so wichtigen „Bodenzeolithe" sowie die künstlich dargestellten „Permutite" (Austauschzeolithe) Kolloide sind und mit den Zeolithen im mineralogischen Sinn so gut wie gar nichts zu tun haben.

1. Gruppe (Orthosilikate).

a:b:c

Thomsonit $[SiO_4]_2 Al_2 (Ca, Na_2) . 2\frac{1}{2} H_2O$ Rhomb.-dipyr.   0,9932:1:1,0066

Anmerk. **Hydrothomsonit** soll 5 Mol. H_2O enthalten, aber sonst dem Thomsonit gleichen. **Scoulerit** und **Chalilith** sind unreine Varietäten des Thomsonits, zu dem wahrscheinlich auch gehören: **Farölith, Karphostilbit, Ozarkit**, während **Sloanit, Sasbachit** und **Glottalith** sehr zweifelhafte Zeolithe sind.

Hydronephelit $[SiO_4]_3 Al_3 Na_2 H . 3 H_2O$ Hexagonal

Anmerk. Zum Hydronephelit gehören manche Arten des sog. „**Spreusteins**", wie **Brevicit** und **Ranit**, während andere zum Natrolith zu rechnen sind. **Echellit** soll die Formel $[SiO_4]_3 Al_2 [Al . OH]_2 (Ca, Na_2) . 3 H_2O$ haben.

2. Gruppe (Basische Metasilikate).

Der Natrolith hat die empirische Formel $Si_3 O_{12} Al_2 Na_2 H_4$, die man am einfachsten als basisches Metasilikat auffaßt, da der unter 300⁰ völlig entweichende Wassergehalt an feuchter Luft wieder aufgenommen wird. Der Skolezit bildet mit ihm wahrscheinlich isomorphe Mischungen; da von seinen drei Molekülen Wasser eines erst bei starkem Glühen weggeht, ist es als Konstitutionswasser zu betrachten. Die Mischungen beider werden als Mesolith bezeichnet. Der Natrolith kristallisiert teils monoklin, teils (wohl durch Pseudosymmetrie) rhombisch, während Skolezit und Mesolith nur monoklin bekannt sind (in Zwillingen nach dem Gesetz, das beim Natrolith die pseudorhombischen Formen bedingt). Der ebenfalls hierhergehörige, ausgezeichnet pseudotetragonale Edingtonit hat die doppelte c-Axe.

Natrolith $[SiO_3]_3 Al[AlO] Na_2 . 2 H_2O$ $\begin{cases} \text{Rhomb.-dipyr.} & 1,0218:1:0,3716 \\ \text{Monokl.-prism.} & 1,0165:1:0,3599 \end{cases}$

$a:b:c$

$\beta = 90^0 5'$

Mesolith $\begin{cases} [SiO_3]_3 Al[AlO] Na_2 . 2 H_2O \\ [SiO_3]_3 Al[Al . 2OH] Ca . 2 H_2O \end{cases}$ »   » $0,9747:1:0,3122$

$\beta = 92^0$

Skolezit $[SiO_3]_3 Al[Al . 2OH] Ca . 2 H_2O$ » -domat. $0,9764:1:0,3434$

$\beta = 90^0 42'$ ·

Anmerk. Die Isomorphie von Natrolith und Skolezit ist nicht ganz sicher; Mesolith ist vielleicht ein Doppelsalz, so nach Görgey sicher der von den Faröern eines aus 1 Mol. Natrolith und 2 Mol. Skolezit. Um den geringen Gehalt des Natroliths an Ca und den des Skolezits an Na zu erklären, nimmt Cesàro daher noch die Glieder **Kalknatrolith** $[SiO_3]_3 Al[AlO] Ca . 2 H_2O$ und **Natronskolezit** $[SiO_3]_3 Al[Al . 2OH] Na_2 . 2 H_2O$ an; mit letzterem soll der unsichere **Lehuntit** identisch sein. **Galaktit** und **Harringtonit** sind wohl kalkreiche Natrolithe; der monokline Natrolith enthält meist etwas Kalium. **Mooraboolit** gehört zum Natrolith. **Bergmannit (Spreustein z. T.)** ist unreiner Natrolith, **Eisennatrolith** ein solcher mit Einschlüssen eines eisenreichen, glimmerähnlichen Minerals. **Metanatrolith** unterscheidet sich in seinem Verhalten gegen Silbernitratlösung. **Pseudomesolith** hat abweichende optische Eigenschaften.

Edingtonit $[SiO_3]_3 Al[Al . 2OH] Ba . 2 H_2O$ Rhombisch-disphen.

$a:b:c = 0,9867:1:0,6743$

Anmerk. Der Wassergehalt ist etwas höher, als dieser Formel entspricht.

Zeophyllit $[SiO_3]_3 Ca_2 [CaF]_2 . 2 H_2O$ Trigonal $38^0 36'$ $\overset{\alpha}{}$ $(a:c = 1:4,074)$

Anmerk. Diese Formel ist nicht ganz sicher.

a:b:c

Ganophyllit $[SiO_3]_8 [AlO]_2 Mn_7 . 6 H_2O$ Monokl.-prism. $0,413:1:1,831$

$$\beta = 93^0\ 21'$$

Anmerk. Etwas MnO ist durch CaO und Alkalien ersetzt. Der mono-kline (?) **Searlesit** ist vielleicht ein Zeolith mit der Formel $[SiO_3]_2 BNa . H_2O$.

3. Gruppe (Normale Metasilikate).

Der Analcim hat nahe Beziehungen zum Leuzit und könnte daher entsprechend als $[Si_3 O_8] [SiO_4] Al_2 Na_2 . 2 H_2O$ betrachtet werden.

Analcim $[SiO_3]_2 AlNa . H_2O$ Kubisch-hexakisoktaëdrisch

Anmerk. Etwas Na ist durch K vertreten; ein oft vorhandener kleiner Überschuß von SiO_2 und H_2O ist wahrscheinlich in fester Lösung vorhanden. Öfter ist anormale Doppelbrechung vorhanden, besonders beim sog. **Eudnophit**.

a:b:c β

Bavenit $[Si_2 O_3]_6 Al_2 Ca_3 . H_2O$ Monoklin $1,1751:1:1:0,7845\ 90^0\ 43'$

Anmerk. Folgende Mineralien sind nicht ganz sicher bekannt: **Gonnardit** $[SiO_3]_5 Al_2 (Ca, Na_2)_2 . 5\frac{1}{2} H_2O$, rhombisch (?), und **Laubanit** $[SiO_3]_5 Al_2 Ca_2 . 6 H_2O$, monoklin (?).

4. Gruppe (Saure Metasilikate).

Da bei den wichtigsten der folgenden Salze ein Teil des Wassers erst beim Glühen entweicht, sind sie als saure Silikate aufgefaßt.

Apophyllit $[SiO_3]_8 Ca_4 K H_7 . 4\frac{1}{3} H_2O$ (Pseudo-) Ditetrag.-dipyr.

$$a:c = 1:1,2515$$

Anmerk. Der Apophyllit enthält außerdem noch ein wenig Fluor und Ammonium. **Leukozyklit, Chromozyklit** und **Ichthyophthalm** gehören zum Apophyllit. **Okenit**, vielleicht rhombisch, ist $[SiO_3]_2 CaH_2 . H_2O$, **Xonotlit** angeblich $SiO_3 Ca . \frac{1}{4} H_2O$, **Riversideit** $SiO_3 Ca . \frac{1}{2} H_2O$, **Plombierit** etwa $SiO_3 Ca . 2 H_2O$, **Tobermorit** etwa $[SiO_3]_5 Ca_4 H_2 . 3 H_2O$; sie alle sowie der **Natronxonotlit** sind meist Umwandlungsprodukte des Wollastonits und wenigstens zum Teil Kolloide, so ziemlich sicher auch **Crestmoreit**, angeblich $SiO_3 Ca . H_2O$. **Arduinit** ist vielleicht $[SiO_3]_8 Al_2 CaNa_4 H_4 . 6 H_2O$ oder auch $[Si_3 O_8]_2 Al_2 [Ca, Na_2] . 5 H_2O$. Der trikline **Agnolith** soll $[SiO_3]_4 Mn_3 H_2 . H_2O$ sein.

Faujasit $[SiO_3]_5 Al_2 (Na_2, Ca) H_2 . 9 H_2O$ Kubisch

Heulandit $[SiO_3]_6 Al_2 Ca H_4 . 3 H_2O$ Monoklin-prismatisch
(Stilbit z. T.) $a:b:c = 0,4035:1:0,4293$ $\beta = 91^0\ 25'$

Brewsterit $[SiO_3]_6 Al (Sr, Ba) H_4 . 3 H_2O$ Monoklin-prismatisch
          $a:b:c = 0,4046:1:0,4203$ $\beta = 93^0\ 4'$

Anmerk. Heulandit und Brewsterit sind isomorph; in ersterem ist etwas Ca durch Sr vertreten, in letzterem etwas Sr und Ba durch Ca. In beiden sind etwas Alkalien vorhanden sowie ein geringer Überschuß an H_2O über die obige Formel. **Bariumheulandit** enthält 2,5 Proz. BaO. Wenn man dem Heulandit eine andere Stellung gibt $(001) = (001)$, $(\bar{1}21 = 110)$, so lassen sich nach Rinne morphologische Beziehungen zum Sanidin erkennen, dessen Aufstellung dann ebenfalls geändert werden muß; das beruht nach demselben

Autor auf der nahen chemischen Verwandtschaft des wasserfreien Heulandits zu den Feldspäten, die auch in den Lauediagrammen zum Ausdruck kommt. Kristallographisch und chemisch mit Heulandit nah verwandt, aber nicht damit identisch ist der **Epistilbit** (a : b : c = 0,4194 : 1 : 0,2881; $\beta = 90^0 40'$), dessen Formel noch nicht sicher feststeht. **Reissit** ist ein kali- und natronhaltiger Epistilbit. **Oryzit** ist vielleicht mit Heulandit identisch, ebenso der **Beaumontit**, der auch etwas Mg enthält. **Mordenit** stimmt in der Kristallform mit Heulandit überein, hat aber die Formel $Si_{10}O_{24}$ Al (Ca, Na_2, K_2) . $7 H_2O$. Die nämliche Zusammensetzung (nach einer Analyse aber nur mit $5 H_2O$) hat der **Ptilolith**, der aber eine andere Kristallform zu besitzen scheint. Auch der unvollkommen bekannte **Pseudonatrolith** gehört hierher.

5. Gruppe (Basische Polysilikate).

Hierher gehören nur zwei seltene Mineralien, der Inesit, wenn man annimmt, daß die Hälfte seines Wassergehaltes dem Silikatmolekül angehört, und der Stellerit, der am einfachsten als basisches Salz der Heptakieselsäure $Si_7O_{16}H_4$ aufzufassen ist.

Inesit $Si_3 O_8$ (Mn, Ca) [Mn . OH]$_2$. H_2O Triklin-pin.

(Rhodotilit)   a : b : c α β γ

              0,9753 : 1 : 1,3208 92^0 18' 132^0 56' 93^0 51'

                                           a : b : c

Stellerit $Si_7 O_{16}$ Ca [Al . 2 OH]$_2$. $5 H_2O$ Rhombisch   0,98 : 1 : 0,76

6. Gruppe (Normale Polysilikate).

Das Wasser der folgenden Mineralien entweicht kontinuierlich und ist ganz als dispergiertes Wasser anzusehen. Bei dieser Annahme ergeben sich nahe Beziehungen zwischen den wasserfreien Zeolithen und der Feldspatgruppe. Manche Arten von Desmin haben (wasserfrei) die Formel $Si_6O_{16}Al_2Ca$, d. h. die eines »Kalkalbits«, während andere Varietäten desselben das entsprechende Hydrat des Anorthits ($Si_4O_{16}Al_4Ca_2$. $6 H_2O$) beigemengt enthalten. Dadurch sinkt der prozentuale Gehalt an SiO_2 und H_2O, und es entstehen Übergänge zum Phillipsit, der die isomorphen Mischungen beider Glieder vom Verhältnis 3 : 1 bis zu 1 : 3 umfaßt. Eine weitere Analogie zu den Feldspäten ergibt sich dadurch, daß in dem hierher gehörigen Mineral Wellsit ein großer Teil und im Harmotom fast das ganze Kalzium durch Barium ersetzt ist, entsprechend den Barytfeldspäten, ferner dadurch, daß alle Glieder dieser Reihe Kalium und Natrium enthalten, am meisten der Phillipsit. Auch kristallographisch bestehen nahe Beziehungen zur Feldspatgruppe, namentlich in den Zwillingsbildungen.

Die gleichen chemischen Verhältnisse zeigt der Chabasit, eine isomorphe Mischung von $Si_6O_{16}Al_2Ca$ und $Si_4O_{16}Al_4Ca_2$, beidesmal mit 8 Mol. H_2O und wechselndem Alkaligehalt, der im Gmelinit stark überwiegt. Frei kommt in diesem Fall keines der entsprechenden Endglieder vor. Chabasit und Gmelinit sind triklin-pseudotrigonal, weichen aber untereinander ab.

Ein reines Kalziumsalz der »Feldspatsäure« $Si_3O_8H_4$ endlich ist der Gyrolith, bei dem nur ganz wenig Ca durch Al oder Alkalien ersetzt ist und der daher keinem wasserfreien Mineral analog aufgebaut ist, sondern eine alleinstehende Reihe bildet.

1. Reihe.

Desmin
(Stilbit z. T.)

$Si_6O_{16}Al_2(Ca, Na_2, K_2) . 6H_2O$ oder
$\begin{cases} Si_6O_{16}Al_2(Ca, Na_2, K_2) . 6H_2O \\ Si_4O_{16}Al_4(Ca, Na_2, K_2)_2 . 6H_2O \end{cases}$
Monokl.-prism. a:b:c=0,7623:1:1,1940: $\beta = 129^0\ 10'$

Phillipsit
(Kalkharmatom, Christianit)

$\begin{cases} Si_6O_{16}Al_2(Ca, Na_2, K_2)\ 6H_2O \\ Si_4O_{16}Al_4(Ca, Na_2, K_2)_2\ 6H_2O \end{cases}$
Monokl.-prism. a:b:c=0,7095:1:1,2563; $\beta = 124^0\ 23'$

Harmotom
(Kreuzstein, Nervenit)

$\begin{cases} Si_6O_{16}Al_2(Ba, Na_2, K_2, Ca) . 6H_2O \\ Si_4O_{16}Al_4(Ba, Na_2, K_2, Ca)_2 . 6H_2O \end{cases}$
Monokl.-prism. a:b:c=0,7031:1:1,2310; $\beta = 124^0\ 50'$

Wellsit

$\begin{cases} Si_6O_{16}Al_2(Ca, Ba, K_2, Na_2) . 6H_2O \\ Si_4O_{16}Al_4(Ca, Ba, K_2, Na_2)_2 . 6H_2O \end{cases}$
Monokl.-prism. a:b:c=0,768:1:1,245 $\beta = 126^0\ 33'$

Anmerk. Zum Desmin gehören auch **Hypostilbit** und **Puflerit. Arduinit,** der zu den sauren Metasilikaten (S. 122) gestellt ist, zeigt auch Beziehungen zum Desmin (vgl. die 2. Formel S. 122). **Epidesmin** ist nach Rosicky und Thugutt eine rhombische Modifikation von Desmin (a:b:c = 0,5715:1: : 0,4181). **Pseudophillipsit** unterscheidet sich nach Zambonini vom Phillipsit durch abweichendes Verhalten bei der Entwässerung. **Zeagonit** ist ein Gemenge von Phillipsit und Nephelin. Der wegen seiner komplizierten Zwillingsbildungen in kristallographischer Hinsicht unvollständig bekannte **Gismondin** umfaßt vielleicht die vorwiegend aus dem Anorthit-Hydrat $Si_2O_8Al_2Ca . 3H_2O$ bestehenden Glieder der Mischungsreihe des Phillipsits. **Offretit** ist nach der einzigen Analyse ungefähr ein Phillipsit, in dem K_2 gegen Ca vorherrscht; da seine Kristallform derjenigen des Herschelits (S. 125) ähnelt, gehört er vielleicht zur nächsten Reihe. **Wellsit** enthält kleine Mengen von Mg und Sr. **Foresit** ist ein in der Kristallform dem Desmin nahestehender Zeolith, dessen Analyse indes die Formel $Si_6O_{19}Al_4(Ca, Na_2) . 6H_2O$ ergibt.

2. Reihe.

Chabasit
(Phakolith)

$\begin{cases} Si_6O_{16}Al_2(Ca, Na_2, K_2) . 8H_2O \\ Si_4O_{16}Al_4(Ca, Na_2, K_2)_2 . 8H_2O \end{cases}$
Pseudotrig.-skalen. $\alpha = 94^0\ 24'$; (a:c = 1:1,0860)

Gmelinit

$\begin{cases} Si_6O_{16}Al_2(Na_2, Ca, K_2) . 8H_2O \\ Si_4O_{16}Al_4(Na_2, Ca, K_2)_2 . 8H_2O \end{cases}$
Pseudotrig.-skalen. $\alpha = 105^0\ 45'$; (a:c = 1:1,017)

Anmerk. **Levyn** ist eine Chabasitvarietät mit etwas abweichendem Habitus der Kristalle, aber wahrscheinlich keine eigene Gattung. **Groddeckit** steht seiner Zusammensetzung nach etwa in der Mitte zwischen den beiden den Chabasit bildenden Silikaten, unterscheidet sich aber dadurch von den übrigen Gliedern dieser Reihe, daß der größere Teil des Kalziums durch Magnesium und ein beträchtlicher Teil der Tonerde durch Eisenoxyd ersetzt ist. **Haydenit** ist ein Chabasit mit geringem Bariumgehalt. **Herschelit** und **Seebachit** sind Na-reiche Chabasitarten, nähern sich also dem Gmelinit.

3. Reihe.

Gyrolith $Si_3 O_8 Ca_2 . H_2 O$ Trigonal-rhomboëdr. $\overset{\alpha}{75^0 58'}$ ($a:c == 1:1,9360$)

Anmerk. Etwas Ca ist durch Al und Na ersetzt. Die Formel ist übrigens nicht ganz sicher, insbesondere ist der Wassergehalt vielleicht etwas höher. **Reyerit** ist wohl nur eine Varietät des Gyroliths, dessen Eigenschaften sich mit wechselndem Wassergehalt stark ändern.

7. Gruppe (Disilikate).

Folgende Mineralien lassen sich am einfachsten als Salze der Dikieselsäure $Si_2 O_5 H_2$ auffassen, und zwar das erste als neutrales, die beiden folgenden als schwach saure und das bestbekannte, der Laumontit, als basisches.

Dachiardit $[Si_2 O_5]_9 Al_4 (Ca, Na_2, K_2)_3 . 14 H_2 O$ Kristallform?
(Achiardit)

Anmerk. Die Formel ist noch unsicher.

Deeckeit $[Si_2 O_5]_5 (Al, Fe)_2 (Mg, Ca) (K, Na, H)_2 . 9 H_2 O$ Kristallform?

Ferrierit $[Si_2 O_5]_5 Al_2 (Mg, Na_2, H_2)_2 . 6 H_2 O$ Rhombisch

Anmerk. Die Formeln für diese beiden Mineralien sind unsicher.

Laumontit $[Si_2 O_5]_2 [Al . 2 OH]_2 Ca . 2 H_2 O$ Monoklin-prism.
(Caporcianit)　　　　　　　　　$a:b:c = 1,0818:1:0,5896$　$\beta = 99^0 48'$

8. Gruppe.

Hier sind einige Zeolithe vereinigt, die sich anscheinend von komplizierten Polykieselsäuren ableiten, deren Formel aber noch keineswegs feststeht; ebensowenig ist über die Natur des Wassers etwas Sicheres bekannt, so daß die angegebenen Formeln nur der vorläufige empirische Ausdruck für das Ergebnis der Analysen sind.

Racewinit, ungefähr $Si_5 O_{16} (Al, Fe)_4 . 9 H_2 O$; Kristallform?

Flokit, $Si_9 O_{26} Al_2 (Ca, Na_2) H_8 . 2 H_2 O$; monoklin

Hydrocastorit, $Si_{13} O_{36} Al_6 Ca . 11 H_2 O$; rhombisch (?)

H. Kristallwasserhaltige Verbindungen von Silikaten mit Karbonaten, Sulfaten und Uranaten.

Hierher gehören einige seltene Mineralien, in deren erster Gruppe ein komplexes Salz der Kieselsäure, Kohlensäure und Schwefelsäure vorliegt, während die zweite Gruppe Verbindungen von Uranaten mit Silikaten umfaßt.

1. Gruppe.

Thaumasit $Si C SO_{10} Ca_3 . 15 H_2 O$ Hexagonal

Anmerk. Nach Penfield und Pratt sind zwei Mol. H_2O als Konstitutionswasser aufzufassen, nach Zambonini dagegen alle 15 Mol. als Kristallwasser und das Salz die Verbindung $SiO_3 Ca . CO_3 Ca . SO_4 Ca + 15 H_2O$.

2. Gruppe.

Uranotil $Si_2 U_2 O_{11} Ca . 5 H_2 O$ Triklin-pin.   a:b:c   0,6257:1:0,5943
$$\alpha = 87^0 41' \quad \beta = 85^0 18' \quad \gamma = 96^0 31'$$

Anmerk. Diese Verbindung ist als ein wasserhaltiges, kieselsaures und uransaures Salz aufzufassen; da dasselbe einen Teil seines Wassergehaltes erst bei Rotglut abgibt, so hat es vielleicht die folgende Konstitution: $H[Si_2O_5]$-Ca-$[U_2O_7] H . 4 H_2O$. Die Analysen ergeben übrigens 6 Mol. H_2O, von denen aber eines bereits über Schwefelsäure fortgeht, daher wohl als hygroskopisch zu betrachten ist. **Uranophan** ist wahrscheinlich mit Uranotil identisch, kristallographisch aber nur unvollkommen bekannt.

Gummit $Si U_3 O_{12} (Pb, Ca, Ba) . 5 H_2 O$ Kristallform?

Anmerk. Für den Wassergehalt dieses Minerals gilt das gleiche wie für den Uranotil. Nach Foullon ist es zum Teil kristallinisch, zum Teil vielleicht amorph. Dies gilt größtenteils auch für **Gummierz (rotes Pechuran)**, **Eliasit, Pittinit** und **Coracit**, die mehr oder weniger unreine Varietäten des Gummits sind.

I. Amorphe wasserhaltige Silikate.

Die meisten Kolloide sind schon bei den entsprechenden Kristalloiden oder verwandten Körpern aufgeführt. Hier sind nur solche zusammengefaßt, deren Kristalloid entweder nicht bekannt ist oder mit dem Kolloid genetisch gar nichts zu tun hat (wie Rhodonit mit Penwithit).

Webskyit, angenähert $SiO_3 (Mg, Fe) . 3 H_2O$ ca.

Penwithit, $SiO_3 Mn . 2 H_2O$.

Aloisiit, angeblich $SiO_6 (Ca, Mg, Na_2, H_2)_4 = SiO_4 [Ca_2O]_2$.

Avasit, angeblich $Si_2 O_{28} Fe_{10} H_{18}$, vielleicht ein Gemenge von Opal mit Limonit.

Poechit, etwa $Si_3 O_{21} Fe_8 Mn_2 . 8 H_2O$ ca.

Polyhydrit, angeblich $Si_4 O_{12} (Fe, Al)_2 (Ca, Mn)_3 . 6 H_2O$.

Nephediewit, angeblich $Si_5 O_{14} Al_2 Mg . 7 H_2O$.

Stübelit, ein Silikat von Mn, Cu, Al und Fe.

Greenalit, ein auch Mg enthaltendes Eisenhydrosilikat von wechselnder Zusammensetzung.

Anmerk. Vielleicht gehören auch mehrere bei den Zeolithen erwähnte Mineralien hierher, so höchst wahrscheinlich die S. 122 angeführten Kalziummetasilikate Plombierit, Crestmoreit usw.

Organische Verbindungen.

A. Salze organischer Säuren.

1. Gruppe (Oxalsaure Salze).

				a:b:c	β
Whewellit	$C_2O_4Ca.H_2O$	Monokl.-prism.		0,8696:1:1,3695	$107^0 \, 18\frac{1}{3}'$

Anmerk. **Thierschit** ist mit Whewellit identisch. **Oxammit** ist angeblich oxalsaures Ammonium mit 2 Mol. H_2O, doch ist künstlich nur das Monohydrat dargestellt worden.

			a:b:c
Oxalit	$C_2O_4Fe.2H_2O$	Rhombisch	0,7730:1:1,104 ca
(Humboldtin)			

2. Gruppe (Mellitsaure Salze).

			a:c
Mellit	$C_{12}O_{12}Al_2.18H_2O$	Tetragonal	1:0,7454
(Honigstein)			

Anmerk. **Pigotit** ist ein huminsaures Aluminiumsalz. **Dopplerit** ist das Kalziumsalz einer oder mehrerer Huminsäuren, nach Cornu ein typisches Gel; **Zittavit** ist damit verwandt. **Flagstaffit**, rhombisch (a:b:c = 1,2366: :1:0,5951) hat die Zusammensetzung $C_{12}H_{24}O_3$, jedoch ist die Strukturformel nicht bekannt.

B. Kohlenwasserstoffe.

1. Gruppe.

			a:b:c	β
Fichtelit	$C_{18}H_{32}$	Monokl.-sphen.	1,4330:1:1,7163	$126^0 \, 47'$

Anmerk. Dieses Mineral ist chemisch als Retenperhydrür aufzufassen. **Hartit**, $C_{12}H_{20}$, monoklin oder triklin, ist seiner Natur nach unbekannt, scheint aber mit Fichtelit verwandt zu sein. Die folgenden, meist amorphen und wohl größtenteils nicht homogenen Substanzen dürften vorwiegend paraffinartige Körper, d. h. Kohlenwasserstoffe der Methanreihe bzw. Gemenge solcher sein: **Ozokerit (Erdwachs)** (rhombisch?), **Albanit, Alexjejewit, Aragotit** (rhombisch), **Christmatit, Denhardtit, Dinit, Elaterit** z. T., **Hatchettin** (rhombisch), **Jonit, Könleinit, Napalith, Naphtholith, Posepnyt, Pyropissit, Urpethit, Zietrisikit** u. a.; **Phylloretin** und **Scheererit** sind Reten enthaltende Gemenge. Sauerstoffhaltige Umwandlungsprodukte von Kohlenwasserstoffen sind **Asphalt (Erdpech, Bitumen** z. T.), **Elaterit** z. T., **Gilsonit (Impsonit), Maltha, Nigrit, Parianit, Uintait, Wurtzilit** u. a.

C. Sauerstoffhaltige, nicht salzartige organische Verbindungen.

Von den natürlichen Harzen ist eine Anzahl, die »fossilen Harze«, zu den Mineralien zu zählen. Nach den Untersuchungen von Tschirch und Mitarbeitern sind es sehr kompliziert zusammengesetzte, amorphe Gemische, die aus einem eigentlichen Harzkörper (Reinharz) und Beisubstanzen bestehen; beide sind bei den verschiedenen Harzen aus sehr verschiedenen Verbindungen zusammengesetzt, so daß sich keine irgendwie sicheren Formeln angeben lassen; im allgemeinen liefert die Elementaranalyse Kohlenstoff, Wasserstoff und wenig Sauerstoff.

Succinit (Bernstein) ist nach Aweng und Tschirch wahrscheinlich ein Gemenge aus 70 Proz. Bernsteinsäure-Succinoresinolester $(C_{12}H_{20}O)$, 28 Proz. Succinoabietinsäure $(C_{80}H_{120}O_5)$ und 2 Proz. Borneolester dieser Säure. Chemisch sehr ähnlich ist ihm der **Rumänit** in manchen Varietäten, während **Beckerit, Gedanit, Glessit, Krantzit, Simetit** und **Stantienit (Schwarzharz)** keine oder fast keine Bernsteinsäure enthalten. Bernsteinähnliche Harze sind ferner: **Allingit, Ambrit, Birmit, Bucaramangit, Butyrit, Cedarit, Copalin, Delatynit, Euosmit, Geocerit, Geomyricit, Ixolith, Jaulingit, Köflachit, Muckit, Neudorfit, Retinit, Rosthornit, Schraufit, Trinkerit** und **Wheelerit.** Wahrscheinlich gehören auch hierher: **Albertit, Ambrosin, Anthrakoxen, Baikerinit, Bathwillit, Berengelith, Bielzit, Bituminit (Bogheadkohle), Bombiccit** (triklin?), **Brücknerellith, Chemawinit, Coorongit** z. T., **Duxit, Dysodil, Elaterit** z. T., **Grahamit, Guayaquilit, Hirzit, Hofmannit, Idrialin** (wahrscheinlich monoklin; das aus dem **Idrialit** oder **Quecksilberlebererz** gewonnene Harz hat nach Goldschmidt die Formel $C_{80}H_{56}O_2$), **Leukopetrit, Melanchym, Middletonit, Piauzit, Reussinit, Rochlederit, Schlanit, Setlingit, Siegburgit, Sklerotin, Stanekit, Succinellit, Tasmanit, Tecoretin, Uranelain, Walait, Walchowit, Xylanthit, Xyloretinit (Hartin).** Auch **Humussäure** soll fast rein vorkommen. Die eigentlich zu den Gesteinen gehörigen, mit dem Namen: **Braunkohle (Lignit), Steinkohle, Gagat (Jet), Anthrazit** und **Schungit** bezeichneten Substanzen stellen verschiedene Stadien der Umwandlung fossiler Pflanzenstoffe dar, die neben Kohlenstoff hauptsächlich Sauerstoff und Wasserstoff enthalten, und zwar die zuletzt angeführten in der geringsten Menge. Sicher sind diese Substanzen nicht einheitlich, ihre einzelnen Bestandteile aber noch nicht näher bekannt. Schungit soll amorpher Kohlenstoff sein, doch ist dessen Existenz zweifelhaft, und das Mineral bedarf erneuter Untersuchung.

Anhang.

Die folgenden Mineralien sind größtenteils entweder mechanische Gemenge oder so wenig untersucht, daß ihre Einordnung im System nicht möglich ist.

Abriachanit ist ein Silikat von Fe_2O_3, FeO, MgO, Alkalien usw., jedenfalls ein Gemenge.

Achlusit soll ein specksteinähnliches Umwandlungsprodukt des Topas sein.

Achrematit scheint ein Gemenge von Mimetesit mit Bleimolybdat zu sein.

Achtaragdit ist ein Gemenge von Grossular, einigen anderen Silikaten und Quarz.

Aedelforsit ist teils angeblich unreiner Wollastonit, teils ein dem Laumontit ähnliches wasserhaltiges Silikat.

Aerugit ist ein zweifelhaftes Nickelarseniat.

Allcharit ist ein rhombisches Mineral unbekannter Zusammensetzung.

Alvit ist ein tetragonales Silikat; nach Zambonini ist es vielleicht SiO_4 (Zn, Be) . $n\,H_2O$.

Ammiolith ist ein Gemenge von antimonigsaurem und antimonsaurem Kupfer mit Zinnober und anderen Substanzen.

Anthosiderit ist ein Gemenge von Andalusit und Glimmer.

Antillit soll ein Zersetzungsprodukt des Bronzits sein.

Arequipit soll Kieselsäure, Antimonsäure, Bleioxyd und Wasser enthalten.

Arktolith ist ungefähr $Si_3O_{11}Al_2$(Ca, Mg) H_2.

Arrhenit ist das Zersetzungsprodukt eines Yttriumsilikotantalates.

Arsenotellurit soll eine Verbindung von Tellur, Arsen und Schwefel sein.

Attakolith ist ein Al-Ca-Mn-Phosphat ohne genauer bestimmte Formel.

Aurobismutinit ist ein Sulfid, dem die Formel $(Bi, Au, Ag_2)_5S_6$ zugeschrieben wird.

Bakerit soll $Si_6B_{10}O_{41}Ca_8H_{12}$ sein, ist aber vielleicht ein Gemenge.

Bazzit, hexagonal, ist ein Silikat von Sc und anderen seltenen Erden, Fe und Na.

Bellit soll ein Bleichlorarsenit sein.

Belmontit ist angeblich ein Bleisilikat.

Bhreckit ist ein jedenfalls nicht einheitliches Silikat.

Bismutoferrit s. Hypochlorit.

Calciorhodochrosit ist ein Gemenge von Manganspat und Kalkspat.

Centrallassit, Cerinit und **Cyanolith** sind unsichere Zeolithe.

Chalkomorphit ist ein hexagonaler, unvollständig analysierter Zeolith.

Chlorarsenian ist arsensaures oder arsenigsaures Manganoxydul.

Chlornatrokalit, angeblich 6 KCl . NaCl, ist ein Gemenge.

Chocolith ist ein Gemenge aus Nickel- und Magnesiumsilikaten und Limonit.

Chonikrit ist ein zersetzter und mit Diallag gemengter Feldspat.

Ciplyt ist jedenfalls ein Gemenge eines Kalkphosphates mit einem Kalksilikate.

Cocinerit soll ein amorphes Sulfid mit der Formel Cu_4AgS sein.

Craightonit soll aus Al_2O_3, Fe_2O_3, MgO, MnO und K_2O bestehen, ist aber höchst zweifelhaft.

Culebrit soll Zn, Hg und Se enthalten.

Cyanochalcit ist ein Wasser und Phosphorsäure enthaltendes Kupfersilikat.

Cymatolith ist ein Gemenge von Muskowit und Albit.

Davidit (Selfströmit) ist ein unreiner, angebl. vanadinhaltiger Ilmenit.

Degeröit ist ein nicht homogenes, eisenreiches Silikat.

Ehrenbergit ist ein wasserhaltiges Silikat von Al, Na, Fe, Mn usw., für das sich keine Formel aufstellen läßt.

Eisensteinmark (Teratolith) ist ein Gemenge von Eisen- und Manganoxyd mit zersetztem Feldspat.

Elfestorpit ist wasserhaltiges, arsensaures oder arsenigsaures Manganoxydul.

Ellonit ist ein Gemenge von Quarz mit einer cimolitähnlichen Substanz.

Enysit ist ein Gemenge von Ton, einem Kupfersulfat, Kalkspat usw.

Ferracit ist ein wasserhaltiges Blei-Bariumphosphat.

Fluosiderit ist ein Silikat von vorherrschend Ca, Mg und Al mit wenig Fe und Mn, sowie vielleicht etwas H_2O; er ist rhombisch, a : b : c = 0,3479 : 1 : 0,3202.

Fornacit ist ein basisches Arseniat von Chrom, Kupfer und Blei.

Gayit ist ein wasserhaltiges Karbonat von Magnesium und Calcium.

Gelberde ist ein Gemenge von Brauneisenerz und Ton.

Globosit ist ein Wasser und Fluor enthaltendes Eisenoxydphosphat.

Grängesit ist ein amorphes Umwandlungsprodukt von Pyroxen.

Guanapit ist ein Gemenge von Ammoniumoxalat mit Sulfaten.

Gunnisonit ist jedenfalls ein Gemenge von Flußspat mit einem Silikate.

Hatchit ist wahrscheinlich ein triklines Bleisulfarseniat.

Hectorit ist ein zersetzter Pyroxen.

Heldburgit, tetragonal, a : c = 1 : 0,750, gleicht dem Zirkon, ist aber seiner Zusammensetzung nach unbekannt.

Helvetan ist ein Gemenge von Glimmer, Quarz usw.

Henryit ist ein Gemenge von Tellurblei mit Pyrit.

Hessenbergit ist ein monoklines Silikat von unbekannter Zusammensetzung.

Hörnbergit soll ein Uranarseniat sein.

Houghit ist ein CO_2 und H_2O enthaltendes Zersetzungsprodukt von Spinell.

Hügelit ist ein monoklines Bleizinkvanadat.

Huronit ist ein zersetzter (in Saussurit umgewandelter), sehr basischer Plagioklas.

Hydrobucholzit soll sich vom Bucholzit durch geringere Dichte unterscheiden (Material prähistorischer Steinbeile).

Hydrotitanit ist ein Zersetzungsprodukt von Perowskit.

Hypochlorit ist nach Frenzel ein Gemenge von Quarz mit **Bismutoferrit,** einem Wismuteisensilikat $Si_4O_{17}Bi_2Fe_4$, das aber seinerseits ein Gemenge ist.

Irit soll aus den Oxyden von Ir, Os, Fe und Cr bestehen, ist aber jedenfalls ein Gemenge von Osmiridium, Chromit u. a.

Isopyr ist angeblich ein amorphes Silikat von Calcium, Eisen und Aluminium; zumeist versteht man aber darunter unreinen Opal.

Ivigtit ist ein Natrontonerdesilikat, das vielleicht zu den Glimmern gehört.

Joaquinit ist ein Titansilikat von Calcium und Eisen.

Jocketan enthält Kohlensäure, Eisen und Wasser.

Kakoklasit ist ein Gemenge einer Pseudomorphose von Grossular nach Sarkolith mit Kalkspat, Apatit usw.

Keatingit ist ein unvollständig analysiertes Silikat von Ca, Mn, Zn.

Kirvanit ist unreiner Amphibol.

Kleinit, hexagonal, enthält Hg, N, H, O und Cl, vielleicht auch S.

Kochelit enthält Nb, Zr, Y, Fe usw.

Kryptomerit ist ein zweifelhaftes Borat.

Lamprostiban ist ein wasserfreies Antimoniat oder Antimonit von Eisen und Mangan.

Loaisit ist ein Eisenhydroarseniat.

Magnalit ist ein kolloidales Aluminium-Magnesiumhydrosilikat, ein Zersetzungsprodukt in manchen Basalten.

Manandonit ist angeblich $Si_6O_{53}Al_{14}Li_4H_{24}$.

Marrit ist ein monoklines Mineral unbekannter Zusammensetzung.

Melanochalcit, angeblich $SiO_4Cu[Cu.OH]_2$, ist ein Gemenge von Tenorit, Chrysokoll und Malachit.

Melanosiderit ist wahrscheinlich ein Gemenge von Limonit und einem Eistensilikat.

Mengit endhält Ti, Zr und Fe und gehört seiner Form nach vielleicht in lie Nähe des Polykras.

Millosevichet ist ein wasserhaltiges Eisen-Aluminiumsulfat.

Miriquidit nthält As_2O_5, P_2O_5, PbO, Fe_2O_3, H_2O.

Moldavit ist ein Glas (vielleicht ein Kunstprodukt).

Molengraafit ist ein monoklines Titanosilikat von Al, Fe, Mn, Ca, Mg und Na.

Monzonit ist ein Silikatgemenge von der ungefähren Zusammensetzung $Si_{21}O_{54}Al_4(Ca, Fe, Na_2)_6$.

Morencit ist ein Zersetzungsprodukt eines Eisensilikates.

Mosesit, kubisch, ist ein Sulfat mit Hg, NH_3 und Cl-Gehalt.

9*

Mursinskit ist ein tetragonales (a : c = 1 : 0,5664) Mineral von unbekannter Zusammensetzung.

Nauruit ist ein fluorhaltiges, kolloidales Calciumphosphat.

Oehrnit ist vielleicht ein (bastitähnliches) Zersetzungsprodukt eines Pyroxens.

Osbornit ist vermutlich ein Oxysulfid von Titan und Calcium.

Otavit ist ein Cadmiumkarbonat unbekannter Zusammensetzung.

Palladiumgold ist vielleicht nur ein mechanisches Gemenge.

Parathorit ist ein rhombisches Mineral von unbekannter Zusammensetzung.

Peckhamit ist wahrscheinlich ein Gemenge aus Enstatit und Olivin.

Persbergit ist ein Umwandlungsprodukt des Nephelins.

Phaestin ist ein Zersetzungsprodukt von Bronzit.

Pikrophyll ist ein zersetzter Pyroxen.

Pilinit ist ein wasserhaltiges Kalktonerdesilikat.

Pitkärandit ist ein umgewandelter Pyroxen.

Portit ist ein wasserhaltiges Aluminiumsilikat, jedenfalls ein Umwandlungsprodukt.

Pterolith ist ein Gemenge von Glimmer, Pyroxen u. a., entstanden aus Barkevikit.

Pyrallolith ist wahrscheinlich ein zersetzter Pyroxen und jedenfalls nicht homogen.

Pyraphrolith ist ein Gemenge von Feldspat und Opal.

Quercyit ist ein Gemenge von Kollophan mit Calciumphosphaten.

Quisqueit ist ein Gemenge aus Patronit, Schwefel, Ton u. a.

Ransätit ist ein Gemenge von Spessartin, Quarz, Pyroxen und Hämatit.

Saccharit ist ein Gemenge von Plagioklas und Quarz.

Saussurit ist ein zersetzter Plagioklas, besonders Labrador.

Selbit (Grausilber) ist ein Gemenge von Silberglanz, Dolomit usw.

Silikomagnesiofluorit ist angeblich $Si_2 O_7 F_{10} Mg_3 Ca_4 H_2$.

Skemmatit ist ein Manganoxyde, Eisenoxyde und Wasser enthaltendes Verwitterungsprodukt.

Sklerospathit ist ein wasserhaltiges Eisenchromsulfat.

Sordawalit ist ein Diabaspechstein, also ein Gesteinsglas.

Sphenoklas ist ein Gemenge von Granat und Diopsid.

Spurrit ist angeblich $Si_2 CO_{12} Ca_3$, doch ist die Formel unsicher.

Stibiobismuthinit ist angeblich $(Bi, Sb)_4 S_7$, wahrscheinlich aber nicht homogen.

Stibioferrit ist ein Gemenge von Antimonocker, Limonit und Quarz.

Stromnit ist wesentlich ein Gemenge von Strontianit und Baryt.

Talcoid ist wohl ein Gemenge von Talk und Quarz.

Taltalit ist ein Gemenge von Turmalin mit Kupfererzen und anderen Mineralien.

Taznit ist ein Gemenge von Wismutocker mit verschiedenen Substanzen.

Tocornalit scheint ein Gemenge von Jodsilber und Jodquecksilber zu sein.

Torrensit ist ein Gemenge von $SiO_3 Mn$ und $CO_3 Mn$.

Totaigit scheint ein dem Serpentin ähnliches Umwandlungsprodukt des Sahlits zu sein.

Trautwinit ist ein Chrom-Eisen-Kalk-Silikat.

Trechmanit, hexagonal, ist wahrscheinlich' ein Silbersulfantimoniat.

Umbra ist ein Gemenge von Eisen- und Manganhydroxyden mit Ton. Die sog. „**Terra di Siena" (Hypoxanthit)** unterscheidet sich davon nur durch das Fehlen des Mangans.

Uranospathit ist ein rhombisches Uranhydrophosphat.

Valleriit enthält Schwefelkupfer, Schwefeleisen, Eisenoxyd, Magnesia und Wasser.

Vanadinocker soll freie Vanadinsäure sein.

Vanadiolith ist vanadinkieselsaures Calcium.

Van Diestit ist ein Silber-Wismuttellurid.

Viellaurit ist ein Gemenge von Tephroit und Rhodochrosit.

Walkererde ist ein Gemenge, zum Teil unreiner, nicht plastischer Ton.

Walleriit s. Valleriit.

Wehrlit ist ein Gemenge von Olivin, einem Augitmineral und Magnetit.

Wichtisit (= Sordawalit) ist ein Gesteinsglas.

Winkworthit ist wasserhaltiges, schwefelsaures und borsaures Calcium, außerdem mit einem Silikat gemengt.

Xanthiosit ist ein unsicheres Nickelarseniat.

Xanthotitan (Xanthitan) ist ein wasserhaltiges, Al-reiches Zersetzungsprodukt von Titanit.

Xanthoxen ist ein monoklines Phosphat von Fe_2O_3, wenig FeO, MnO, CaO, Al_2O_3 und MgO.

Youngit ist ein mechanisches Gemenge verschiedener Schwefelmetalle.

Yttrocrasit, angeblich $Ti_{16}O_{50}$ (Th, U) (Y, Er, Ce, Fe)$_6$ (Ca, Pb, Mn) H_{12}, ist vielleicht nicht einheitlich.

Yttrogummit ist ein Zersetzungsprodukt des Cleveïts.

Zeuxit ist ein sehr problematisches Eisenoxydultonerdesilikat.

Zimapanit soll eine Chlorverbindung des Vanadins sein.

II.

Tabellen

zum

Bestimmen der wichtigeren Mineralien nach äußeren Kennzeichen

Einleitung.

Die Grundlage der hier angewandten Bestimmungsmethode bildet die Härte, für die folgende Skala gilt (nach Fr. Mohs): 1. Talk, 2. Gips, 3. Kalzit, 4. Fluorit, 5. Apatit, 6. Orthoklas, 7. Quarz, 8. Topas, 9. Korund, 10. Diamant. 1. und 2. kann man mit dem Fingernagel ritzen, 3. bis 5. mit dem Messer. Die Härteprobe wird in der Weise ausgeführt, daß das zu untersuchende Mineral zunächst mit dem Messer leicht geritzt wird; je nachdem das möglich ist oder nicht, ergibt sich die Härte kleiner oder größer als 5. Dann versucht man mit dem schätzungsweise entsprechenden Mineral der Skala zu ritzen, und zwar das zu prüfende Mineral sowie das der Skala; auf dem weicheren bleibt nach dem Darüberfahren mit dem Finger ein Ritz sichtbar, nur bei genau gleicher Härte werden beide Mineralien geritzt. In den Tabellen sind die Härtestufen bis auf Viertel angegeben, da sich diese bei einiger Übung im allgemeinen leicht bestimmen lassen. Die Verschiedenheit der Härte in den kristallographisch ungleichwertigen Richtungen und Flächen tritt nur bei wenigen Mineralien, so bei Disthen und Kalzit, stark hervor, meist ist sie kaum praktisch wahrnehmbar. Die Härtestufen sind rein praktisch gewählt und untereinander ungleich. Im allgemeinen ist es auch für den Anfänger leicht, wenigstens die große Gruppe zu bestimmen, in die das Mineral nach seiner Härte gehört.

Der Strich (die Farbe des Pulvers) wird einfach durch Darüberstreichen des Minerals über eine matte Porzellantafel geprüft; je nach dem Vorhandensein oder Fehlen eines farbigen Striches (wobei weiß nicht als besondere Farbe zählt) gehört das Mineral in die erste oder zweite Abteilung der durch die Härte festgesetzten vier Gruppen. Die Mineralien mit farbigem Strich sind vorwiegend Erze mit metallischem oder halbmetallischem Glanz sowie Salze von Schwermetallen (abgesehen von den Silikaten), die mit weißem oder ohne Strich glas- oder gemeinglänzende Silikate, ferner Phosphate, Sulfate usw. von Leichtmetallen. Bei der Farbenangabe wurden nur leicht verständliche Ausdrücke gewählt und nicht zu viele Grade unterschieden. Die Angaben bei Farbe und Glanz bedürfen übrigens keiner Erläuterung.

Außer dem Kristallsystem ist auch der Kristallhabitus angegeben, wenn er zur Unterscheidung wichtig ist (das Zeichen x bedeutet Kristall, x x = Kristalle). Die Spaltbarkeit ist nur erwähnt, wo sie deutlich wahrnehmbar ist; gesperrt oder fett gedruckte Indizes bedeuten sehr gute bzw. ausgezeichnete Spaltbarkeit nach den betreffenden Ebenen. Wo die Form der Aggregate bzw. die Textur zur Bestimmung dienlich ist, wird sie beigefügt. Von sonstigen Eigenschaften werden nur die für das betreffende Mineral besonders typischen erwähnt, so in vielen Fällen Bruch, dann Dichte und optische Eigenschaften (Pleochroismus, Labradorisieren u. a.), soweit sie makroskopisch wahrnehmbar sind, endlich chemische Umwandlungen. Nur ausnahmsweise ist auf chemische Reaktionen verwiesen, wo diese nämlich die Bestimmung besonders erleichtern oder infolge leichter Verwitterung die äußeren Kennzeichen meist nicht deutlich wahrnehmbar sind.

Besonderes Gewicht ist auf die Paragenesis gelegt und daher sind bei jedem Mineral die wichtigsten Begleitmineralien angegeben.

Fett und gesperrt gedruckte Mineralien sind sehr häufig, **fett** gedruckte sind häufig, aber nicht so wie die vorigen, oder kommen massenhaft vor, g e s p e r r t gedruckte sind nicht häufig bis selten.

Es ergeben sich folgende Gruppen:

I. Weiche Mineralien, Härte bis gegen 3.

1. mit farbigem Strich (wesentlich metallische),
2. ohne farbigen Strich (nichtmetallische).

II. Halbharte Mineralien, Härte 3 bis gegen 5.

1.
2. } wie oben.

III. Harte Mineralien, Härte 5 bis gegen 7.

1.
2. } wie oben.

IV. Sehr harte Mineralien, Härte 7 und mehr.

Nur solche ohne farbigen Strich.

Innerhalb der obigen Gruppen sind die leicht zu verwechselnden Mineralien benachbart gestellt, z. B. bei denen mit farbigem Strich erst alle mit schwarzer oder dunkelgrauer Farbe, geordnet im allgemeinen nach der Härte.

I. Weiche Mineralien, Härte bis gegen 3.

1. Mit farbigem Strich.

Schwarze und graue.

Asbolan: F. schwarz; Str. schwarz; Gl. fettartig; H. = 1; amorph; Verwitterungsprodukt auf oxydischen Mn- und Fe-Erzen; auf Quarz und Baryt.

Wad: F. braunschwarz; Str. dunkelbraun; Gl. matt; H. = 1; amorph, erdig; färbt leicht ab; auf oxydischen Mn- und Fe-Erzen und Siderit.

Asphalt: F. schwarz; Str. braunschwarz; Gl. fettartig; H. = 1; amorph; verbrennt mit starkem Geruch; in Sedimenten (Mergeln, Kalk), selten mit Steinkohlen und Erzen.

Graphit: F. schwarz; Str. schwarz; Gl. metallisch; H. = 1; trig., undeutl. Blättchen nach der Basis; schuppig, derb; Spaltb. (111); färbt ab; in kristallinen Schiefern, körnigem Kalk, Granit; Umwandlungsprodukt von Anthrazit (mit Talk).

Molybdänglanz: F. bleigrau; Str. schwarz; Gl. metallisch; H. = $1\frac{1}{4}$; hexag.; undeutl. Blättchen nach (0001), schuppig; Spaltb. (0001); färbt ab; mit Quarz, Feldspat usw. in Pegmatiten; mit Quarz, Wismut u. a. auf Gängen der Zinnformation, seltener in körnigem Kalk.

Sylvanit: F. hellgrau; Str. hellgrau; Gl. metallisch; H. = $1\frac{3}{4}$; monoklin; xx nadlig, Aggreg. schriftähnlich; Spaltb. (010); mit anderen Telluriden, Sulfiden und Quarz auf Gängen.

Anmerk. Andere Ag- und Au-Telluride, die den Sylvanit begleiten, sind z. T. schwer von ihm zu unterscheiden, so Nagyagit, Petzit, Krennerit u. a.

Emplektit: F. grauweiß; Str. schwarzgrau; Gl. metallisch; H. = 2; rhomb.; xx nadlig, klein; Spaltb. (010); mit Quarz und Sulfiden auf Erzgängen.

Wismutglanz: F. hellgrau; meist angelaufen; Str. grau; Gl. metallisch; H. = 2; rhomb.; gewöhnlich derb, stenglig-blättrig; Spaltb. (010); auf Erzgängen, bes. der Zinnformation.

Antimonglanz: F. bleigrau, oft bunt angelaufen; Str. bleigrau; Gl. metallisch; H. = 2; rhomb., xx spießig-nadlig; faserig, feinkörnig; Spaltb. (010); blättriger Querbruch; schmilzt in der Kerzenflamme; auf Gängen mit Baryt, Antimonocker, Quarz, Sulfiden von Fe und As usw.

Jamesonit: F. bleigrau; Str. schwarzgrau; Gl. metallisch; H.=2½; rhomb., xx nadlig; faserig; mit Quarz, Sulfiden und Sulfosalzen von Pb und Zn auf Erzgängen.

Anmerk. Die feinsten, haarförmigen xx gehören zum Plumosit (Federerz).

Pyrolusit: F. schwarz; Str. schwarz; Gl. halbmetall.; H. = 2¼; scheinbar rhomb., xx spießig; faserig, derb; färbt ab; mit Baryt und oxydischen Mn- und Fe-Erzen.

Plagionit: F. dunkelbleigrau; Str. schwarzgrau; Gl. metall.; H. = 2¼; monokl., xx dicktaflig, klein; meist derb, körnig; mit Quarz, Bleiglanz und Antimonit auf Gängen.

Freieslebenit: F. stahlgrau; Str. stahlgrau; Gl. metallisch; H. = 2¼; monokl., xx prismat., stark längsgestreift; meist derb; mit edlen Ag-Erzen, Baryt, Kalzit und Galenit auf Gängen.

Stephanit: F. eisenschwarz; Str. grauschwarz; Gl. metallisch; H. = 2¼; rhomb., xx pseudohex.; Bruch muschlig; mit edlen Ag-Erzen, Kalzit, Quarz und Fluorit bes. auf Gängen.

Polybasit: F. eisenschwarz; Str. schwarz; Gl. metallisch; H.=2½; rhomb., pseudohex.; blättrig, dünne Blättchen rot durchscheinend; mit edlen Ag-Erzen, Sulfiden und Kalzit auf Gängen.

Silberglanz: F. dunkelbleigrau; Str. schwarzgrau; Gl. metallisch; H. = 2½; kub., xx meist klein und verzerrt; sehr geschmeidig; mit anderen Ag-Erzen, Sulfiden, Kalzit, Quarz, Baryt und Fluorit bes. auf Gängen.

Bleiglanz: F. bleigrau; Str. bleigrau; Gl. metallisch; H. = 2¾; kub., (100), Kubooktaëder, (111); körnig; Spaltb. (100); bes. auf Gängen mit anderen Sulfiden, Quarz, Fluorit usw.; mit Zinkblende und Pyrit in Kalk; in Sandstein (Knottenerz).

Bournonit: F. dunkelgrau; Str. grauschwarz; Gl. metallisch; H. = 2¾; rhomb.-pseudotetrag.; xx taflig; zahnradförmige Zwillinge; Bruch muschlig; mit Quarz, Karbonaten und Sulfiden auf Gängen.

Boulangerit: F. bläulich-bleigrau; Str. schwarzgrau; Gl. metall.; H. = 2¾; rhomb. (xx selten); faserig-dicht; Bruch muschlig; mit Sulfiden (bes. von Pb) und Quarz auf Gängen.

Kupferglanz: F. schwarzgrau; Str. schwarz; Gl. metallisch; H.=2¾; rhomb., xx pseudohex. Drillinge, taflig; Bruch muschlig; mit anderen sulfidischen Cu-Erzen, Kalzit und Quarz bes. auf Gängen; im Kupferschiefer.

Weiße.

Quecksilber: F. zinnweiß; Gl. metallisch; Tröpfchen auf Zinnober und seinen Begleitern.

Wismut: F. weiß mit rötlichem Schimmer; Str. hellgrau; Gl. metall.; H. = 2¼; hex. (xx sehr selten); federförmige Aggregate; auf braunem Hornstein; auf Co- und Ni-Erzgängen; mit Molybdänit auf Gängen der Zinnformation.

Silber: F. silberweiß, oft angelaufen; Str. silberweiß; Gl. metallisch; H. $= 2\frac{3}{4}$; kub., xx meist verzerrt, drahtförmig; mit anderen Ag-Erzen, Sulfiden und Kalzit bes. auf Gängen.

Blaue.

Covellin: F. dunkelblau; Str. schwarzblau; Gl. metall.; H. $= 1\frac{3}{4}$; hex. (xx sehr selten); derb, feinschuppig-blättrig; mit sulfidischen Cu- und Fe-Erzen und Quarz bes. auf Gängen; im Kupferschiefer.

Vivianit: F. blau, blaugrün; Str. blau; Gl. perlmutterartig oder matt; H. $= 2$; monokl.; xx prismat.; erdig; Spaltb. (010); xx auf zersetzten Eisensulfiden, erdig in Ton und in Mooren.

Linarit: F. lasurblau; Str. hellblau; Gl. glasartig; H. $= 2\frac{1}{2}$; monokl., xx klein, schuppig; Spaltb. (010); mit Quarz, Kalzit und Sulfiden von Pb und Cu.

Grüne.

Nontronit: F. gelbgrün; Str. gelbgrün; Gl. fettartig; H. $= 1$; kryptokristallin, amorph.; am Salband von Erzgängen; in Gneis mit Graphit und Limonit.

Seladonit: F. bläulichgrün; Str. blaugrün; Gl. matt; H. $= 1\frac{1}{2}$; amorph, erdig; Zersetzungsprodukt in Melaphyr und Basalt; pseudomorph nach Hornblende und Augit.

Kalkuranit: F. gelbgrün; Str. schwefelgelb; Gl. perlmutterartig; H. $= 1\frac{3}{4}$; rhomb.-pseudotetrag., xx dünntaflig; schuppig; Spaltb. (001); auf Granit, Fluorit und Hornstein.

Kupferuranit: F. dunkelgrün; Str. hellgrün; Gl. perlmutterartig; H. $= 1\frac{3}{4}$; tetrag., xx taflig; Spaltb. (001); auf Granit, Fluorit und Hornstein.

Annabergit: F. blaßgrün; Str. hellgrün; Gl. matt; H. $= 2$; monokl. (xx sehr selten); Verwitterungsprodukt auf Ni-Arseniden, bes. Chloanthit.

Chlorit: F. grün, meist dunkel; Str. grün bis farblos; Gl. perlmutterartig auf (001); H. $= 2\frac{1}{4}$; monokl.-pseudohex.; blättrig-schuppig; Spaltb. (001); unelastisch biegsam; als Ch.-Schiefer (mit Magnetit und Dolomit); in Mineralklüften mit Quarz, Adular, Sphen u. a.; in kristallinen Schiefern bes. mit Biotit (die Unterscheidung der einzelnen Varietäten erfolgt mikroskopisch).

Braune und gelbe.

Ozokerit: F. gelblichbraun; Str. blaßgelb; Gl. diamant-fettartig; H. $= 1$; kristallinisch und amoprh; dicht; $d = 0{,}95$; klebrig, riechend; mit Ton, Sandstein, Salz und Erdöl.

Beraunit: F. braun (dunkel); Str. gelb; Gl. glasartig; H. $= 1\frac{3}{4}$; monokl., xx taflig, klein; faserig-blättrig; auf und mit oxydischen Eisenerzen.

Auripigment: F. zitronengelb; Str. zitronengelb; Gl. fettartig; H. $= 1\frac{3}{4}$; rhomb.; xx selten und klein; blättrig; Spaltb. **(010)**; mit Realgar und anderen Sulfiden; in körnigem Dolomit.

Schwefel: F. schwefelgelb, z. T. dunkler; Str. gelb, nahezu farblos; Gl. diamantartig; H. $= 2$; rhomb., xx meist pyramidal; Bruch muschlig; beim Verbrennen Geruch nach SO_2; mit Kalzit, Gips, Aragonit und Cölestin; Sublimationsprodukt auf Lava; derb bes. in Ton, dann meist braun durch Verunreinigungen.

Gold: F. goldgelb; Str. goldgelb; Gl. metallisch; H. $= 2\frac{3}{4}$; kub. xx klein und meist undeutl.; auf Quarz, mit Limonit; lose Körnchen in Sand.

Rote.

Pyrostibit: F. dunkelrot; Str. dunkelrot; Gl. metallisch; H. $= 1$; monokl.; xx nadlig, in Büscheln; mit Antimonit, Limonit und Quarz.

Erythrin: F. dunkelrot; Str. hellrot; Gl. glasartig; H. $= 2$; monokl.; faserig-büschlig; Spaltb. **(010)**; Verwitterungsprodukt auf Co-Arseniden, bes. Smaltin; mit Limonit.

Realgar: F. morgenrot; Str. rotgelb; Gl. diamantartig; H. $= 1\frac{3}{4}$; monokl.; xx dicktaflig; zerfällt am Licht; bes. auf Gängen mit As- und Sb-Erzen; in körnigem Dolomit und Tonschiefer.

Krokoit: F. morgenrot; Str. rotgelb; Gl. glas- bis diamantartig; H. $= 2\frac{1}{4}$; monokl.; xx prismat.; auf Quarz bes. mit Galenit, Limonit und Auripigment.

Zinnober: F. zinnoberrot; Str. hellrot; Gl. diamantartig; H. $= 2\frac{1}{4}$; trig., **(100)** $= R$; erdig, schalig (Korallenerz); $d = 8$ ca; mit Baryt, Kalzit, Quarz und Pyrit; als Imprägnation von Sandstein und Tonschiefer.

Mennige: F. morgenrot; Str. rotgelb; Gl. matt; H. $= 2\frac{1}{2}$; erdig; auf Sandstein, mit Galenit und Cerussit.

Pyrargyrit (dunkles Rotgültigerz): F. dunkelrot bis dunkelgrau (metallisch); Str. bläulichrot; Gl. diamantartig; H. $= 2\frac{1}{2}$; trig., xx selten gut, dann deutlich hemimorph; mit anderen Ag-Erzen, Baryt, Quarz, Fluorit und Kalzit auf Gängen.

Proustit (lichtes Rotgültigerz): F. karminrot, oft dunkel angelaufen; Str. gelblichrot; Gl. diamantartig; H. $= 2\frac{1}{2}$; sonst wie beim vorigen, nur ist Proustit seltener.

Kupfer: F. kupferrot; Str. kupferrot; Gl. metallisch; H. $= 2\frac{3}{4}$; kub., xx verzerrt; mit Malachit, Limonit und Kuprit; mit Kalzit, Prehnit und Zeolithen in Melaphyr.

2. Ohne farbigen Strich.

Sassolin: F. weiß; Gl. perlmutterartig; H. $= 1$; trikl.-pseudohex.; lose Schuppen; Spaltb. **(001)**; mit Schwefel als Fumarolenprodukt.

Kaolin (erdiger Kaolinit): F. weiß; Gl. matt; H. $= 1$; erdig; mit Quarz (und Muskowit), Zersetzungsprodukt bes. von Orthoklas.

Talk: F. hellgrün; Gl. perlmutterartig; H. = 1; monokl.; nur feinschuppig; Spaltb. **(001)**; fettartig beim Anfühlen; als T.-Schiefer mit Apatit, Magnesit und Magnetit.

Dazu gehört Speckstein: F. weiß; Gl. matt; nierig und pseudomorph nach Quarz und Dolomit.

Kerargyrit: F. grau, bräunlich; Gl. diamantartig; H. = 1½; kub. xx sehr klein; krustenförmig; mit Silber, Cerussit, Limonit und Kalzit,

Kalomel: F. grau, weiß; Gl. diamantartig; H. = 1¾; tetrag., xx klein, hornartig; Spaltb. (100); mit Zinnober, Baryt und Pyrit.

Struvit: F. weiß; Gl. glasartig; H. = 1¾; rhomb., xx deutlich hemimorph; verwittert leicht; auf phosphorhaltigen Verwesungsprodukten, bes. in Mooren.

Die folgenden 10 Salze lassen sich nur chemisch und durch Vergleich sicher bestimmen; sie sind meist verwittert und die Härte nicht ganz sicher.

Carnallit: F. rotgelb; Gl. gemein; H. = 1 und mehr; rhomb.; xx selten, pseudohexag.; zerfließlich; **grobkörnig**; mit K- und Mg-Salzen, Anhydrit, Gips und Steinsalz.

Bischofit: Farblos-weiß; Gl. glasartig; H. = 1½; nur derb; zerfließlich; mit K- und Mg-Salzen und Anhydrit.

Tachyhydrit: F. wachs- bis honiggelb; Gl. matt; H. = 1½; nur derb; sehr zerfließlich; mit K- und Mg-Salzen.

Mirabilit: F. weiß; Gl. glasartig; H. = 1¾; monokl.; Spaltb. (100); verwittert leicht; bes. in Salzlagerstätten auf Anhydrit und Steinsalz.

Natronsalpeter: F. weiß; Gl. glasartig; H. = 1¾; trig. (keine xx); körnig; kühlender Geschmack; mit anderen Na-Salzen, meist unrein.

Epsomit: Farblos, weiß; Gl. matt; H. = 2¼; rhomb., xx verwittert; derb, körnig (in Kalilagern), faserig; mit K- und Mg-Salzen und Anhydrit; Verwitterungsprodukt bei Anwesenheit von Mg und H_2SO_4.

Anmerk. Goslarit, Melanterit, Chalkanthit und Alaun kommen meist nur faserig oder verwittert vor und können in der Regel nur chemisch bestimmt werden.

Blödit: Farblos bis schwach gefärbt; Gl. glasartig; H. = 2½; monokl.; xx oft gut; auf Salzlagerstätten, bes. auf Drusen in Steinsalz.

Kainit: F. rot, gelb; Gl. glasartig; H. = 2¾; monokl. (xx sehr selten); feinkörnig; in Kalilagern.

Polyhalit: F. rot; Gl. seidenartig; H. = 2¾; rhomb., keine xx; faserige Aggreg.; mit Gips, Anhydrit, Steinsalz und Ton.

Glauberit: F. graulich, hellgelb; Gl. glasartig; H. = 2¾; monokl.; xx taflig; Spaltb. (001); in Steinsalzlagern auf Anhydrit und Steinsalz.

Keramohalit: F. gelblichweiß; Gl. seidenartig; H. $= 1\frac{3}{4}$; in faserig. Aggregaten oder dicht; vulkanisches und Verwitterungsprodukt.

Halotrichit: F. gelblichweiß; Gl. seidenartig; H. $= 2$; in faserig. Aggregaten; Verwitterungsprodukt auf Fe-Sulfiden.

Fibroferrit: F. olivengrün; Gl. seidenartig; H. $= 2\frac{1}{4}$; in faserig. Aggregaten; Verwitterungsprodukt auf Fe-Sulfiden.

Anmerk. Zahlreiche andere Fe- und Al-Sulfate sind zum Teil schwer von den letztgenannten drei Mineralien zu unterscheiden.

Serpentin-Asbest: F. grünlichweiß; Gl. seidenartig; H. $= 2$; rhomb.; feinfaserige Schnüre in Serpentin.

Hornblende-Asbest: F. grünlichweiß; Gl. seidenartig; H. $= 2$; monokl., keine xx; feinfaserig, mit Tremolit und Strahlstein.

Schwefel: F. schwefelgelb, z. T. dunkler; Gl. diamantartig; H. $= 2$; rhomb., xx meist dipyramidal; Bruch muschlig; beim Verbrennen Geruch nach SO_2; mit Kalzit, Gips, Aragonit und Cölestin; derb, bes. in Ton, dann meist braun durch Verunreinigungen.

Bernstein: F. gelb, bräunlich; Gl. fettartig; H. $= 2\frac{1}{4}$; amorph; $d = 1,1$; wird beim Reiben elektrisch; lose Stücke in Erde, Sandstein usw.

Brucit: F. weiß; Gl. perlmutterartig; H. $= 2$; hexag.; blättrig nach (0001); Spaltb. **(0001)**; Kluftausfüllung in Serpentin und Kontaktprodukt in Dolomit.

Gips: Farblos, weiß, oft schmutzig; Gl. glasartig; H. $= 2$; monokl.; xx prismat. oder linsenförmig; Schwalbenschwanzzwillinge; faserig, feinkörnig (bes. rein als Alabaster); Spaltb. **(010)**, **(100)**, faserig nach (101); mit Salzen, Schwefel, Kalzit und Ton, meist aufgewachsen.

Salmiak: F. weiß; Gl. fettartig; H. $= 2$; kub., xx selten und klein; Geschmack brennend; Sublimationsprodukt bes. auf Lava.

Steinsalz: Farblos (xx), weiß, rot, selten blau (xx); Gl. glasartig; H. $= 2\frac{1}{4}$; kub., **(100)**; körnig; Spaltb. **(100)**; Salzgeschmack; mit Salzton, Gips, Anhydrit, Mg- und K-Salzen.

Sylvin: Farblos (xx), blau (xx), weiß; Gl. glasartig; H. $= 2\frac{1}{4}$; kub., (100), (111); körnig; Spaltb. **(100)**; Geschmack stechend; mit K-Salzen, Anhydrit und Steinsalz.

Tinkal: F. weiß; Gl. matt; H. $= 2\frac{1}{4}$; monokl.; xx kurzprismat.; Ausscheidung in Boraxseen.

Hydrozinkit: F. weiß; Gl. matt; H. $= 2\frac{1}{4}$; kryptokristallin, erdig; Verwitterungsprodukt auf Zinkspat.

Senarmontit: F. weiß; Gl. diamantartig; H. $= 2\frac{1}{4}$; kub., (111); mit und auf Sb-Erzen.

Meerschaum: F. weiß; Gl. matt; H. $= 2\frac{1}{4}$; amorph; nierig; auf und in Serpentin.

Gymnit: F. gelblich; Gl. fettartig; H. $= 2\frac{1}{4}$; nur derb; in Serpentin und auf körnigem Kalk.

Garnierit: F. grün; Gl. matt; H. = 2¼; amorph, dicht; mit Opal und Magnesit in Serpentin.

Anmerk. Nicht leicht davon zu unterscheiden sind mehrere andere Nickelhydrosilikate, so Genthit, Konarit, Röttisit.

Valentinit: F. weiß; Gl. diamantartig;. H. = 2¾; rhomb.; xx klein; schuppig; Spaltb. (010); mit Galenit und Sb-Erzen.

Kryolith: F. weiß; Gl. glasartig; H. = 2¾; monokl. (xx sehr selten); grobkörnig; Spaltb. (001), (110), Spaltrichtungen fast senkrecht aufeinander; mit Siderit und sulfidischen Erzen.

Pharmakolith: F. weiß, rosa (durch Beimengung von Erythrin); Gl. glasig; H. = 2¾; monokl.; xx selten; feinfaserige Aggregate; Verwitterungsprodukt auf Arsenkies und anderen Arseniden.

Nakrit (Kaolinit): F. weiß; Gl. perlmutterartig; H. = 2; monokl.-pseudohex.; schuppig; Spaltb. (001); auf Quarz.

Chlorit: F. grün, meist dunkel; Gl. perlmutterartig auf (001); H. = 2¼; monokl.-pseudohexagon.; blättrig-schuppig; Spaltb. (001); unelastisch biegsam; als Ch.-Schiefer (mit Magnetit und Dolomit); in Mineralklüften mit Quarz, Adular, Sphen u. a.; in kristallinen Schiefern bes. mit Biotit (die Unterscheidung der einzelnen Varietäten erfolgt mikroskopisch).

Muskowit: F. hellbraun bis farblos; Gl. perlmutterartig auf (001); H. = 2¼; monokl.-pseudohex.; taflig, (frei ausgebildete xx sehr selten); Aggreg. blättrig; Spaltb. (001); elastisch biegsam; mit Orthoklas und Quarz in Pegmatiten u. a. Gesteinen; als Muskowitschiefer.

Lepidolith: F. blaßviolett, selten grün; Gl. perlmutterartig auf (001); H. = 2½; monokl.; undeutl. Blättchen, schuppige bis körnige Aggregate; Spaltb. (001); mit Quarz und rotem Turmalin.

Zinnwaldit: F. hellgrau, weiß; Gl. perlmutterartig auf (001); H. = 2¾; monokl.-pseudohex.; taflige xx, die oft rosettenförmige Aggregate bilden; Spaltb. (001); elastisch biegsam; bes. mit Quarz und Orthoklas; mit Topas, Zinnstein, Wolframit und Scheelit.

Paragonit: F. weiß; Gl. perlmutterartig auf (001); H. = 2¾; monokl.; meist feinschuppig; Spaltb. (001); als Paragonitschiefer mit Staurolith, Disthen usw.

Phlogopit: F. braungelb; Gl. perlmutterartig auf (001); H. = 2¾; monokl.-pseudohex.; taflig-blättrig; Spaltb. (001); elastisch biegsam; mit Apatit, grüner Hornblende, Spinell u. a. in metamorphem Kalk.

Biotit: F. dunkelbraun, schwarz, selten grün; Gl. perlmutterartig auf (001); H. = 2¾; monokl.-pseudohex.; taflig-blättrig; Spaltb. (001); elastisch biegsam; mit Orthoklas, mit und ohne Quarz in Gesteinen; als Biotitschiefer.

Meroxen: F. hellbraun, hellgrün; Gl. perlmutterartig auf (001); H. = 2¾; monokl.-pseudohex.; Spaltb. (001); elastisch biegsam; in metamorphem Kalk mit Nephelin, Granat und Vesuvian.

Fuchsit: F. intensiv grün; Gl. perlmutterartig auf (001); H. = 2¼ bis 2¾; monokl.-pseudohex. (freie xx sehr selten); Spaltb. (001); elastisch biegsam; in kristallinen Schiefern und metamorphem Kalk.

II. Halbharte Mineralien. Härte 3 bis gegen 5.

1. Mit farbigen Strich.

Schwarze und graue.

Jordanit: F. bleigrau; Str. schwarz; Gl. metallisch; H. = 3; monokl.; xx undeutl., gestreift; mit Zinkblende, Realgar u. a. auf Gängen und in körnigem Dolomit.

Anmerk. Im Binnentaler Dolomit kommen noch viele andere, schwer zu unterscheidende Bleisulfarsenite vor (Skleroklas, Binnit usf.).

Enargit: F. schwarzgrau; Str. grauschwarz; Gl. metallisch; H. = 3; rhomb.; xx klein, stark längsgestreift; mit Quarz, Pyrit und Covellin.

Miargyrit: F. eisenschwarz, dünne Blättchen tief blaurot durchscheinend; Str. kirschrot; Gl. diamantartig; H. = 3¼; monokl.; xx klein; Bruch uneben; mit. Antimonit und edlen Ag-Erzen auf Gängen.

Zinckenit: F. stahlgrau; Str. stahlgrau; Gl. metallisch; H. = 3½; rhomb.; xx prismat.; mit Quarz und Antimonit auf Erzgängen.

Arsen: F. frisch bleigrau, stets dunkel angelaufen; Str. grauschwarz; Gl. matt; H. = 3½; trig. (xx sehr selten); dicht, gewöhnlich nierenförmig-schalig (»Scherbenkobalt«); mit Quarz und Sulfiden auf Erzgängen.

Allemontit: F. hellgrau, meist dunkel angelaufen; Str. grau; Gl. matt; H. = 3½; nur derb, meist nierig-schalig; mit Sb- und As-Erzen.

Fahlerz: F. grau, hell oder dunkel; Str. schwarz, ins Rötliche; Gl. metallisch; H. = 3¾, auch etwas mehr oder weniger; kub.; tetraëdrisch; (111), (110), (211); Bruch muschlig; mit Quarz, Kalzit, Baryt und Sulfiden auf Gängen; verwittert zu Azurit und Malachit.

Zinkblende (bei hohem Eisengehalt fast schwarz) siehe unter gelbe Mineralien.

Alabandin: F. eisenschwarz; Str. grün; Gl. halbmetall.; H. = 3¾; kub.; meist körnig; Spaltb. (100); mit Quarz, Mn-Verbindungen und Sulfiden.

Hauerit: F. braunschwarz; Str. braunrot; Gl. diamantartig; H. = 4; kub., in guten xx (111); Bruch uneben; mit Schwefel, Kalzit und Gips in tonigen Sedimenten.

Manganit: F. schwarz; Str. rötlichbraun; Gl. metallisch; H.= 4; rhomb.; xx säulig, nadlig; Spaltb. (010); mit Pyrolusit, Baryt und Kalzit.

Platin: F. hell stahlgrau; Str. hellgrau; Gl. metallisch; H. = $4\frac{1}{4}$; kub. (xx sehr selten); Gerölle, aus Serpentin.

Weiße.

Amalgam: F. silberweiß; Str. grau; Gl. metallisch; H. = $3\frac{1}{4}$; kub.; xx selten; blättrig; mit Hg-Erzen, Pyrit und Baryt.

Antimon: F. zinnweiß; Str. grau; Gl. metallisch; H. = $3\frac{1}{4}$; trig. (xx sehr selten); blättrig, körnig; Spaltb. (111), (11$\bar{1}$); mit Sb-Erzen; verwittert zu Antimonocker.

Dyskrasit: F. silberweiß, dunkel angelaufen; Str. grau; Gl. matt; H. = $3\frac{1}{2}$; rhomb.-pseudohex. (xx sehr selten); körnig; schmilzt in der Flamme; mit anderen Ag-Erzen, Arsen und Kalzit.

Blaue.

Azurit: F. lasurblau; Str. blau; Gl. glasartig; H. = $3\frac{3}{4}$; monokl.; xx dicktaflig, meist undeutlich; Verwitterungsprodukt auf Cu-Erzen, mit Malachit; mit Bleiglanz und anderen Sulfiden.

Grüne.

Chrysokoll: F. bläulichgrün; Str. bläulichgrün; Gl. matt; H. = 3, mehr und weniger (2 bis 4); amorph; mit Cu-Karbonaten, Fe-Oxyden und Sulfiden.

Olivenit: F. olivengrün; Str. olivengrün bis bräunlich; Gl. glasartig; H. = 3; rhomb.; xx klein, nadlig; auf Quarz, Arsenkies und Kupferkies als Zersetzungsprodukt.

Atacamit: F. dunkelgrün; Str. smaragdgrün; Gl. glasartig; H. = $3\frac{1}{4}$; rhomb.; xx langprismatisch, nadlig; mit oxydischen Cu- und Fe-Verbindungen; auf Lava.

Malachit: F. smaragdgrün; Str. smaragdgrün; Gl. seidenartig; H. = $3\frac{3}{4}$; monokl.; gute xx selten; faserig, nierig; Verwitterungsprodukt von Cu-Erzen, mit oxydischen Fe-Verbindungen.

Pseudomalachit: F. dunkelgrün; Str. grün; Gl. seidenartig; H. = $4\frac{3}{4}$; keine xx, nur faserig, traubig; Verwitterungsprodukt auf Cu-Erzen (sichere Bestimmung nur mikroskopisch).

Brochantit: F. dunkelgrün; Str. grün; Gl. glasig; H. = $3\frac{3}{4}$; rhomb.; xx kurzprismatisch, nadlig; Spaltb. (010); Verwitterungsprodukt auf Kupferkies, mit oxydischen Cu- und Fe-Erzen.

Libethenit: F. dunkelgrün; Str. hellgrün; Gl. fettartig; H.= 4; rhomb.; xx oktaëderähnlich, klein; mit oxydischen Cu- und Fe-Erzen und auf Quarz.

Gelbe und braune.

Pitticit: F. gelbbraun; Str. gelblichweiß; Gl. glasartig; H. = 3; amorph; Verwitterungsprodukt auf Fe-haltigen Phosphaten.

Greenockit: F. hellgelb; Str. pomeranzengelb; Gl. diamantartig (xx); matt (derb); H. = $3\frac{1}{4}$; hexag.; xx selten, meist erdig; xx auf Prehnit, erdig auf Zinkblende.

Millerit: F. speisgelb; Str. schwarz; Gl. metallisch; H. = $3\frac{1}{4}$; trig.; xx nadlig, haarförmig (in Büscheln); mit anderen Ni-Erzen, Baryt, Kalzit und Quarz.

Kakoxen: F. gelbbraun; Str. strohgelb; Gl. seidenartig; H. = $3\frac{1}{2}$; monokl.?; Blättchen oder faserige Aggregate auf oxydischen Eisenerzen.

Zinkblende: F. braun, gelb, rot, schwärzlich; Str. hellgelb, braun bis fast schwarz (Fe-haltige Z.); Gl. diamantartig; H. = $3\frac{3}{4}$; kub.; körnig; Spaltb. (110); mit Sulfiden, Kalzit, Quarz, Fluorit, Siderit und anderen Karbonaten

Wurtzit: F. braun; Str. gelbbraun; Gl. diamantartig; H. = $3\frac{3}{4}$; hex. (xx sehr selten); faserig, nierig (Schalenblende); mit Bleiglanz, Zinkblende, Pyrit und Kalk.

Kupferkies: F. messinggelb, häufig dunkelgelb oder bunt angelaufen; Str. grünschwarz; Gl. metallisch; H. = $3\frac{3}{4}$; tetrag.; xx meist klein und undeutl., oft pseudokubisch; meist derb; mit Quarz und anderen Sulfiden (xx); derb in dichtem Gemenge mit Pyrit.

Magnetkies: F. bronzegelb, dunkel angelaufen; Str. schwarz; Gl. metallisch; H. = 4; hex. (xx sehr selten); dicht oder blättrig, mit deutl. Absonderung nach (0001); Spaltb. (10$\overline{1}$0); mit Pyrit, Kupferkies, Quarz, grünem Orthoklas und Bronzit.

Limonit: F. braun, gelb; Str. braungelb; Gl. matt; H. eigentlich $5\frac{1}{2}$, aber bei lockeren Aggregaten meist geringer; meist dicht, auch oolithisch, faserig, erdig; Verwitterungsprodukt aller Fe-haltigen Mineralien, oft pseudomorph nach Pyrit; auf selbständigen Lagern.

Rote.

Bornit: F. frisch zwischen kupferrot und bronzegelb, stets bunt angelaufen; Str. schwarz; Gl. metallisch; H. = 3; kub. (xx sehr selten); mit anderen Cu-Erzen und Quarz; im Kupferschiefer; mit Granat und Kalzit.

Roteisenerz: als **roter Glaskopf**, F. rot; Str. braunrot; Gl. halbmetall; H. = $3\frac{1}{2}$, auch mehr und weniger; keine xx, faserig-stenglig; als **dichter Roteisenstein** F. rotbraun; Str. braunrot; Gl. matt; H = $3\frac{1}{2}$; derb, dicht bis locker; beide Abarten mit oxydischen Erzen aller Art, Quarz und Karbonaten.

Zinkblende (Rubinblende) siehe unter gelbe Mineralien.

Cuprit: F. rot; Str. rotgelb; Gl. diamantartig; H. = $3\frac{3}{4}$; kub., (111), (110); xx oft in Malachit umgewandelt; faserige Aggregate; mit Quarz und oxydischen Cu- und Fe-Erzen.

Zinkit: F. rot; Str. rotgelb; Gl. diamantartig; H. = $4\frac{1}{2}$; trig. (xx sehr selten); Absonderung nach der Basis; mit Franklinit, Willemit und Kalzit.

2. Ohne farbigen Strich.

Wulfenit: F. gelb, braun; Gl. diamantartig; H. = 3; tetrag.; xx taflig oder pyramidal; mit Pb-Erzen, Limonit und Dolomit in Kalk.

Serpentin: F. grün, gelb; Gl. matt; H. = 3 und mehr infolge Gehalt an Magnetit; nur dicht; als Gestein mit Asbest und Chlorit; enthält auch Magnetit, Chromit und Magnesit eingewachsen.

Hydrargillit: F. weiß, gelblich; Gl. glasartig; H. = 3; monokl.-pseudohex. (xx sehr selten); schuppig, stalaktitisch; Spaltb. (001); mit oxydischen Al- und Fe-Verbindungen.

Rhombische Sulfate und Karbonate.

Anglesit: Farblos, weiß; Gl. diamantartig; H. = 3; rhomb.; xx taflig, oft flächenreich; nie derb; Spaltb. (001); mit Cerussit auf Bleiglanz.

Baryt: Farblos, weiß, gelblich; Gl. glasartig; H. = 3; rhomb.; xx meist taflig, weniger oft prismatisch; körnig; Spaltb. (001), (110); $d = 4,5$; bes. auf Gängen mit Fluorit, Sulfiden, Karbonaten u. a.; mit oxydischen Fe- und Mn-Erzen; **nicht mit Schwefel.**

Barytocölestin: F. hellblau; Gl. glasartig; H. = 3; rhomb.; xx taflig; Spaltb. (001), (110); mit Karbonaten und anderen Sulfaten.

Cölestin: Farblos, bläulich; Gl. glasartig; H. = 3¼; rhomb.; xx meist prismatisch; faserig-plattige Aggregate; Spaltb. (001), (110); $d = 3,95$; mit Schwefel, Gips, Kalzit u. a.; derb in Kalk und Mergel.

Anhydrit: Farblos, rötlich, bläulich; Gl. glasartig; H. = 3¼; rhomb.; xx kurzprismat.; gewöhnlich fein- bis grobkörnige Aggregate; Spaltb. (010), (100), (001); xx bes. in Kalisalzen, sonst in Salzlagern derb.

Cerussit: Farblos, bräunlich, schwarz; Gl. diamantartig; H. = 3¼; rhomb.; xx meist pseudohex. Drillinge; strahl. Aggreg; mit Bleiglanz, Pyromorphit, Quarz, Fluorit usw.; als Imprägnation in Sandstein.

Witherit: Farblos, weiß; Gl. glasartig; H. = 3½; rhomb.-pseudo-hex.; xx pyramidal; $d = 4,2$; mit anderen Ba- und Pb-Verbindungen; Flammenreaktion!

Aragonit: Farblos, weiß, gelblich, rötlich; Gl. glasartig; H. = 3¾; rhomb.; xx prismat. bis nadlig, dann nach oben verjüngt; pseudohex. Drillinge kurzprismat.; stenglig-faserig mit ebensolchem Kalzit (Onyx-marmor); stalaktitisch (Eisenblüte); mit Schwefel und Cölestin; auf Drusen in Basalt; mit Limonit, Kalzit usf.

Strontianit: Farblos, weiß; Gl. glasartig; H. = 3¾; rhomb.; xx nadlig; strahlige Aggregate; $d = 3,7$; mit anderen Karbonaten, Sulfiden usw. bes. auf Gängen; Flammenreaktion!

Rhomboëdrische Karbonate.

Kalzit: Farblos, gelblich, weiß, braun, schwarz; Gl. glasartig; H. = 3 (auf der Basis weniger; auf dem Prisma mehr); trig.; vorherrschend (110), ($2\overline{1}\overline{1}$), ($11\overline{1}$), ($20\overline{1}$), nur selten (100) allein; Spaltb. **(100)**; körnig, oolithisch, faserig, stalaktitisch, in grobkristall Aggregaten häufig mit Zwillingsstreifung nach (110); vielfach organogen (Tiergehäuse); xx bes. auf Kalkstein sowie auf Gängen mit Erzen.

Ankerit: F. weiß, gelblich; Gl. glasartig; H. = $3\frac{3}{4}$; trig.; (110), (100); Spaltb. **(100)** mit anderen Karbonaten und Fe-Verbindungen.

Siderit: F. braun; Gl. glasartig; H. = $3\frac{3}{4}$; trig.; **(100)**; körnigspätig; Spaltb. **(100)**; mit Sulfiden und anderen Karbonaten, oft in Limonit umgewandelt; in Kryolith.

Dolomit: Farblos, weiß, bräunlich, selten schwarz; Gl. glasartig; trig.; **(100)**; xx häufig sattelförmig; nicht selten Zwillinge nach (111); Spaltb. **(100)**; mit anderen Karbonaten, Sulfiden u. a.; in Gips und Talkschiefer.

Magnesit: Farblos, weiß, bräunlich; Gl. glasartig (xx), matt (dichter M.); H. = 4 und mehr; trig.; **(100)**; Spaltb. **(100)**; xx in Chlorit- und Talkschiefer; kristallinisch-körnig auf Lagern; dicht (amorph) in und auf Serpentin.

Manganspat: F. rosenrot; Gl. glasartig; H. = 4 und mehr; trig. xx wie bei Kalzit; Spaltb. **(100)**; bes. mit oxydischen Fe-Verbindungen, Karbonaten und Sulfiden auf Gängen.

Vanadinit: F. dunkelbraunrot; Gl. glasartig; H. = 3; hexag.; xx klein, prismat.; mit Pb- und Zn-Erzen, Kalzit und Quarz.

Mimetesit: F. hellgrün, gelb bis farblos; Gl. fett- bis diamantartig; H. = $3\frac{1}{2}$; hexag.; xx prismat.; mit Quarz und oxydischen Mn- und Fe-Verbindungen; sichere Unterscheidung vom Pyromorphit nur chemisch.

Kampylit: F. gelb, bräunlich; Gl. diamantartig; H. $3\frac{3}{4}$; hexag.; xx kurzprismatisch, gerundet; mit oxydischen Erzen und Quarz.

Pyromorphit: F. grün, braun, gelb, selten farblos; Gl. fett- bis diamantartig; H. = $3\frac{3}{4}$; hexag.; xx prismatisch; auf Quarz, mit anderen Pb-Mineralien und oxydischen Erzen.

Kieserit: Farblos, weiß; Gl. glasartig; H. = $3\frac{1}{4}$; monokl.; xx fast stets verwittert; mit K- und Mg-Salzen, Anhydrit und Steinsalz.

Wavellit: F. weiß, seltener grün u. a.; Gl. seidenartig; H. = $3\frac{1}{2}$; rhomb.; nur radialfaserige Aggregate; Spaltb. (010); auf Limonit, Sandstein usw.

Strengit: F. rosarot; Gl. glasartig; H. = $3\frac{1}{2}$; rhomb. (gute xx sehr selten); warzige Aggregate; auf oxydischen Eisenerzen und Quarz mit anderen Eisenphosphaten.

Skorodit: F. grün, braun; Gl. glasartig; H. = $3\frac{3}{4}$; rhomb., xx meist klein; nierige Aggreg.; Spaltb. (100); Verwitterungsprodukt auf Arsenkies und anderen Arseniden.

Laumontit: F. weiß, gelblich, rot; Gl. glasartig; H. $= 3\frac{3}{4}$; monokl.; xx prismat.; Spaltb. (110); mit anderen Zeolithen auf Gneis und in Mandelsteinen.

Desmin: F. weiß oder schwach gefärbt; Gl. glasartig, seidenartig, auf (010) perlmutterart. H. $= 3\frac{3}{4}$; monokl.; pseudorhombische Viellinge; Spaltb. **(010)**, (001); Aggregate garbenförmig; mit anderen Zeolithen in Mandelsteinen und auf zersetzten Erzen.

Heulandit: Farblos, weiß, rot; Gl. perlmutterartig auf (010); H. $= 3\frac{3}{4}$; monokl.; xx taflig nach (010); Spaltb. **(010)**; mit anderen Zeolithen in Mandelsteinen.

Alunit: F. weiß, grau, rötlich; Gl. glasartig; H. $= 3\frac{3}{4}$; trig.; xx würfelähnlich, klein; meist derb; Spaltb. (001); Zersetzungsprodukt in Trachyt und ähnlichen Gesteinen.

Margarit: F. weiß, grau; Gl. perlmutterartig auf (001); H. $= 4$; monokl.; keine xx; blättrig, schuppig; Spaltb. **(001)**; bes. mit Chlorit in kristallinen Schiefern.

Flußspat: Farblos und in vielen Farben, bes. violett, blau, grün, gelb, rot; Gl. glasartig; H. $= 4$, kub.; **(100)**, selten (111); Zwillinge nach (111); wenn derb, meist strahlig; Spaltb. (111); fluoresziert; bes. auf Gängen, mit Baryt, Quarz, Karbonaten und Erzen; mit Quarz, Orthoklas u. a. in Pegmatiten; rote (111) mit Rauchquarz, Adular usf. in Mineralklüften.

Phillipsit: F. weiß; Gl. glasartig; H. $= 4\frac{1}{4}$; monokl.; stets pseudorhombische Durchwachsungsviellinge; mit anderen Zeolithen bes. in Mandelsteinen; sichere Unterscheidung vom folgenden nur chemisch.

Harmotom: F. weiß; Gl. glasartig; H. $= 4\frac{1}{2}$; monokl.; stets pseudorhombische Durchwachsungsviellinge; mit anderen Zeolithen bes. in Mandelsteinen; sichere Unterscheidung vom vorigen nur chemisch.

Chabasit: F. weiß, gelblich, rötlich; Gl. glasartig; H. $= 4\frac{1}{2}$; pseudo-trig. **(100)** $\doteq$ R, fast würfelförmig; mit anderen Zeolithen bes. in Mandelsteinen und auf Drusen in Phonolith.

Cervantit: F. hell- oder rötlichgelb; Gl. glasartig; H. $= 4\frac{1}{2}$; rhomb.; xx sehr klein; krustenartiges Verwitterungsprodukt auf Sb-Erzen.

Wollastonit: F. weiß, selten rötlich; Gl. seidenartig; H. $= 4\frac{3}{4}$; monokl.; xx sehr selten deutlich; faserig-blättrige Aggregate; Spaltb. (100); in körnigem Kalk mit Granat, Skapolith, Pargasit u. a. Kontaktmineralien.

Scheelit: F. weiß, gelblich; Gl. fett-diamantartig; H. $= 4\frac{3}{4}$; tetrag.; **(101)**; Bruch muschlig; auf Quarz, Zinnwaldit, Wolframit, Zinnstein und Apatit; in Quarz mit Granat und Vesuvian.

Apophyllit: F. weiß, selten rosarot; Gl. perlmutterartig auf (001); H $= 4\frac{3}{4}$; pseudotetr.; **(001)**, (100), (111); Spaltb. **(001)**; mit Zeolithen und Kalzit in Mandelsteinen und auf Gängen.

Calamin: F. weiß, bläulich; Gl. glasartig; H. = $4\frac{3}{4}$; rhomb.; xx klein, wenn gut ausgebildet taflig und deutlich hemimorph; meist krummschalige Aggregate; Spaltb. (110); mit Zinkspat und Limonit in Kalk und Dolomit.

Triphylin: F. blau bis blaugrün; Gl. glasartig; H. = $4\frac{3}{4}$; rhomb. (xx sehr selten, dann in Limonit umgewandelt); Spaltb. (001), (010); randlich meist verwittert; mit Orthoklas, Quarz und anderen Phosphaten.

III. Harte Mineralien. Härte 5 bis gegen 7.

1. Mit farbigen Strich.

Schwarze und graue.

Wolframit: F. eisenschwarz; Str. schwarzgrau; Gl. metallisch; H. = $5\frac{1}{4}$; monokl.; xx oft Zwillinge, die Prismen vertikal gestreift; Spaltb. (010); mit Quarz, Zinnwaldit, Scheelit, selten mit Sulfiden.

Hausmannit: F. eisenschwarz; Str. braunrötlich; Gl. metallisch; H. = $5\frac{1}{4}$; tetrag.; xx spitzpyramidal; körnig; mit anderen oxydischen Mn-Verbindungen und Baryt.

Ullmannit: F. bleigrau, meist dunkel angelaufen; Str. schwarzgrau; Gl. metallisch; H. = $5\frac{1}{4}$; kub.; meist derb, körnig; Spaltb. (100); mit anderen Sulfiden, Arseniden und Karbonaten, bes. auf Gängen.

Gersdorffit: F. stahlgrau, meist dunkel angelaufen; Str. grauschwarz Gl. metallisch; H. = $5\frac{1}{2}$; kub. (xx sehr selten); körnig; Spaltb. (100); mit anderen Ni-Erzen und Sulfiden sowie Karbonaten bes. auf Gängen.

Pechblende: F. schwarz; Str. braunschwarz; Gl. halbmetallisch; H. = $5\frac{1}{2}$; kub. (xx sehr selten); nierige Aggregate; Bruch muschlig; $d = 9{,}0$; mit Sulfiden, Karbonaten, Baryt und Quarz; mit Muskowit, Quarz und Orthoklas.

Psilomelan: F. schwarz; Str. schwarzbräunlich; Gl. matt; H. = $5\frac{1}{2}$; amorph; nierig, traubig; mit anderen oxydischen Mn- und Fe-Erzen, Baryt und Quarz.

Hornblende: F. schwarzbraun; Str. braungelb; Gl. glasartig; H. = $5\frac{1}{2}$ und mehr; monokl.; xx kurzprismat. mit sechsseitigem Querschnitt; Spaltb. (110) = 124°; in Basalt und Tuffen.

Ilmenit: F. eisenschwarz; Str. braunschwarz; Gl. metallisch; H. = $5\frac{1}{2}$; trig.; xx rhomboëdrisch oder taflig; bes. in basischen Eruptivgesteinen; mit Rutil, Eisenglanz, Quarz, Adular, Sphen usw.

Chromit: F. eisenschwarz; Str. braun; Gl. metallisch; H. = $5\frac{1}{2}$; kub. (xx sehr selten); in Serpentin und Peridotit.

Magnetit: F. eisenschwarz; Str. schwarzgrau; Gl. metallisch; H. = 5½ und mehr; kub. (111), (110), Zwillinge nach (111); körnig; in Chlorit, Talk und Serpentin; mit Granat, Amphibol, Quarz, Apatit, Kalzit und sulfidischen Erzen.

Lievrit: F. eisenschwarz; Str. schwarz ins Grünliche; H. = 5¾; rhomb.; xx prismat.; mit Pyroxen (Bustamit), Hornblende und Quarz.

Franklinit: F. eisenschwarz; Str. rotbraun; Gl. metallisch; H. = 6; kub. (111); mit Zinkit, Willemit und Kalzit.

Niobit: F. eisenschwarz; Str. bräunlichschwarz; Gl. metallisch; H. = 6; rhomb.; xx taflig nach (010), stark vertikal gestreift; Spaltb. (010); mit Orthoklas, Quarz, Muskowit und Uranit.

Anmerk. Tantalit ist nur durch die Dichte und chemisch davon zu unterscheiden.

Orthit: F. pechbraun bis schwarz; Str. schwach bräunlich bis farblos; Gl. glasartig; H. = 6¼; monokl.; Bruch muschlig; bes. in Syenit und Granit mit Orthoklas u. a.

Polianit: F. stahlgrau; Str. grauschwarz; Gl. metallisch; H. = 6¼; tetrag.; xx kurznadlig; meist derb; Spaltb. (110); mit anderen Mn- und Fe-Oxyden, Baryt und Quarz.

Braunit: F. eisenschwarz; Str. braunschwarz; Gl. metallisch; H. = 6¼; tetrag.; xx pseudooktaëdrische (111); körnig; mit anderen Mn-Erzen, Baryt und Kalzit.

Rutil: F. dunkelbraun, rötlich bis eisenschwarz; Str. blaßgelb; Gl. metallisch; H. = 6¼; tetrag.; xx prismat.; Zwillinge nach (101) häufig; Spaltb. (100); mit Eisenglanz, Quarz, Adular, Anatas in Mineralklüften; auf Eisenglanz aufgewachsen; in Quarz, Gabbro und Granit.

Zinnstein: F. eisenschwarz, dunkelbraun; Str. hellbraun; Gl. halbmetallisch; H. = 6½; tetrag.; xx pyramidal, meist Zwill. nach (101); Spaltb. (100); mit Quarz, Fluorit, Zinnwaldit, Topas, Wolframit, Eisenglanz und Scheelit; als Gerölle in Seifen.

Eisenglanz: F. schwarz (oft angelaufen); Str. braunrot; Gl. metallisch; H. = 6½; trig.; xx meist taflig nach (111) oder rhomboëdrisch; oft rosettenartige Aggregate; mit Rutil, Quarz, Adular, Apatit u. a. in Mineralklüften; mit Fluorit, Quarz, Topas u. a. auf Zinnerzgängen; mit Pyrit und Quarz; blättrig bis feinschuppig (Eisenglimmer) in Granit und Eisenglimmerschiefer.

Weiße.

Löllingit: F. zinnweiß, oft dunkelgrau angelaufen; Str. schwarz-grau; Gl. metallisch; H = 5¼; rhomb. (xx sehr selten); körnig; bes. in Serpentin; mit Sulfiden, Wismut und Quarz auf Gängen.

Arsenkies: F. zinnweiß, grau angelaufen; Str. schwarzgrau; H. = 5¾; rhomb. (110), (014), letzteres gestreift; xx meist kurzprism.; körnig; mit Quarz, anderen Sulfiden und Oxyden auf Zinnerz-, Bleiglanz- und anderen Gängen; in körnigem Kalk und Serpentin.

Linneit: F. silberweiß; Str. schwarzgrau; Gl. metallisch; H.=5½; kub. (111), meist xx; mit anderen Sulfiden und Siderit auf Gängen

Kobaltin: F. rötlich-silberweiß; Str. schwarzgrau; Gl. metallisch; H. = 5½; kub. (210), (100), (111); stets xx; mit Kupferkies, Pyrit und Magnetkies in Quarz und Kalzit.

Chloanthit: F. zinnweiß, grau angelaufen; Str. grau; Gl. metallisch; H. = 5¾; kub. (100), (111); manchmal »gestrickte« Formen; verwittert vorwiegend zu grünem Annabergit, mit anderen Erzen von Ni, Co, gediegen Wismut, Quarz, Kalzit und Baryt auf Gängen.

Smaltin: F. zinnweiß, grau angelaufen; Str. grau; Gl. metallisch; H.=5¾; kub. (100), (111); manchmal »gestrickte« Formen; verwittert vorwiegend zu rotem Erythrit; Vorkommen wie bei Chloantit; sichere Unterscheidung beider nur durch quantitative Analyse.

Rammelsbergit: F. zinnweiß mit Stich ins Rötliche; Str. grauschwarz; Gl. metallisch; H. = 5¾; rhomb. (xx sehr selten); feinkörnig; mit anderen Ni- und Co-Erzen und Quarz auf Gängen.

Blaue.

Lasurit: F. lasurblau; Str. blaßblau; Gl. fettartig; H.= 5½; kub. (xx sehr selten); derb, mit eingesprengtem Pyrit; in körnigem Kalk.

Grüne.

Dioptas: F. smaragdgrün; Str. hellgrün; Gl. glasartig; H. = 5; trig.; xx rhomboëdrisch, mit R dritter Stellung; Spaltb. (100) = R; auf metamorphem Kalk; mit Wulfenit und Scheelit auf Gängen.

Braune und gelbe.

Limonit: F. braun, gelb; Str. braungelb; Gl. matt; H. = 5¼ und weniger; meist dicht, auch oolithisch, faserig, erdig; Verwitterungsprodukt aller Fe-haltigen Mineralien, oft pseudomorph nach Pyrit; auf selbständigen Lagern.

Goethit: F. braun; Str. braungelb; Gl. samtartig; H.= 5¼; rhomb.; xx nadlig, klein; Spaltb. (010) Aggreg feinfaserig, oft als Überzug auf Kalzit; mit anderen oxydischen Fe-Mineralien als Verwitterungsprodukt.

Lepidokrokit: F. braun, Str. braungelb; Gl. samtartig; H=5¼; rhomb.; xx taflich, klein; Aggreg. blättrig; Vorkommen wie bei Limonit.

Hornblende: siehe bei schwarze Mineralien.

Markasit: F. graulich-speisgelb; Str. grünlichschwarz; Gl. metallisch; H. = 6¼; rhomb.; xx pyramidal- taflig, Zwillinge nach (110); Aggreg. nierig; Spaltb. (110); verwittert leicht; mit anderen Sulfiden, Quarz, Karbonaten usw.; in Steinkohlen.

Pyrit: F. speisgelb; Str. schwarz; Gl. metallisch; H. = 6¼; kub. (210), (100), (111); körnig, dicht; mit anderen Sulfiden z. T. innig gemengt, mit Quarz, Karbonaten, Baryt und Fluorit; in Talk- und Chloritschiefer; oft in Pseudomorphosen von Limonit umgewandelt.

Rutil: siehe bei schwarze Mineralien.

Orthit: siehe bei schwarze Mineralien.

Nickelin: F. hellgelblich-kupferrot; Str. bräunlichschwarz; Gl. metallisch; H. = 5¼; hexag.; xx selten und klein, tonnenförmig; meist derb; mit anderen Ni- und Co-Erzen, Wismut und Quarz.

Breithauptit: F. hellbläulich-kupferrot; Str. rotbraun; Gl. metallisch; H. = 5½; hexag. Täfelchen mit anderen Ni- und Co-Erzen, Sulfiden und Kalzit.

2. Ohne farbigen Strich.

Zinkspat: F. weiß, gelb, hellblau, grün; Gl. glasartig; H. = 5; trig.; xx klein; Aggregate nierig, körnig; Spaltb. (100) mit Calamin, Quarz, Limonit, Zinkblende und Bleiglanz in Kalk.

Apatit: Farblos: weiß, grün, gelb, violett; Gl. glasartig; H. = 5; hexag.; xx prismat. oder taflig, dann meist flächenreich, mit Dipyramiden 3. Stellung; dicht als **Phosphorit**, bes. in kugligen und nierigen Aggregaten; Spaltb. (0001); mit Quarz, Adular, Sphen usw. in Mineralklüften (farblose, taflige xx); in Talk (gelbgrün); auf Zinnerzgängen mit Topas, Quarz, Zinnstein u. a.; mit Orthoklas, Quarz und Muskowit in Pegmatiten; mit Phlogopit, Spinell u. a. in Kalk (langprismatisch); Phosphorit in Sedimenten.

Herderit: Farblos oder schwach gefärbt; Gl. glasartig; H. = 5; monokl., xx meist klein, flächenreich, aber wenig deutlich; auf Quarz und Orthoklas in Pegmatiten und Zinnerzgängen.

Melilith: F. braungelb; Gl. fettartig; H. = 5; tetrag.; xx sehr klein, meist undeutlich; auf Drusen in Basalt.

Disthen: siehe bei sehr harte Mineralien S. 160.

Andalusit: F. rötlich (fleischrot); Gl. glasartig; H. = 5 und mehr, wegen oberflächlicher Umwandlung in Muskowit scheinbar oft weniger; rhomb.; xx langprismat., fast nur (110) und (001); in Quarz eingewachsen; oberflächlich oft von Muskowit bedeckt.

Diallag: F. grün, braun; Gl. glasartig; H. = 5; monokl. (keine xx); blättrige Aggregate; Spaltb. **(010)**; mit Smaragdit und Granat als Bestandteil von Gabbro.

Bronzit: F. braun bis grün; Gl. metallisch; H. = 5 und mehr; pseudorhomb. (keine xx); blättrige Aggregate; Spaltb. **(100)**, (110); bes. in Serpentin, Norit, Gabbro und Peridotit mit Sulfiden u. a.

Enstatit: F. grau bis grünlich; Gl. glasartig; H. = 5½; pseudorhomb.; xx selten; blättrige Aggregate; Spaltb. (110), (100); in Norit, Gabbro und Serpentin; xx mit Apatit, Rutil und Amphibol.

Hypersthen: F. dunkelbraun, grau; Gl. metallisch; H. = 5½; pseudorhomb. (xx sehr selten); Spaltb. **(100)**, (110); bes. in Norit, Gabbro, Serpentin; xx in Magnetkies.

Natrolith: F. weiß, gelb; Gl. glasartig; H. = 5¼; rhomb.; pseudotetrag.; xx dünnprismat. bis haarförmig (110), (111); mit anderen
Zeolithen auf Drusen in Basalt und Phonolith; auf Adern in Phonolith.

Datolith: Farblos; Gl. glasartig; H. = 5¼; monokl.; xx klein,
flächenreich; mit Quarz, Zeolithen und Kalzit bes. in Mandelsteinen.

Monazit: F. rotbraun, gelb; Gl. fett- bis diamantartig; H. = 5¼;
monokl.; xx klein, kurzprismatisch; Spaltb. (001); mit Quarz, Feldspat, Sphen u. a. in Mineralklüften; in Pegmatiten und in Granit;
lose in Seifen.

Titanit: F. grün, braun; Gl. glasartig; H. = 5¼; monokl.; xx keil-
förmig, meist Zwillinge (Sphen, grün, seltener braun) oder briefkuvert-
förmig (Grothit, braun); Sphen in Mineralklüften mit Quarz, Adular,
Eisenglanz usf.; Grothit bes. mit Orthoklas in Syenit.

Analzim: Farblos, rötlich; Gl. glasartig; H. = 5¼; kub. (211),
(100); xx nie ringsum ausgebildet, aufgewachsen; mit anderen
Zeolithen in Mandelsteinen (rötliche xx); auf Lava (farblose xx).

Leucit: F. weiß; Gl. glasartig; H. = 5¾; pseudokub. (211);
xx stets ringsum ausgebildet, eingewachsen in Eruptivgesteinen.

Karpholith: F. strohgelb, grünlich; Gl. seidenartig; H. = 5½;
monokl.; nur faserige Aggregate; mit Fluorit und Quarz in Granit.

Willemit: Farblos, braun, grün; Gl. glasartig; H. = 5½; hexag.;
xx meist klein; körnig; mit anderen Zn-Erzen und Limonit auf Kalk;
mit Zinkit und Franklinit (grüne Prismen).

Perow'skit: F. braun bis schwarz; Gl. diamantartig; H. = 5½;
pseudokubisch; Spaltb. (100); auf Mineralklüften mit Quarz, Adular u. a.;
in körnigem Kalk.

Lazulith: F. lasurblau; Gl. glasartig; H. = 5½; monokl.; xx pyramidal; meist derb; in Quarz; mit Siderit in Schiefer.

Skapolith: Farblos (Meionit, Mizzonit, Marialith), grau, braun
(Wernerit), rot; Gl. glasartig, meist durch Zersetzung matt; H. = 5½
und mehr; tetrag., xx kurzprismat.; Aggreg. körnig; Spaltb. (100);
in Kontaktkalk mit Wollastonit u. a.

Gehlenit: F. grau; Gl. fettartig; H. = 5¾; tetrag.; xx prismat.
(110), (001); mit Hornblende in Kontaktkalk.

Hauyn: F. blau; Gl. glasartig; H. = 5¾; kub. (110), (111);
Spaltb. (110); in Laven und Tuffen; nicht mit Quarz.

Sodalith: F. grau, blau; Gl. glasartig; H. = 5¾; kub. (110);
Spaltb. (110); bes. in Sodalithsyenit mit Feldspat; mit Nephelin,
Zirkon und Titanit; nicht mit Quarz.

Nosean: F. grau, braun; Gl. glasartig; H. = 5¾; kub.; xx selten
und klein (110); Spaltb. (110); in Eruptivgesteinen; nicht mit Quarz.

Anatas: F. schwarz, bläulich, braungelb; Gl. diamantartig; H. = 5¾
tetrag.; xx meist pyramidal, selten taflig; Spaltb. (001), (111); auf
Mineralklüften mit Quarz, Adular, Rutil, Sphen u. a.

Brookit: F. braun; Gl. diamantartig, halbmetallisch; H. = $5\frac{3}{4}$; rhomb.; xx meist dünntaflig; nie derb; auf Mineralklüften mit buarz, Adular, Rutil, Sphen u. a.

Nephelin: Farblos, braun, grün; Gl. glasartig; — fettartig; H. = $5\frac{3}{4}$; hexag.; kleine xx (meist farblos); mit Feldspat, Hornblende und Augit in Eruptivgesteinen; mit Meroxen, Granat, Vesuvian und Augit in Kalk; manchmal in Glimmer umgewandelt (Liebenerit); nicht mit Quarz.

Schwarze Hornblende: F. schwarz, bräunlich; Gl. glasartig; H. = $5\frac{1}{2}$ und mehr; monokl.; xx kurzprismat., Querschnitt sechs-seitig; Spaltb. (110) = 124°; bes. in basischen Eruptivgesteinen und Tuffen.

Grüne Hornblende: F. grün; Gl. glasartig; H. = $5\frac{1}{2}$ und mehr; monokl.; meist derb, blättrig, körnig; Spaltb. (110) = 124°; körnig in metamorphem Kalk (Pargasit mit Graphit, Spinell u. a.), mit Feldspat, Nephelin, Titanit, Magnetit; als Amphibolit und in anderen Gesteinen.

Tremolit: F. grün (eisenhaltig), weiß (eisenfrei); Gl. glasartig; H. = $5\frac{3}{4}$; monokl.; xx langprismatisch, sehr selten mit Endflächen; Aggreg. faserig, strahlig; Spaltb. (110) = 124°; in Dolomit (weiß); in Serpentin, Talk, kristallinen Schiefern, mit Sulfiden (grün).

Glaukophan: F. blau; Gl. glasartig; H. = $6\frac{1}{4}$; monokl. (xx sehr selten); blättrigstrahlige Aggregate; Spaltb. (110) = 124°; mit Granat, Chlorit, Epidot u. a. in kristallinen Schiefern.

Anmerk. Die Unterscheidung der zahlreichen Amphibolvarietäten erfolgt mikroskopisch, bes. auf Grund der Auslöschungsschiefe und des Pleochroismus.

Schwarzer Augit: F. schwarz, bräunlich; Gl. glasartig; H. = $5\frac{1}{2}$ bis 6; monokl.; xx kurzprismatisch, Querschnitt achtseitig; Spaltb. (110) = 87°; bes. in basischen Eruptivgesteinen und Tuffen.

Grüner Augit: F. grün; Gl. glasartig; H. = $5\frac{3}{4}$; monokl.; xx meist scheinbar dipyramidal (Fassait); mit Granat, Vesuvian u. a. in Kalk (Fassait); gesteinsbildend in Syenit; mit Magnetit.

Diopsid: F. grün (hell und dunkel); Gl. glasartig; H. = $5\frac{3}{4}$; monokl.; xx prismat., Querschnitt fast quadratisch; Spaltb. (110) = 87°; mit Granat, Chlorit, Magnetit; mit Sulfiden.

Rhodonit: F. rot; Gl. glasartig; H. = 6; triklin; xx kurzprismatisch; körnig; Spaltb. (110), (110); mit Granat, Kalzit, Franklinit, Zinkit und in kristallinen Schiefern, häufig von Mn-Oxyden bedeckt.

Gemeiner Opal: F. weiß, gelb, braun, auch in anderen Farben; Gl. glasartig; H. = 6; amorph; Bruch muschlig; in und auf vulkanischen Gesteinen.

Hyalit: Farblos; Gl. glasartig; H. = 6; amorph; traubige Überzüge auf Basalt und Lava.

Edelopal: Weiß, mit buntem Farbenschiller; Gl. glasartig; H. = 6; amorph; bes. in zersetztem Trachyt.

Kieselgur: F. weiß, gelblich; aus Diatomeenschalen bestehend; H. = 6; poröse, lockere Massen in Sedimenten und Braunkohlen.

Periklas: F. grün; Gl. glasartig; H. = 6; kubisch; xx sehr klein, (111), (100); Spaltb. (100); in körnigem Dolomit.

Diaspor: F. weiß, bräunlich; Gl. glas- bis perlmutterartig; H.=6; rhomb. (xx selten); Spaltb. (010) strahlig-blättrig; in Kaolinit, mit und auf Schmirgel.

Amblygonit: F. weiß, grünlichweiß; Gl. glasartig; H. = 6; trikl. (xx sehr selten); derb; Spaltb. (001), (010); mit Orthoklas, Quarz, anderen Phosphaten (Triphylin, Wavellit), Zinnwaldit, Zinnstein u. a.

Türkis: F. hellgrün, blaugrün; Gl. glasartig; H. = 6; trikl. (xx sehr selten); derb; mit Limonit.durchwachsen in zersetzten Eruptivgesteinen.

Gemeiner Orthoklas: F. gelblich, weißlich, rot, grün; Gl. glasartig; H. = 6; pseudomonokl.; xx mit vorherrschend (010), (110), (001), ($\overline{1}$01), ($\overline{2}$01); meist Zwillinge nach (100) und taflig nach (010); Spaltb. (001), (010), unvollkommen (110); mit Quarz und Muskowit; eutektische Verwachsung mit Quarz = Schriftgranit; mit Sulfiden (grün).

Adular: Farblos, weiß; Gl. glasartig, perlmutterartig auf (001); H. = 6; pseudomonokl.; xx mit vorherrschend (110), (001), ($\overline{1}$01); Spaltb. (001), (010), (110); mit Quarz, Chlorit, Sphen usw. in Mineralklüften.

Sanidin: Farblos, weiß; Gl. glasartig; H. = 6; pseudomonoklin; xx taflige Zwillinge nach (100); Spaltb. (001), (010), (110); in jungen Eruptivgesteinen, bes. in Trachyt.

Mikroklin: F. weiß, grün (Amazonenstein); Gl. glasartig; H. = 6½; trikl.; xx dem Orthoklas ähnlich; Spaltb. (001); mit Quarz und Muskowit.

Albit: Farblos, weiß; Gl. glasartig; H. = 6¼; trikl.; xx entweder taflige Zwillinge nach (010) oder prismatisch nach der b-Axe mit der Kante (001) : ($\overline{1}$01) als Zwillingsaxe (Periklin); Spaltb. (001) (010), unvollkommen (110); auf Orthoklas (taflig); mit Adular, Chlorit usw. in Mineralklüften (Periklin).

Oliogoklas: F. weiß, rot, grün; Gl. glasartig; H. = 6; trikl.; xx selten; derb mit feinen Zwillingsstreifen; mit Amphibol, Titanit u. a. bes. in Syenitpegmatiten; mit Biotit und Almandin.

Andesin: F. grün, weiß, rot; Gl. glasartig; H. = 5½ bis 6; trikl.; xx dem Orthoklas ähnlich; Spaltb. (001); in Eruptivgesteinen und auf Erzlagern.

Labrador: F. grau (wenn zersetzt, grün); Gl. glasartig; H. = 6 und weniger; trikl.; gute xx selten; Spaltb. (001) (010), unvollkommen (110); splittrig; labradorisiert; als Labradorit u. in basischen Eruptivgesteinen (leistenförmig).

Anorthit: F. weiß, grau, rot; Gl. glasartig; H. = 6; trikl.; xx klein; Spaltb. (001); in basischen Gesteinen; mit Sulfiden.

Helvin: F. honiggelb; Gl. glasartig; H. = 6¼; kub.; in Tetraedern, xx meist klein; Bruch uneben; mit Bleiglanz, Zinkblende, Granat und Epidot.

Chondrodit: F. gelb, braungelb; Gl. glasartig; H. = 6¼; monokl.; xx undeutlich; körnig; in Kontaktkalk, mit Magnetit, Zinkblende, Kupferkies und Bleiglanz.

Orthit: F. pechbraun bis schwarz; Gl. glasartig; H. = 6¼; monokl.; Bruch muschlig; bes. in Syenit und Granit mit Orthoklas u. a.

Prehnit: F. grünlichweiß; Gl. glasartig; H. = 6¼; rhomb.; xx undeutl.; kuglige Aggregate; Spaltb. (001); bes. mit Zeolithen in Melaphyrmandeln; mit Epidot in kristallinen Schiefern.

Zoisit: F. grau, selten grün, rot; Gl. glasartig; H. = 6¼; pseudorhomb.; xx prismat., dick, ohne Endflächen; Spaltb. (010); mit Hornblende in Quarz; rot (Thulit) mit Vesuvian, Granat und Epidot.

Epidot: F. grün, seltener braun, gelb, rot; Gl. glasartig; H. = 6½; monokl.; xx prismatisch nach der b-Axe, quergestreift, sehr selten doppelendig; Spaltb. (001), (100); deutlich pleochroitisch; mit Quarz, Granat, Adular, Apatit, Scheelit, Magnetit u. a.

Sillimanit: F. gelblich, braun, grünlich; Gl. fettartig; H. = 6½; rhomb. (keine Kristalle); faserige Aggregate; Spaltb. (100); mit Granat, Quarz, Cordierit und Orthoklas.

Aegirin: F. braunrot, grün; Gl. glasartig; H. = 6¼; monokl.; xx spitzpyramidal; Spaltb. (110); mit Nephelin, Feldspat und Amphibolen.

Jadeit: F. grün; Gl. glasartig; H. = 6¾; monokl.; nur derb, feinfaserig; Spaltb. (110); auf Nestern in Serpentin.

Spodumen: F. grünlichweiß, gelblich, rosafarbig (Kunzit), tiefgrün (Hiddenit); Gl. glasartig; H. = 6¾; monokl., xx prismat.; meist blättrige Aggregate; Spaltb. (110); mit Feldspat, Amphibolen und Quarz bes. in Pegmatiten.

Vesuvian: F. grün, braun, selten blau; Gl. glasartig; H. = 6½; tetrag.; xx kurzprismatisch, gewöhnlich (110), (100), (111); auch körnig; mit Granat, Meroxen und Wollastonit in körnigem Kalk.

Olivin: F. grün, gelb; Gl. glasartig; H. = 6¾; rhomb.; xx klein, lose (Chrysolith); körnige Aggregate; derb in Peridotit und Basalt mit Spinell oder Granat; xx als Geschiebe.

Axinit: F. braun (grün durch eingewachsenen Chlorit); Gl. glasartig; H. = 6¾; trikl., xx mit scharfen Kanten, taflig; in Mineralklüften mit Chlorit, Adular, Quarz, Titanit.

IV. Sehr harte Mineralien. Härte 7 und mehr.

Disthen: F. blau, weiß, grau; Gl. glasartig; H. auf (100) in verschiedenen Richtungen 5 und 7; trikl.; xx prismat.; Aggreg. blättrig und strahlig; xx mit Staurolith in Paragonitschiefer; mit Quarz in kristallinen Schiefern.

Andalusit: F. rötlich (fleischrot); Gl. glasartig; H. $=$ 7 und weniger, wegen oberflächlicher Umwandlung in Muskowit; rhomb.; xx langprismat., fast nur (110) und (001); mit Cordierit in Quarz eingewachsen; oberflächlich oft von Muskowit bedeckt.

Quarz: Farblos (Bergkristall), weiß (Milchquarz), braun (Rauchquarz), rosarot (Rosenquarz), violett (Amethyst) und in anderen Farben; H. $=$ 7; trig.; xx prismat. oder dipyramidal, gewöhnliche Formen (10$\bar{1}$0), (10$\bar{1}$1), (01$\bar{1}$1), niemals (0001); Bruch muschlig; Spaltb. kaum wahrnehmbar; xx bes. auf Gängen und in Mineralklüften, in Mandelsteinen und Pegmatiten; Rosenquarz und Milchquarz nur derb in Pegmatiten; eutektische Verwachsung mit Orthoklas als Schriftgranit; nie mit Nephelin, Sodalith und Hauyn.

Hornstein: In allen Farben, meist nicht weiß; grün $=$ Chrysopras; Gl. glasartig, fettartig; H. $=$ 7; nur derb, hornartig; Bruch muschlig-splittrig; mit Sulfiden, Karbonaten u. a. bes. auf Gängen; in Mandelsteinen als Achat; Konkretionen in Kalk; hierher gehören Jaspis und Feuerstein.

Chalzedon: F. hell, gelblich usw.; Gl. glasartig; H. $=$ 7; kristallin; faserig; Aggregate nierig, muschlig; Bestandteil von Achat und Geysirabsatz auf Basalt u. a. Gesteinen.

Tridymit: F. weiß; Gl. glasartig; H. $=$ 7; rhomb.; xx klein, taflig; Zwillinge und Drillinge nach (110); auf Drusen in Trachyt.

Borazit: F. weiß, grünlich; Gl. glasartig; H. $=$ 7; pseudokubisch; derb nur in zerfließlichen Massen (Staßfurtit) aus Kalisalzen; xx in Gips und Anhydrit.

Granatabarten:

Grossular: F. braunrot, hellgrün; Gl. glasartig; H. $=$ 7; kub.; (110), (210), nicht (100), (111); mit Vesuvian und Magnetit in körnigem Kalk; in Kieslagerstätten.

Hessonit: F. hellrot; Gl. glasartig; H. $=$ 7; kub., xx wie beim vorigen; mit Vesuvian, Diopsid und Chlorit in Serpentin und Kalk.

Pyrop: F. dunkelrot; Gl. glasartig; H. $=$ 7; kub., xx meist gerundet, oft randlich umgewandelt (in Kelyphit); in Serpentin und basischen Eruptivgesteinen; als Geschiebe.

Almandin: F. braunrot; H. $=$ 7; kub.; xx (110), (210), nicht (100), (111); bes. in kristallinen Schiefern, vor allem in Glimmerschiefer.

Spessartin: F. dunkelrotbraun; H.=7; kub.; xx (211), (110), nicht (100), (111); oft große xx; in Quarz, Orthoklas, mit Glimmer, Sillimanit, Turmalin u. a.

Topazolith: F. grün; H. = 7; kub.; (110), nicht (100), (111); auf Serpentin; mit Magnetit, Vesuvian u. a. in körnigem Kalk und Kalksilikathornfels.

Melanit: F. schwarz; H. = 7; kub.; (110); ringsum ausgebildete xx in Eruptivgesteinen.

Danburit: Farblos, gelblich; Gl. glasartig; H. = 7; rhomb.; xx prismatisch, längsgestreift; in Mineralklüften mit Feldspat, Quarz, Turmalin; in körnigem Kalk.

Turmalin: F. schwarz, grün, braun, rot, oft zonenweise verschieden; Gl. glasartig; H. = $7\frac{1}{4}$; trig.; xx meist prismatisch, Querschnitt ein sphärisches Dreieck; selten doppelendig, dann deutlich polar; muschliger Bruch; mit Orthoklas, Quarz, Glimmer, Topas u. a. in Granit, Pegmatiten und auf Zinnerzgängen; rot in Lepidolith; selten mit Kupferkies und anderen Erzen.

Cordierit: F. blau, deutlich pleochroitisch hellblau-dunkelblauhellbraun; Gl. glasartig; H. = $7\frac{1}{4}$; rhomb.; xx prismat., vielfach in Glimmer (Pinit) umgewandelt; Bruch muschlig; mit Andalusit in Quarz; in Kieslagern und in Cordieritgneis.

Staurolith: F. rotbraun, braun; Gl. glasartig; H. = $7\frac{1}{4}$; rhomb.; xx prismat.; Durchwachsungszwillinge nach (032) und (232); mit Disthen verwachsen in Paragonitschiefer, sonst bes. in Glimmerschiefer.

Euklas: Farblos, grün; Gl. glasartig; H. = $7\frac{1}{2}$; monokl.; xx prismat.; meist klein; Prismenzone gestreift; Spaltb. (010); mit Orthoklas, Quarz und Glimmer.

Zirkon: Farblos, meist braun, als Hyazinth bräunlichrot; Gl. diamantartig; H. = $7\frac{1}{2}$; tetrag.; xx kurzprismat., bes. (110), (111), (100); mit Nephelin, Feldspat und Amphibol in Pegmatiten; selten mit Diopsid, Sphen, Chlorit und Perowskit auf Mineralklüften.

Pleonast: F. schwarz; manchmal mit graugrünem Strich; Gl. glasartig; H. = $7\frac{1}{2}$; kub., (111); Zwill. nach (111); bes. mit Fassait, Granat, Vesuvian in Kontaktkalk; Körner mit Olivin in Basalt.

Beryll: Farblos, gelbgrün, dunkelgrün (Smaragd), meergrün (Aquamarin) u. a.; Gl. glasartig; H. = $7\frac{3}{4}$; hexag., xx prismat.; Spaltb. (0001); mit Orthoklas, Quarz und Glimmer in Pegmatiten; in Glimmerschiefer (Smaragd).

Phenakit: Farblos; Gl. glasartig; H. = $7\frac{3}{4}$; trig.; xx meist klein, kurzprismatisch; deutlich rhomboëdrisch; mit Orthoklas, Quarz und Glimmer; in Granit und Glimmerschiefer.

Kreittonit: F. schwarz; grünschwarz; Gl. glasartig; H. = 8; kub.; (111), (110); mit Pyrit und Magnetkies und in Talkschiefer.

Spinell: F. blau, rot, selten grün; Gl. glasartig; H. = 8; kub.; (111), Zwillinge nach (111); mit· Pargasit, Chondrodit u. a. in metamorphem Kalk; in Basalt und kristallinen Schiefern.

Topas: Farblos, hellgelb, selten bläulich, braun; Gl. glasartig; H. = 8; rhomb.; xx oft flächenreich; Prismenzone gestreift, stenglig (Pyknit); Spaltb. (001); mit Quarz, Orthoklas, Glimmer, Turmalin und Zinnstein.

Chrysoberyll: F. gelblich, tiefgrün (Alexandrit); Gl. glasartig; H. = 8½; rhomb., pseudohexag.; mit Orthoklas und Quarz; in Glimmerschiefer (Alexandrit).

Korund: F. blau, rot, schwärzlich (Schmirgel); ¬durchsichtig als Edelstein (Saphir, Rubin); Gl. diamantartig; H. = 9; trig.; xx meist pyramidal-tonnenförmig, mit Zwillingsstreifung auf der Basis; körnig (Schmirgel); mit Feldspat und Quarz; in körnigem Kalk und Basalt; mit Magnetit gemengt (Schmirgel) in kristallinen Schiefern.

Diamant: Farblos und gefärbt; Gl. diamantartig; H. = 10; kub.; xx meist klein und gerundet; Spaltb. (111); in basischen Eruptivgesteinen (Kimberlit); meist lose in Seifen.

Register.

11*